aelf区块链

应用架构指南

杜行舟　孟繁轲　郝玉琨 / 编著

本书旨在引导区块链应用开发者基于 aelf 框架构建可支撑商业应用的分布式 App。内容从分布式技术体系入手，从区块链业务建模思维方法、设计原则、技术决策和原型开发的角度，以典型的存证业务及去中心、多中心治理等场景为例，对基于 aelf 技术体系的领域分析、架构设计、性能及部署设计活动的工具方法进行阐述。具体涉及 aelf 区块链平台技术体系、智能合约及跨链资源体系、业务系统性能测评以及 aelf 技术生态与治理。本书在各模块中穿插介绍了主流区块链系统的技术原理与发展历史，并详细介绍了 aelf 框架的技术实现，帮助读者从不同角度、多方面地理解区块链。

全书以"理论牵引例程，技术支撑场景"为逻辑原则，在特定技术的介绍中通过概念示意图、业务模型图、数据流图等形式，结合伪代码示例及程序运行数据，指导区块链应用产品设计及 DApp 软件产品的全生命周期研发。

本书的主要读者对象为分布式技术行业从业人员（包括产品经理及开发人员）、相关研究方向的高校师生等。目前，aelf 开源生态已初具规模，自 aelf 框架的 preview 版本发布以来，开源社区热度激增。本书编写过程获得了 aelf 官方团队的大力支持，通过丰富的技术理念和完备的例程，为 aelf 区块链应用开发者的技术研发工作提供了丰富的指导。

图书在版编目（CIP）数据

aelf 区块链应用架构指南 / 杜行舟，孟繁轲，郝玉琨编著. —北京：机械工业出版社，2020.8

ISBN 978-7-111-66433-8

Ⅰ. ①a… Ⅱ. ①杜… ②孟… ③郝… Ⅲ. ①区块链技术-程序设计-指南 Ⅳ. ①TP311.135.9-62

中国版本图书馆 CIP 数据核字（2020）第 163388 号

机械工业出版社（北京市百万庄大街 22 号 邮政编码 100037）
策划编辑：李晓波　　责任编辑：李晓波
责任校对：张艳霞　　责任印制：张　博

三河市国英印务有限公司印刷

2020 年 10 月第 1 版 · 第 1 次印刷
169mm×239mm · 18.25 印张 · 354 千字
0001－2000 册
标准书号：ISBN 978-7-111-66433-8
定价：99.00 元

电话服务
客服电话：010-88361066
010-88379833
010-68326294

网络服务
机 工 官 网：www.cmpbook.com
机 工 官 博：weibo.com/cmp1952
金 书 网：www.golden-book.com
机工教育服务网：www.cmpedu.com

序

区块链技术的发展在十年间不断跨越。比特币宣称是一种“电子现金系统”，以太坊向“智能合约应用平台”大踏步迈进，超级账本致力于构建商用区块链系统的“框架及工具”。作为核心概念，区块链共识机制的问世是开创性的，因为这种共识机制对区块链系统所维系的业务价值实现了有效的技术保护。

本书是三位作者基于对区块链技术的长期研究及 aelf 项目的深入了解而进行创作的。aelf 的立项思辨曾持续半年有余，从早期技术极客们打造的区块链乌托邦理念，到中期经历咨询界大 V 对商业运行模式兼容的考量，再到后期学术达人对项目可行性及实施预期的剖析，使 aelf 成为一个可面向业务场景定制的专注跨链交互、性能提升、资源隔离特性的底层公链。

aelf 从 0 到 1 的大步迈进，包括三位作者在内的许多技术同仁、领域大咖为团队提供了大量优秀的技术设想与场景需求，不仅帮助 aelf 项目成长、成熟，还在相关行业的局部应用研发中躬亲实践，使得 aelf 项目团队始终能与典型行业需求保持紧密联系。

本书的内容旨在引导读者使用 aelf 技术框架构建基于区块链技术的应用系统。aelf 将并行化云服务与分布式微服务作为直面现有区块链商业化痛点的一剂处方。云服务将计算与存储资源进行优势整合，微服务则以容器的形式对业务单元进行标准化部署，aelf 在用户接口端将二者整合，并基于 aelf 内核实现云服务资源的调度与微服务容器的协同。

可定制区块头、可定制智能合约集、可定制共识机制是 aelf 技术骨干在三年前打造的 BaaS（Blockchain as a Service）技术框架的基础组件，它能向上层业务系统提供更开放、更多元的接入策略，让框架回归本源，提升 aelf 的平台化建设预期。多级侧链与跨链协同则是 aelf 技术面向区块链应用系统基于信任的商业场景延伸的最关键能力。

aelf 用“一链一合约”描述资源隔离的同时，也用“动态索引”描绘基于信任传递的商业应用延伸过程，而商业应用需求接入后的激励也能够反馈于 aelf 系统协议升级，最终实现技术良性迭代与商业延伸拓展的相辅相成、相得益彰。

区块链的第一个十年让技术企业首次意识到场景即价值，相信区块链的第二个十年能够更加深入地融入社会各个层面。我在此推荐本书并感谢三位作者为 aelf 技术社区做出的贡献，希望本书能鼓励读者迈出用 aelf 技术撬动去中心化应用变革的第一步。

马昊伯

北京好扑信息科技有限公司创始人兼 CEO

IEEE 计算机协会区块链和分布式记账委员会执行首届委员

中国计算机学会区块链专业委员会首批委员

中国电子协会区块链专家委员会委员

天津大学区块链实验室副主任

前　言

区块链的世界缤纷多彩，有概念的变革、理念的提升、资本的博弈和技术的迭代。本书成书于2020年初，时值区块链概念热潮逐渐平复、行业披沙拣金、技术谱系与发展前景日趋明朗。aelf技术架构经过近两年的发展，团队原始构想的创新理念与应用愿景已跃跃欲试、蓄势待发。随着aelf技术社区的发展壮大，越来越多的开发者、研究者加入到aelf商业场景落地的队伍中，因此，急需一本关于aelf技术体系介绍及基本开发指导的书籍。本书作者三人作为aelf技术社区爱好者，自2013年起，即从事区块链技术与应用的研究，与aelf团队保持长期深入的交流，并基于aelf早期技术成果完成了BaaS平台等原型应用的构建，将对aelf理念的理解与研发的经验集中梳理形成本书。

本书从入门、进阶、高级、突破四个阶段展开：第1、2章为入门阶段，具体介绍了从概念和理论的角度阐释如何基于分布式视角、用区块链的思维分析问题；第3、4章为进阶阶段，具体介绍了aelf技术平台的特征以及如何搭建开发环境，并基于aelf技术平台构建原型应用；第5、6、7章为高级阶段，分别就智能合约、跨链设计、性能优化三个重点话题进行了讨论，希望读者能够将aelf技术体系的三大精华融会贯通，并用系统工程的思维将其应用在所属行业场景的实践中；第8章为突破阶段，提出如何借助aelf技术生态实现业务治理的问题，并与读者共同思考区块链和aelf技术体系能够为所在行业带来怎样的变革。

本书适用于区块链技术研究者、区块链平台与应用产品架构设计及编程开发人员阅读，尤其适合对aelf技术体系感兴趣，并有意参与aelf技术社区的软件工程师参考和阅读。

本书在编写过程中亦得到了aelf官方团队的大力支持，在此表示感谢。

由于作者水平有限、区块链技术发展迅速，书中不妥之处在所难免，请广大读者批评指正。

编者

目 录

第1章

分布式：从多中心到去中心【入门：概念综述】

本章主要讨论区块链“去中心化”概念及技术体制的发展演进过程，以及aelf区块链方案在技术实现及应用支撑方面的亮点及优势。分布式系统及应用经过10余年的发展，经历了由传统“单-双-四”机基于“心跳”的冗余架构衍生为基于“令牌”的全局协同机制。在区块链技术诞生之前，对于“令牌”的各种权限一直是“中心化”的，典型如ZooKeeper等架构也使用多中心的“令牌”的调度达成系统一致。

区块链基于P2P网络及共识算法，同时集成数据分布式存储/合并与“令牌”的去中心化调度，有力推进了分布式系统及应用技术从多中心到去中心的转变。区块链技术的魅力在于：不同的共识算法能围绕分布式系统的CAP原则给出不同的解决方案。随着未来区块链商业场景落地的需求逐渐被技术击破，aelf区块链平台及框架可能会成为一个不错的选择。

1.1 传统分布式架构体系

今天，互联网用户所得到的资源或计算能力通常来自一台“不确定”的设备。这里的“不确定”并非指设备本身能力不确定，而是在一组具备能力的设备中随机选取一台或一组设备实现用户的需求。

大约在 20 年前，单主机通常能够比较“完美”地满足普通用户的日常需求。后来演变成了“多对一”的 C/S 及 B/S 架构，即客户端（浏览器）-服务端架构。在互联网时代早期，一众“站长”们通过优质的内容和服务孵化了许多成功的模式与产品，BAT（B 指百度、A 指阿里巴巴、T 指腾讯）作为第一梯队就是其中的典型代表。

然而，随着互联网服务接入用户数量的“爆表”式增长，独立的“服务端”已经难以满足大量请求交互、数据存储的需求，同时单点故障、升级困扰也不断增加优质资源提供者的运维难度。于是，“多中心”的服务端架构逐渐成为主流，并随着大数据、云计算技术逐渐落地。

当区块链技术到来时，用户惊喜地发现，“客户端”与“服务端”的界限不再清晰，可在一个经济系统环境下根据需要转换角色。底层的网络访问也不再有明显的“星形”网络组成特征。

传统记账模式通常由大家所熟悉的各种“XX 管理系统”而实现，在 IT 学科本科阶段的教学课程中，本科生们通过各种开发语言、各种经典架构（如 Python 的 Django、Java 的 SSH）实现一个传统的记账应用系统。图 1-1 所示为经典的应用系统基础设施。

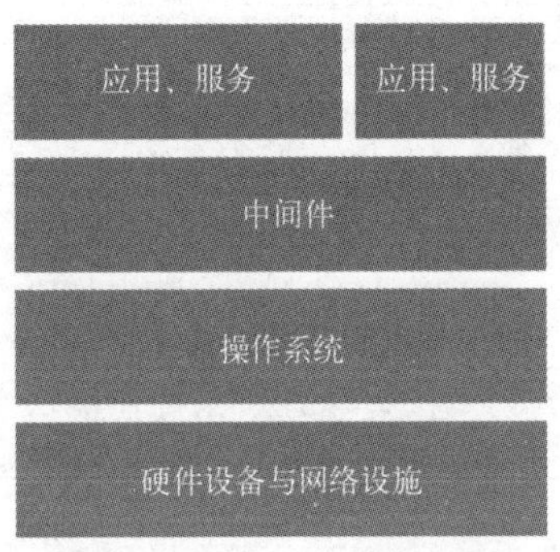

图 1-1　经典的应用系统基础设施

图 1-1 所示，在硬件设备及网络设施之上，开发者们构建了传统的记账模式

系统。这种系统通常会搭建一个运行于操作系统之上的"中间件"，并依托这个"中间件"开发并搭载其他应用及服务，这个"中间件"通常体现为开发阶段的"框架"与运行阶段的"容器"或"平台"。

传统记账模式最直接的技术体现就是开发者开发了大量与数据库或文件交互的增查改删（CRUD）操作指令，以确保用户的业务意图得以实现。于是，早期开发者们封装了用户视图下的业务逻辑函数，并在函数中按需调用控制及数据操作接口，以实现用户对应用及数据的管理，如图 1-2 所示。

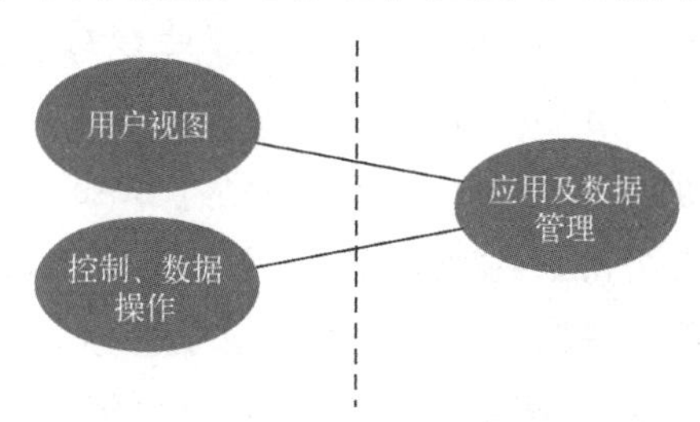

图 1-2　最简单的传统记账模式架构系统示意图

当然，技术人员对应用实现的优化探索还在持续。"封装"这一概念的提出让传统记账模式系统能够更高效地被开发与维护，通过将用户视图与控制进行整合，开发人员通过面向对象抽象设计发掘了业务系统中的共性业务逻辑，并将这些业务逻辑置于中间层次，进而形成了面向业务分割的层次化架构设计理念，最终形成了 2 层到 N 层的 MVC、MVVM 等最佳实践，如图 1-3 所示。

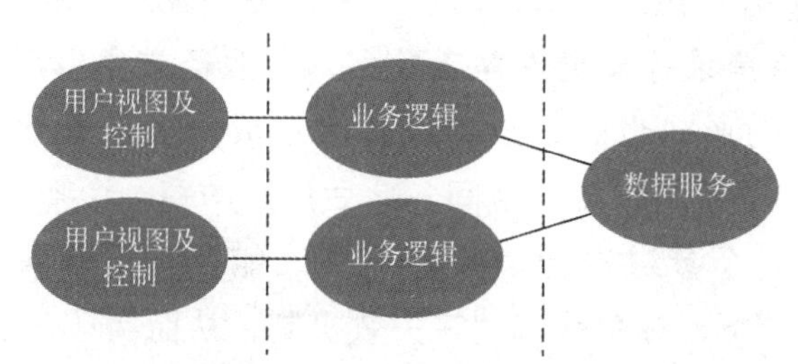

图 1-3　层次化架构设计理念下的传统记账模式系统架构示意图

事实上，技术领域的进步很难存在一个绝对的"传统"与"现代"，多层次的传统记账模式系统实质上已有了分布式记账模式的影子，这些影子就体现在共性业务逻辑单元的部署形式上，集群化、独立化、服务化的业务逻辑单元就是"传统"系统向"分布式"系统迈出的第一步。

本书将努力向读者阐明如何用 aelf 区块链平台构建可支撑商业应用的分布式应用。

1.2 基于令牌的分布式协同达成

低层次的分布式记账面向计算、存储等资源，而高层次的分布式记账面向“信任”。那么“信任”是如何通过技术构建的呢？

还是回到用户访问某“站长”站点的例子。最早的信任实现于用户注册登录机制，站点通过存储用户名、密码[密码明文存储曾经是一个重大的技术问题，一个最佳实践是使用哈希（hash）]以及密码保护问题或短信验证手机号实现用户鉴权，鉴权后的用户被站点服务端内的会话（Session）等机制标记为已授权的用户，从而使登录用户获得该站点内容访问的授权。这种授权就是互联网时代最初的，也是最简陋的“信任”，而且普遍存在于传统单体应用系统产品中。

概括而言，令牌（Token）便是“信任”的技术形态。

然而，这种“信任”仍存在一定的瑕疵。这个瑕疵在于，令牌的发行与验证还无法做到分布式。简单来讲，当用户使用 QQ 账号登录其他网站时，始终用 QQ 账号来做令牌的发行与校验。这种“信任”需要一个权威方，这个权威方在整个业务生态里仍然是一个单点的存在，也就是技术领域常说的“中心化”信任机制。

随着服务端的拆分扩展，服务供应商内部同步已登录用户会话的成本随用户爆发式增长而爆发式上升，用户的每一次上下线都会触发服务端鉴权信息的同步，再加上登录超时、单点登录等安全性需求的引入，服务端负载成本将节节攀升。

于是，“信任”的形式也随之改变。当用户成功登录鉴权后，服务端将一个令牌返回给用户并存放于用户端的空间。此后用户的每一个操作都附加这一令牌，服务端将令牌作为一个参数进行校验即可确认能否与当前请求的用户建立“信任”，同时服务端也按需设计令牌过期等失效机制，从而实现“信任”的闭环。

这个令牌依据一定的密码学算法而构建，不易被枚举而易被验证，以实现技术范畴的安全。分布式系统通过令牌构建“信任”之路自此开启。基于令牌带来的“授信”机制，现在的分布式系统均已能支持扫码登录等第三方登录的形式，极大便捷了跨业务系统的用户管理体系。

在以数字加密货币为业务场景的区块链系统中，新产生的数据区块通常用于存储未被确认的数据区块存储的交易（Transaction）信息。系统节点打包发布数据区块的过程被称作“挖矿（Mining）”，系统节点将其从系统网络中抓取并缓存的交易信息加以验证，如简单支付验证（Simplified Payment Verification，SPV），并与已确认的数据区块内容进行业务约束的校验，如“双花（Double Spending）”校验，然后封装为特定的数据结构，如比特币系统用于防止交易篡改的默克尔树（Merkle Tree），即可进入区块链数据共识就绪状态。

区块链数据共识算法旨在解决处于区块链数据共识就绪状态的系统节点在分布式对等网络环境中数据区块铸造权控制问题以及区块链数据分叉时的去中心化仲裁策略问题。

1.3 现有主流区块链系统的共识机制

区块链系统的共识机制是其分布式数据融合的重要纽带，节点以“回合轮替”的形式，在信用背书的前提下，凭借算力、份额或其他特定算法调度策略实现多源数据的整合入链。不同业务场景的区块链系统通常会采用不同特点的共识算法。较为典型的有 PoW（Proof of Work，工作量证明）、PoS（Proof of Stake，权益证明）、PBFT（Practical Byzantine Fault Tolerance，实用拜占庭容错）等机制。

1.3.1 PoW 机制

PoW 共识算法以系统节点哈希运算能力为共识基础。系统节点通过构建难以伪造而易于验证的、满足如 SHA256 的特定协议规则的哈希值（Hash Value）的字符串而获得数据区块铸造权，打包并向系统网络广播其铸造的新数据区块。

当在同一或临近的区块铸造周期内，多个系统节点同时获得数据区块铸造权时，系统区块链会发生数据分叉。后续获得数据区块铸造权的系统节点，仅能选择一个分支区块作为前序区块。因此，具有优势算力的系统节点，能够更大概率、更短周期地计算出符合要求的哈希值并取得数据区块铸造权，系统则以高度值最大的区块所在的区块链数据形成共识。

另外，在 PoW 共识算法中，优势算力节点对系统数据共识将产生关键影响，因而也衍生了算力竞争、资源耗费问题，并在理论上面临 51%算力攻击陷阱。

1.3.2 PoS/DPoS 机制

1. PoS 机制

PoS 共识算法以系统节点持有通证的权益累积为共识依据。系统节点以给定业务规则的计算方式量化权益累积值，如通过通证数额和持有时长之积计算权益累积。每一个数据区块生成周期中，权益累积值最高的系统节点获得数据区块铸造权，打包并向系统广播其铸造的新数据区块。

当系统区块链发生数据分叉时，因权益累积较高的系统节点具有较大的规避系统整体利益受损的倾向，系统则以权益累积值最高的区块链分支数据形成共识。PoS共识算法具有鲜明的股权份额特征，高权益节点对系统数据共识产生关键影响。

相比 PoW 机制，PoS 机制虽然极大地降低了系统硬件及能耗成本，但存在权益份额垄断与因无算力壁垒而导致的区块铸造节点性能不可控的运行安全性风险。

2. DPoS 机制

DPoS 共识算法主要以区块铸造节点选举的方式针对 PoS 共识算法进行了运行模式改进，通过区块铸造节点调度技术及区块链数据分叉干预机制提升了对新一代区块链商业化应用落地的潜在技术与治理风险的适应性。

DPoS 共识算法要求利益相关方通过权益委任的方式选举数据区块铸造节点集群。区块链系统运行期间，区块铸造节点集群作为高性能系统核心，其内部节点根据区块铸造调度周期，依次取得数据区块铸造权，非系统核心的节点无法取得区块铸造权。与 PoW 共识算法类似，DPoS 共识算法同样以高度值最大的区块所在的区块链数据形成共识，但其治理策略并非植根于算力优势或权益优势，而是出于对利益相关方（Stakeholder）业务系统的运行预期及状态维持。

DPoS 共识算法在通用区块链系统中构建分布式数据信任，实现面向分布式系统的数据同步。具体到指挥控制业务场景，DPoS 共识算法能够确保在系统利益相关方给定的数据规则框架下实现一致性的安全存储，系统运行期间由核心共识集群通过特定的调度轮次执行共识算法，并通过核心集群节点选举机制实时剔除故障及异常状态的共识节点。

1.3.3 PBFT 机制

不同于 PoW 与 PoS，PBFT 共识算法衍生自传统分布式系统调度算法，其应用允许不以区块链技术为前提。PBFT 在系统节点的存活性及安全性前提下提供了$(N-1)/3$ 的容错性，其中 N 为系统节点总数。

PBFT 共识需经历数轮消息转发的业务处理周期，在每个业务处理周期内，业务发起端向特定系统节点发起业务请求，该节点成为本次业务交互的主系统节点，主系统节点发起数据区块铸造过程并将业务数据广播给其他副本系统节点，所有副本系统节点执行业务处理后将结果反馈给业务请求端。

定义 f 为系统失效或异常节点，当请求端收到 $f+1$ 个不同副本系统节点返回的相同结果时，该业务处理数据被请求端确认，主系统节点及副本系统节点完成数据区块铸造确认。对于失效或异常节点，其存储的区块链数据通常不同于主系统节点或其他副本系统节点，进而引发区块链数据局部分叉，系统则以存活并安全运行的系统节点内的区块链数据形成共识。

PBFT 共识算法通过广播反馈交互形成共识，但严重依赖系统节点状态的确定性，且难以实现针对数据分叉的自主治理，并存在潜在的业务重复处理与系统网络风暴风险。

1.4 分布式数据存储体系——扩展与合并

分布式记账模式存在两个不同的技术理念层次。低层次的分布式记账模式技术理念力求实现计算、存储的分布式，比如目前多数遗产系统重构时会采用的“微服务”设计理念。高层次的分布式记账模式技术理念力求实现“信任”的分布式，这个提法可能比较抽象，区块链技术中的共识算法就是对这一理念的生动呈现。

前后端分离通常是被视为传统系统向分布式系统改进的重要里程碑。图 1-4 所示是一个经典且最简的分布式记账系统原型。在客户端软件中，用户通过 UI 交互模块实现业务意图的输入，这些意图通常通过 HTTP 请求/响应机制向服务端传递，常用的支撑技术是 AJAX 引擎，这里就涉及前文提到的协议与规范的定义，通过定义协议与规范，服务端能够解析并理解用户意图。

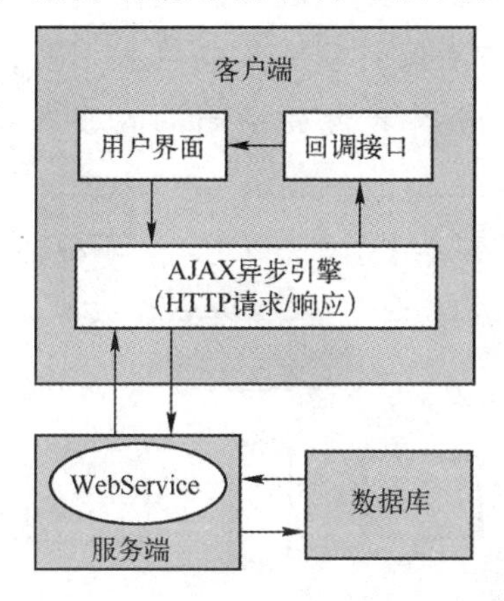

图 1-4　一个经典且最简的分布式记账系统原型

服务端处理接受用户意图后通过调用封装的业务逻辑单元（还记得传统系统向分布式系统迈出的第一步吗），逻辑单元按需与数据库进行交互后通过服务端将用户意图对应的结果反馈至客户端，客户端通过回调机制（或通过异步的事件通知等机制）将服务端对用户意图的响应渲染至 UI 模块呈现给用户。

基于前后端分离这一分布式系统改进里程碑，技术人员逐渐将客户端与服务端之间的交互也进行职责细化与拆分，形成了更为复杂的分布式系统架构。图 1-5 所示，服务请求方与服务供应方之间的服务代理、消息中间件及资源映射等业务关联能力支撑节点均被分布式部署，以降低服务请求方与服务供应方之间的耦合度，拓展多种形式的服务调用策略。

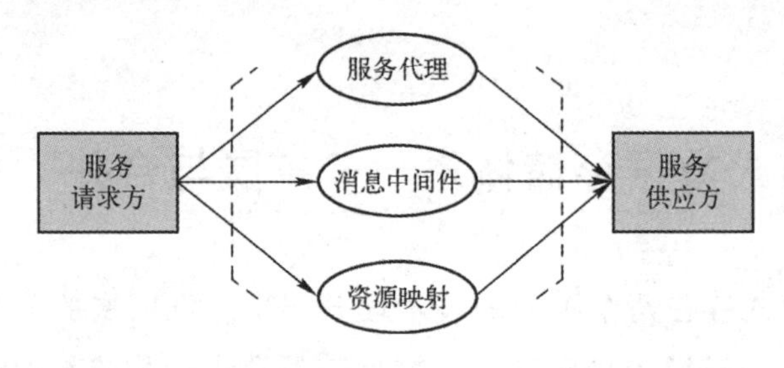

图 1-5 服务请求方与服务供应方之间的解耦合

分布式记账系统所面临的第一个现实需求是如何让应用服务更好地适应异构客户端请求响应，当不同的客户端进行访问时，如何能够让这些不同的请求在获得不同解析的同时得到相同的服务反馈成了移动互联网浪潮中的重点技术课题之一。

图 1-6 所示为每一个 App 开发者都面临的潜在共性问题——异构客户端的服务统一问题。当开发者作为“站长”提供一个远程服务或优质内容时，用户通过什么样的客户端设备访问开发者提供的资源通常是不可预期的，而针对不同的客户端设备分别开展研发工作不仅有着成本的巨大浪费，还面临内容差异、升级困境等后续问题，无疑提高了整个产品生命周期的成本消耗。

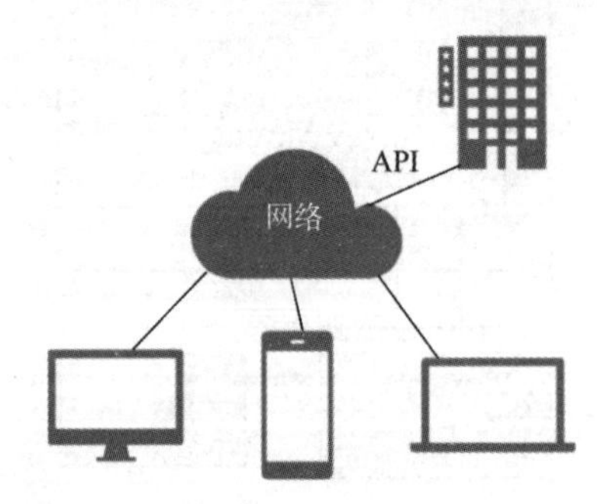

图 1-6 异构客户端的统一服务挑战

于是，客户端软件首先成了分布式记账系统架构中的一个扩展节点，这个节点运行于用户设备并通过网络与后端服务相连通，是用户需求得以实现的重要一环，并需要开发者从服务安全性角度进行专门设计。

职责拆分并独立部署是分布式记账系统最主要的方法论之一。通过这一方法论能够实现对业务系统的精细设计与精益研发，从而渐进式地构建一个图 1-7 所示的复杂分布式应用系统常见架构。

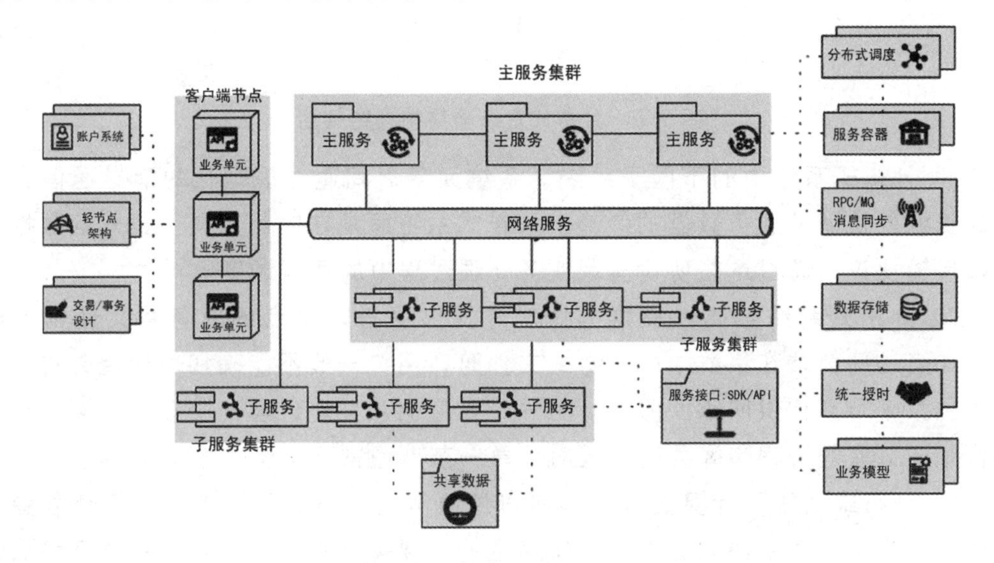

图 1-7　复杂分布式应用系统常见架构

在这个复杂系统中，主服务集群、分支服务（或子服务）集群与用户节点（客户端节点）群被公共的网络所连接，三个集合的内部节点同样也支持一定形式的互联。

用户节点内部部署了账户系统、轻节点架构与事务/交易设计，主服务集群中部署了分布式调度、服务容器、RPC/MQ 消息同步机制，同时与分支服务集群共同提供了数据存储服务、统一授时服务与预定义的业务模型调用服务，不同服务之间通过服务接口 SDK/API 进行交互，并支持跨服务的数据共享。这样的典型架构就存在于用户每天都在使用的各种 App 中。

分布式系统通常具有如下特征。

1）硬件分布在不同基础设施上或在同一基础设施上表现为多个不同的网络节点（如虚拟机集群环境中的每个虚拟机容器），业务功能通过软件逻辑构件在网络拓扑上互相调用而实现，如图 1-8 所示。因此“分布式系统”中的“分布式”的意义在于业务物理部署的分布式。

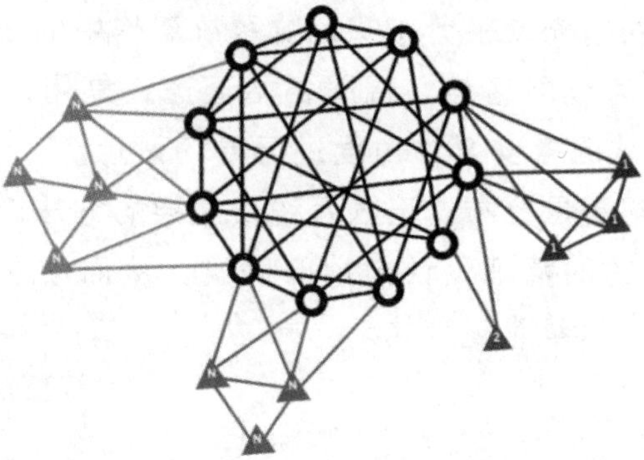

图 1-8 分布式系统网络拓扑结构图

2）分布式系统中的不同子系统、系统元素之间通过规范化的消息通信进行彼此资源的协调及业务数据的传输。分布式系统通常在内部定义了范式的数据格式及传输协议，通过这些协议实现业务处理过程中的适当调度。

3）分布式系统整体以集群形式对外提供服务，单点的业务意义通常不明显，如当访问部署在集群中的服务或文件时，用户一般不能确切地指定分布式系统中的某个节点提供所需的服务。另一个维度的意义是，当一个业务需要多个互相依赖或关联的流程步骤共同完成时，单一节点通常不具备多个职责。

4）分布式系统的计算资源、存储资源通常能够随业务需求及业务负载弹性伸缩，这也是单体系统向分布式系统演进的重要需求驱动之一。当单体系统面临功能、性能等延展瓶颈时，通常只能通过硬件的升级来改进，而分布式系统面临上述瓶颈时可通过追加同类既有资源而实现有限扩容。虽然存在一定的运维成本及风险，但其可控程度远高于硬件升级换代引发的软件部署适配工作，尤其是如今“微服务”架构（笔者会在第 8 章详细介绍）支持的“持续构建”“灰度升级”理念更是将风险降至最低。

1.5 aelf 解决方案的亮点

前言中曾提到 aelf 项目的技术方案与应用场景，在本章的尾声，将向读者展示一下 aelf 项目的技术优势与应用优势，作为开启后续内容的引子。

1.5.1 技术优势

1. 让封装更迅速：基于 ProtoBuf 的高性能序列化机制

aelf 区块链系统采用 ProtoBuf 这一高效而简洁的数据序列化协议作为重要技

术支撑，且在业务处理过程中基于 ProtoBuf 对每组交易数据仅进行一次正、反序列化的数据处理，极大提升了智能合约执行期间的数据 I/O 吞吐量及网络传输效率。此外，精细化、高性能的序列化技术组件也极大提升了 aelf 的主、侧链数据存储能力、效率。

2．让调用更高效：面向合约执行的 Akka 并行微服务框架

aelf 区块链系统采用 Akka 框架作为并行化的主要技术支撑，aelf 的交易处理、合约执行均支持类似微服务形态的部署，而并行化作业处理能力的提升能够使 aelf 具备卓越的跨越处理器核心与网络约束的算力伸缩性。不同于 ETH 采用 EVM 的虚拟机运行机制，aelf 坚持将计算处理以 Native 的形式直接运行于节点，业务逻辑无须经过解释器或虚拟化映射，极大释放了物理节点基础设施的性能潜力，于 VM 运行效率想必有质的飞跃。

3．让资源更直接：构建 gRPC 高性能数据隧道

aelf 区块链选用了 gRPC 作为跨域通信技术支持，源自 Google 技术生态的 gRPC 具有极强的开发语言兼容性，为 aelf 打通了异构技术体系的业务/数据接口设计、实现链路。gRPC 以精准而高效的方式支持双向流通、多路复用，开发者能够像访问本地信息一样调用远程资源。gRPC 与 ProtoBuf、Akka 相得益彰，从数据高效拼拆、计算联合处理、资源极速调用三个维度，确保了 aelf 面向商业化场景打造的“业务通衢”。

4．让共识更透明：通过去中心化随机数提升 DPoS 协同策略

aelf-ConsensusCore 打造了区块链网络中的去中心化“真”随机数的生成实现，从技术上避免了“伪”随机数或随机碰撞攻击带来的共识安全隐患。在区块链技术体系中，更优的去中心化随机数生成策略促进了更自信的出块节点排序机制，使区块链共识的达成更为公正透明。aelf 技术体系中提出并实现的 AEDPoS 共识机制能够更好地促进区块链业务使命的实现。

5．让处理更集约：化繁为简的 Miner-TxPool 交易轮候机制

aelf 区块链通过“矿工-交易池轮候机制”实现了比 ETH 更为集约的交易排序策略，该策略进一步精细地优化了 Miner 的回报，使矿工在交易筛选、区块打包中的自动化执行更为合理。更集约的交易处理、区块打包能够让开发者在 aelf

体系合约执行计价活动中更具主导性。同时，aelf 也在合约执行中设计了专门的合约安全业务模块进行调用者资源检测。

6．让价值更开放：精准可靠的 CorssChain 业务价值交互模式

多级侧链体系与跨链是 aelf 的开创性特性，也是 aelf 的重要使命之一，更是 aelf 资源隔离与扩展的基础。aelf 通过多链交易脚本实现跨链双花的校验，通过 LIB（不可回滚块）实现 Miner 对跨链业务的核查，通过 Event 标记戳实现区块检索中的 Trigger 机制。

对标 Cosmos，aelf 具有相似的实现跨链价值传递的能力，而 aelf 对 Cosmos 的超越之处在于，aelf 支持跨链传输相同的 Token——ELF。此外，aelf 还能够支持跨链的业务逻辑调用，aelf 的跨链交互能力是原生的，无需基于约定的 Hub 而构建。

与 Polkadot 相比，aelf 的跨链主要基于多级主-侧链体系而构建，异构链可向前追溯至共同父链则可实现交互，数据结构为“树”型复杂度；而 Polkadot 则以中继链、平行链、转接链等异构链链接实现交互，数据结构为“图”型复杂度。当业务场景复杂度提高时，“图”型复杂度的跃升曲线将显著高于“树”型复杂度，其寻找最优跨链路径的成本也将始终高企。

1.5.2 应用优势

1．兼具框架/平台特性的企业级开发基础设施

aelf 区块链系统是一套完备的区块链业务运行平台，也提供了一套与 Fabric 类似的企业级区块链开发框架。作为区块链 3.0 时代的项目，aelf 的诞生兼具了 ETH 的平台特性与 Fabric 的开发框架特性。

区块链行业发展至今，亟须既具备开发框架特性，又能够支撑公网业务场景的区块链基础设施。这样不仅便于第三方开发业务拓展功能，同时也提供了不同业务主题之间价值传递的媒介。近年来，ETH 的技术能力日渐式微，Fabric V0.6 之后依赖 Kafka 作为共识呈现强烈的“分布式数据库”特征，而 aelf 将努力坚守区块链技术的初心。

2．模块化、可插拔的系统内核组件体系

很多区块链项目具有庞大、耦合的代码体系，也是早期区块链开发者的梦魔。不同于其他开源区块链项目“一拉一个大块头”，aelf 的内核组件则以“全家桶”的模块化形式提供给开发者，可以像 Maven 一样按需配置管理，在架构理念上遵循“高内聚、低耦合”的经典设计准则。

aelf 的各模块是支持可插拔的。如果开发者基于技术升级或企业化定制需求须变更特定组件的内部实现逻辑，则可按照相同接口自行实现该组件并插装到 aelf 中，实现类似 MySQL-InnoDB 的定制改进。aelf 欢迎更多的开发者加入 aelf 开源生态，一起让 aelf 的 Scale Out 来得更猛烈些吧。

3．构建企业级智能合约的 SDK 及脚手架工具

aelf 的 Contracts Core 提供了合约开发的官方 SDK 与成熟的脚手架工具支持，可支撑企业级开发者完成业务逻辑的构建。

4．官方 TestKit：企业级内测网络支持

企业级智能合约在主网部署、审核、上线前须在一个相对封闭的仿真网络环境中完成内部测试，以实现对上线后运行状态的确认。官方 TestKit 能够满足合约开发者单元及集成测试的需求，便于开发者完成开发级内部验证，通过数字孪生链的 V&V 确保主网应用上线质量。

5．CodeGenerator：助力合约开发者的一步之遥

aelf 的开发使用主流开发语言与成熟的 IDE 是对开发者友好直接的体现。官方推荐的 CodeGenerator 极大降低了合约开发成本，也使得 aelf 的学习曲线更为平滑。相比 ETH，aelf 将帮助开发者更好地理解智能合约，做好开发者由技术原型向企业级区块链系统一步之遥的沟通。

6．CLI/AElfJS：RPC 层的轻量级客户接口实现

控制台命令行 CLI 为 aelf 平台提供了终端/API 级良好的客户端接口，方便用户实时掌握 aelf 网络的运行状态并与之交互。AElfJS 是 aelf 官方基于 aelf RPC 层在 NodeJS 生态打造的轻量级客户接口，相信社区更多的开发者能够以 AElfJS 为范例，一步步完善 aelf SDK 生态，以便与更多开发者、用户的技术对接。

第 2 章

区块链思维方法【入门：理论剖析】

本章将主要讨论区块链与业务之间的关系，这引出了本书的一个核心问题——区块链思维方式。通俗来讲，该问题的讨论，有助于解答以下常见的问题：区块链系统的优势究竟在哪里？为什么需要引入区块链？什么应用场景下需要使用区块链？如何充分利用区块链设计一个业务系统？

本章将从区块链应用的鼻祖比特币开始，介绍主流的区块链系统在技术原理上共通的特性。然后会讨论分布式存储与分布式执行的业务场景。其中，会引入一个存证系统的例子作为分布式存储场景的示例。在这里，笔者会重点讨论系统业务设计的思路，而不是技术细节。

通过对这些问题的讨论，可以帮助读者更容易地理解 aelf 系统的设计思路，也有助于读者理解其他流行的区块链系统的设计理念。更重要的是，希望通过本章的讨论，读者能够找到自己的业务系统与区块链之间真正可落地的结合点。

2.1　区块链技术特性：以早期方案为例

在讨论区块链系统时，比特币是一个无法绕过的话题。事实上，区块链这个名字本身，就来源于比特币中 block 和 blockchain 这两个核心概念。与直觉相反的是，比特币在诞生之初是一个特化的、目标明确的业务系统——加密货币支付系统，但随着区块链思想的进一步发展，发展出了面向通用的分布式存储和通用的分布式执行（即分布式 CPU）场景的一般的区块链系统。

关于比特币或者区块链的技术优势，现在已经有许多的讨论和介绍了，这里并不想重复已有的内容。这里将简练地强调区块链系统中三个重要的核心概念——密钥对、区块与共识——并阐述其逻辑关系。请注意，这三个概念具有一般性和普适性，任何区块链系统均应当实现这三个概念。目前，市面上一些所谓的“区块链系统”并没有完全实现这三个概念，笔者认为这些应当被称为分布式系统而不是区块链系统。

2.1.1　密钥对

密钥对指的是非对称加密密钥对，在区块链中用来生成地址或账户。签名指的是使用私钥加密数据的哈希，在区块链中用于确定交易或消息发送者的身份。

在区块链中，用户通常自己生成一个大的随机数作为私钥，其公钥或公钥的变体作为用户的账户或地址。账户或地址是区块链中确定用户身份的最根本的要素。目前流行的区块链系统中，最常用的非对称加密算法是椭圆曲线数字签名算法（ECDSA）。密钥长度通常为 256 位或更长，在现有的技术条件下，这是几乎不可能被暴力破解的。

图 2-1 所示是一个简单的流程图，说明了如何生成区块链上的地址/账户。绝大多数的区块链系统均遵循这个流程，只是在具体的细节实现上有所不同。例如，不同的加密算法、密钥长度、公钥到地址的变换细节等。

请注意，图 2-1 中的中间值和具体的处理方法（哈希、添加版本号、添加校验码、编码处理）是多变的，可能存在多个中间值进行多次处理的情况。其中，私钥、公钥、地址/账户这三个概念是核心，在区块链中扮演着重要的角色。

图 2-2 所示是一个简单的示意图，展示了在区块链中如何利用非对称加密算法验证交易发送者。

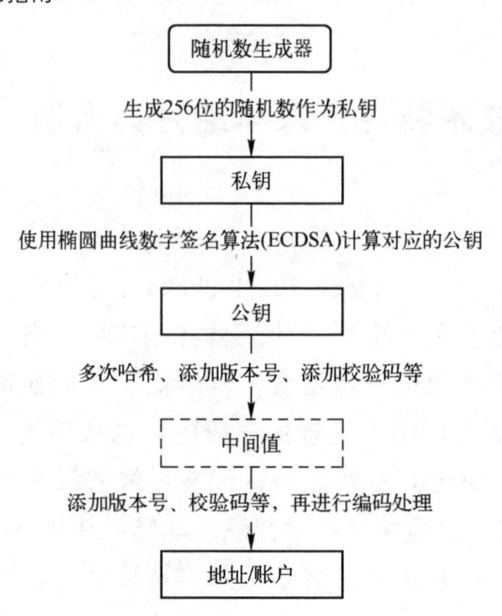

图 2-1 生成区块链上的地址/账户的流程图

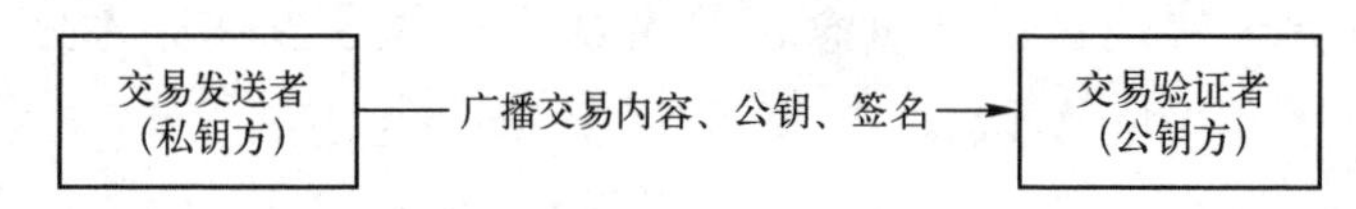

1. hash(TX)生成交易摘要digest
2. 私钥加密摘要digest，生成签名

1. 检查公钥是否对应相关的账户/地址
2. 公钥解密签名，得到交易摘要digest_1
3. hash(TX)生成交易摘要digest_2
4. 对比交易摘要digest_1与digest_2是否一致

图 2-2 在区块链中利用非对称加密算法验证交易发送者的方法

在区块链中提供了一个可靠的方法，用密钥对和签名确定用户的唯一身份以及证明消息发送者的身份。

2.1.2 区块

区块是区块链中一系列交易的集合。一个交易刚刚被广播到区块链网络中时，它是未确认的，只有当它被打包进交易时，才是被确认的，成为系统的一个确定状态。区块是不断增长的，新产生的区块链接到之前的区块上，成为区块链，如图 2-3 所示。一个区块后面链接的区块越多（通常称为确认数），它便被认为是越牢固的、不可撤销的。

每个区块都采用自己的哈希作为自身的唯一 ID，每个区块中都有一个 Previous Block Hash（上一个 Block Hash）字段（参数）记录了前一个区块的 ID，使得自己拥有唯一的父区块。同时，每个区块中还有一个严格递增的 Heigh

（高度）字段，记录了区块的高度。

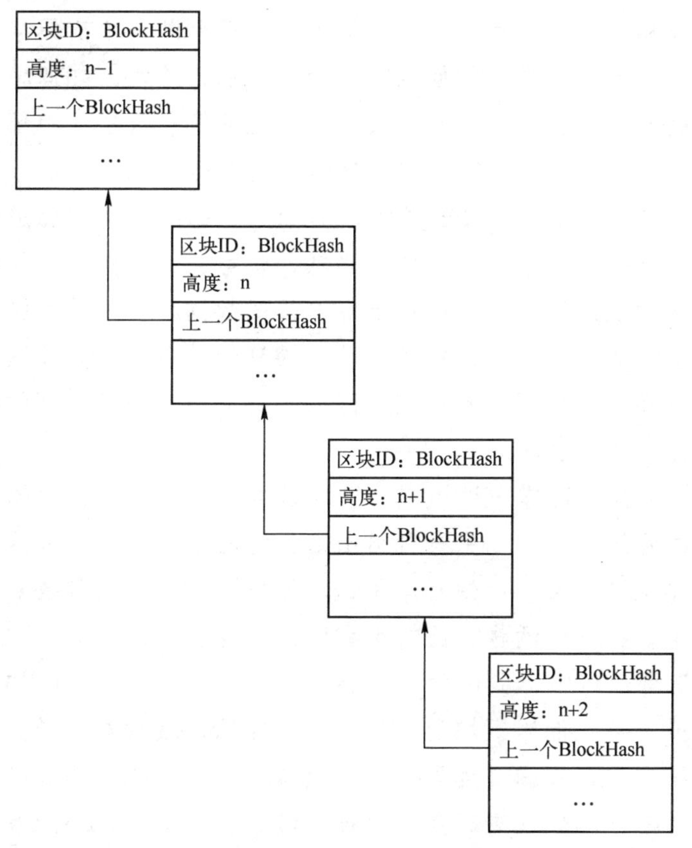

图 2-3　区块链形成示例

区块链的这种特性，实现了对交易（事务）执行顺序的唯一排序。区块链上发生的事件，根据确认数（所在区块）的不同，严格遵循先后顺序，且越早执行的事务越牢固。通常认为区块链上一小时之前发生的事件就是不可撤销的。

2.1.3　共识

对共识的定义目前还有稍许争议。主流的观点分为两类，即狭义的共识与广义的共识。

狭义的共识是指人们通常所说的共识机制或共识算法。共识机制决定区块链打包权的归属，即在某一时刻，分布式系统（区块链网络）中，哪个节点（矿工）有权确定系统的状态（即打包一个区块）。常见的共识算法有 PoW、PoS、DPoW、PBFT 等。

广义的共识中，除了包含狭义的共识机制，还包含了规则。规则是一个非常庞大的概念，几乎囊括了区块链的方方面面。通常来说规则指的是区块链中所有节点都必须遵守和执行的一系列设定。例如：如何判断一个交易格式的合法性、如何判断一个交易的有效性、如何判断一个区块的合法性、如何将一个区块链接到另一个区块链的尾端、如何处理分叉等。以上的例子只是一小部分，规则几乎定义了区块链链上数据和区块链网络广播的所有业务逻辑。

无论是狭义的共识还是广义的共识，其中定义的所有规则都是区块链参与节点必须遵守和执行的，通常称为履约。当然，也可以通过修改源代码的方式，编译出一个拒绝遵守规则的节点，但该节点产生的数据和行为是不会被区块链网络中其他的节点承认的。譬如，打包的区块会被其他节点判定为非法，发送的交易不会被其他节点转发，更不会被打包进区块，甚至与其他节点间的网络通信也会被对端断开，并加入黑名单。

当然，通常会存在这样一种情况，区块链中一部分而非全部的节点，决定在某个时间点共同修改规则，而另一部分节点拒绝修改规则，则在这个时间点上，区块链网络会发生硬分叉，产生互不承认、无法再统一的两条链。硬分叉是区块链历史中非常重要的一个话题，比特币和以太坊均发生过著名的硬分叉事件。

区块链在正常运行中，会因为各种偶然因素发生软分叉，比如网络波动等，但最终仍会达成一致；而当区块链出现永久分歧后，就会发生硬分叉，产生两条并行的链，互不交互，如图 2-4 所示。2016 年，以太坊发生了著名的 DAO 攻击事件，社区对该事件的处理方式存在分歧，最终在 2016 年 7 月 20 日，以太坊硬分叉为 ETH 和 ETC 两条链。2017 年年初，比特币矿工群体与核心开发者群体在区块大小、隔离见证等多项事宜上产生重大分歧，在 2017 年 8 月 1 日，比特币硬分叉为 BTC 与 BCH 两条链。

共识规则和履约的存在，保证了区块链上的所有节点严格执行一致的业务逻辑，保证了区块链数据的严格一致性。

2.1.4 开源闭源争议

目前，主流的区块链系统均为开源软件，而有一部分区块链系统，特别是商业区块链系统选择了闭源，其理由主要在于安全性或知识产权保护上。这种闭源的做法招致了强烈的批评，甚至有观点认为，闭源系统不能被称为区块链系统。

乍看之下，这种观点显得有些偏激，为什么闭源系统不能被称为区块链系统？通过上一小节中对有关规则的讨论，这个问题应该更容易理解。因为区块链的核心在于定义了一套复杂的规则，规定了所有节点严格执行的业务逻辑，这是区块链安全性和可信性的根本。

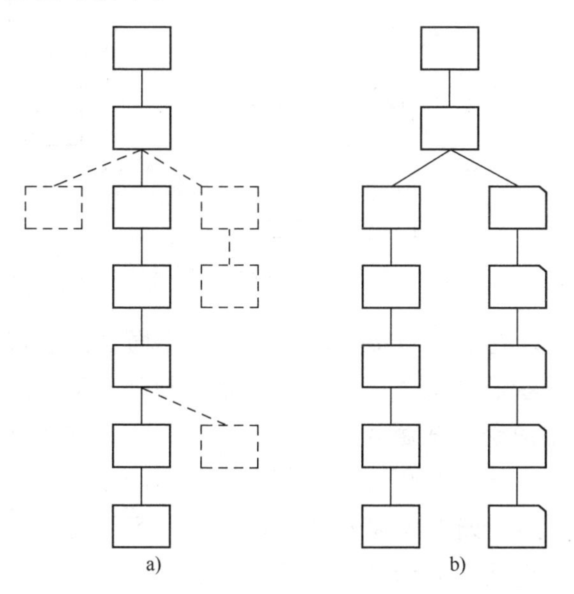

图 2-4　软分叉和硬分叉区别

a) 软分叉　b) 硬分叉

如果想让区块链中所有的参与者严格地遵循规则，则必须让参与者清楚地知晓规则。最常见的方式是将规则直接写成代码，因为这是一种最清晰、最简洁、最不会产生歧义且跨越语言的方案。当然，也可以发布一个文档，详细规定所有链上数据及网络广播涉及的业务逻辑（类似于 RFC 文档），再由参与者自己开发软件实现这个文档中定义的规则。但这个方法过于烦琐，成本过高，目前还没有主流的项目采用这个方案。

比特币的发展历史可以进一步地解释代码与规则之间的关系。在比特币发布之初，只有一个开源的 C 语言实现（bitcoind），并没有详细的官方文档定义。之后随着项目的发展，后来的参与者通过阅读 C 语言的开源实现，了解和总结了比特币的业务逻辑规则，开发了自己的非官方节点。例如，Go 语言开源全节点 btcd 和 C# 语言开源全节点 StratisBitcoin。此外，一些商业组织出于安全性考虑，开发了自己内部使用的闭源版本，同样遵循比特币定义的规则，但没有公开源代码。

图 2-5 所示，无论是不同版本的开源实现，还是私有实现，只要遵循统一的规则（协议），就可以在同一个区块链网络中协同工作。

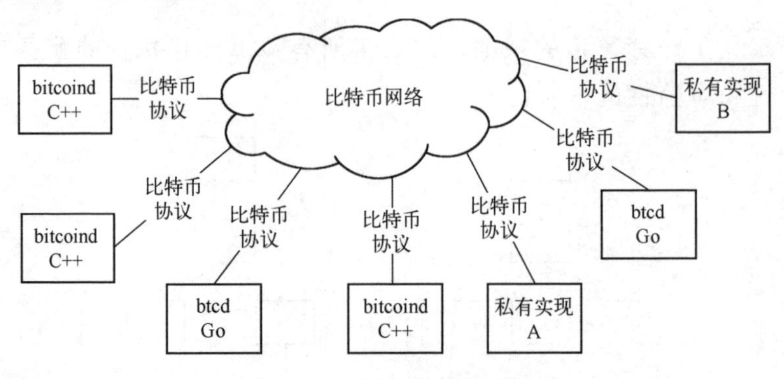

图 2-5 比特币实现规则

通过以上讨论可以看出，与传统的开源争议不同，区块链的开源需求主要来自于必须让所有参与者清楚地了解区块链的运行规则，即业务逻辑的细节，整个系统才能正常运转。理论上开源并不是唯一的方案，但在目前的实践中，开源是唯一被采用的途径。

因此，笔者对开源与闭源争议的观点是：一个区块链系统，必须让所有参与者清晰地了解规则，而代码开源是最方便的途径。

2.2 区块链数据存储——账本与记账模式

区块链又被称作分布式账本。账本一词很好地体现了它的一个基本功能，即记账（数据存储）。一个区块链全节点会保存所有的历史区块，这些历史区块记录了区块链系统过去发生的全部有效交易。

在区块链发展的“上古”时期，区块中只记录了交易信息。逐渐地人们意识到，区块链数据存储的永久性、不可篡改性应当得到更广泛的应用。于是在2014年3月比特币 version 0.9.0 发布时，加入了一种新的交易类型，叫作 Null Data (OP_RETURN)交易。OP_RETURN 是一种交易输出（tx output）类型，一个 OP_RETURN 的交易输出，不包含任何金额的比特币输出，但可以包含一段任意数据。这意味着，这是第一次能够将任意格式的数据存储到比特币区块链上，而不局限于交易格式。

尽管在 version 0.9.0 的发布日志中，官方明确表示不建议滥用 OP_RETURN 的特性在比特币交易中存储数据，但这一特性还是得到了广泛的欢迎与使用，大量用户尝试在区块链上存储自己的数据。随后一些网站也推出了诸如“比特币记事本”“比特币表白墙”等服务，用户只要支付极小额的一笔比特币即可在比特币区块链上永久地记录一句话。这类服务可以看作是现在的 DApp 的一种雏形。

在当年的发布日志中，还有这样一段话：“在区块链中存储任意数据仍然不是一个好主意。在其他地方存储非货币数据的成本更低，效率更高。”而在若干年后，区块链应用的最早突破点之一便是利用区块链进行数据存储存证。现在回头看这句话可能带有一定的讽刺性，但这也说明了，人们对于一种永久不可篡改的数据存储方法的强烈需求。

图 2-6 所示是每个月比特币的交易中使用 OP_RETURN 的数量统计图。从图 2-6 可以看出，自 OP_RETURN 引入以来，其使用量飞速增长。（数据来源：opreturn.org）

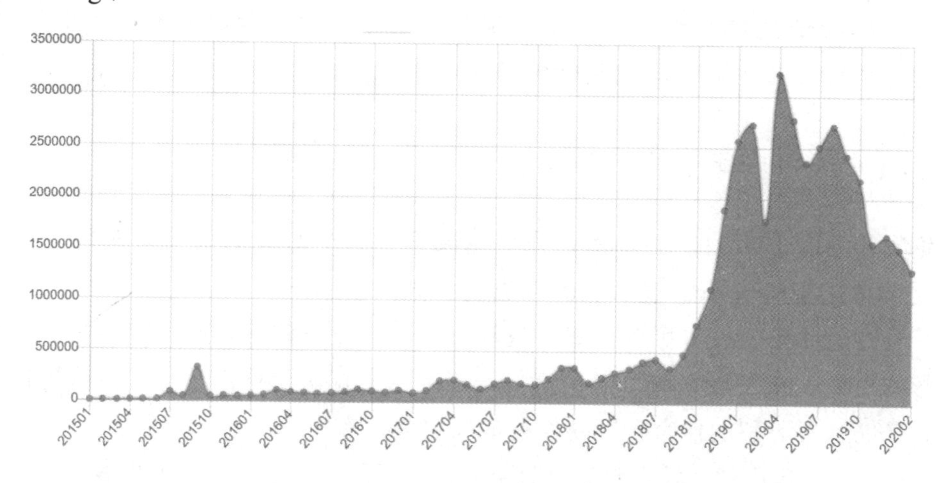

图 2-6　比特币交易中使用 OP_RETURN 的数量统计图

利用比特币区块链进行数据存储的方法面临许多限制。一个比较突出的问题是协议中只允许记录非常短的一段数据，根据版本不同，这个限制为 40 Byte 或 0 Byte。这个长度仅能记录十分有限的信息。在实践中，一种较为常见的做法是将数据文件保存在对象存储或 BT 网络中，而将文件的哈希保存在 OP_RETURN 字段中。

比特币系统在设计之初，定位于一个去中心化的电子货币系统，因此数据存储只是它工程设计中的一个副作用。而之后出现的以太坊则将数据存储提高到了一个重要的位置。

基于电子货币理念设计的比特币系统，只会存储历史区块记录与所有未花费的交易（UTXO），因此数据存储必须依附于交易结构。以太坊的设计目标是一个去中心化的全球计算机，类比于计算机系统中的存储器。以太坊引入了“世界状态（World State）”的设计，这是一个树状的存储结构，理论上可以不受限制地存储任意数据。在以太坊网络中，可以使用智能合约进行数据存储，数据的内容可以是一个字符串，也可以是文档、音乐、电影等，只要向以太坊网络支付足够的手续费即可。

2.3 区块链存证与溯源

存证和溯源是一类非常常见的业务需求，而区块链数据存储的特性非常适合这类业务。同时，存证、溯源也是区块链应用最早期的爆发点之一。本节将深入分析区块链存储的技术细节与存证、溯源的业务细节，说明为什么区块链在存证、溯源领域具有不可撼动的天然优势。

2.3.1 存证、溯源的业务核心

存证、溯源业务的核心要素在于证明某人在某个时间记录了某件事情，并且这个记录是完整的、不会被篡改的、也不会灭失。

下面这个经典的故事可以很好地说明一些要素。一位青年作家刚刚写完一部非常精彩的小说，在发表之前，他希望与一些著名作家讨论这部小说，并得到指点。但同时，他又担心别的作家会剽窃他的成果据为己有。

于是，他将自己的手稿密封到信封中，通过邮局寄给了自己。如果有人剽窃自己的作品，这个信封将成为法庭上有力的证据。逻辑如下：邮局的邮戳清楚地证明了记录（写作完成）的时间，而完好的信封则证明了信封内的手稿没有被改动过，也不是后来放进去的。这样就证明了在很早的一个时间点，这位青年作家就完成了小说的手稿，他人在这个时间点之后发表的作品，就说明剽窃了这位青年作家的成果。

这里可以看到，存证的核心要素之一是记录时间的真实性，这个故事中，邮局邮戳作为一个权威记录证明了时间的真实性；另一个核心要素是记录数据的完整性、一致性，这里通过信封密封的完好证明了内容没有被篡改。而在本例中，由于记录的是一个客观发生的事情，因此记录者身份的确认并不是关键要素。

另一个例子是常见的毕业证、结婚证等证件。这些证件加盖了相关机构的公章，证明了记录人的身份。记录人身份的可验证性、权威性则保证了记录内容的有效性。例如，只有学校才能够证明一位学生是否是合格毕业的，只有民政机关才能够证明一例婚姻是否具有合法性。在这类证件中，还会通过纸张、油墨、覆膜、骑缝章等技术手段保护记录的一致性，避免遭到篡改。随着 IT 技术的发

展，电子记录也得到普及。比如，可以通过像学信网这样的机构来查验学历记录的真实性、有效性。

随着技术的发展和普及，以上这些存证手段面临很大的挑战。比如，激光印刷技术使得签名、签章容易被伪造；黑客可能入侵数据系统篡改记录等。同时，这些记录还面临灭失的风险。比如，纸质证书容易丢失、损毁；数据中心的意外故障可能导致数据丢失等。

2.3.2 区块链的天然优势

区块链中的数据记录行为，需要记录人通过发送一个交易的方式进行。而发送交易本身需要持有一个区块链账户，并掌握账户对应的私钥。一般区块链系统的私钥具有很高的安全等级，暴力破解或碰撞伪造几乎是不可能的。通过区块链账户，验证了记录人身份的有效性，保证了记录人身份的真实性。

当一个交易被发送到区块链网络中（又称为广播），首先需要检查交易的合法性。交易合法性验证的重要环节是检查签名的有效性，签名必须由私钥生成，并且每一个交易的签名都是独一无二的、不会被重复使用的。这个环节保证了其他人无法伪装成记录人存储数据。一个交易在广播后，通常会很快地被打包进入区块。区块打包后，会进行全网广播，全网节点会通过区块哈希保证数据的一致性。这意味着记录人在提交记录后不能篡改记录内容。

区块链会在时间维度上均匀不断地产生新的区块，并按照时间先后的唯一顺序线性排列。通过区块的顺序（又称为高度），可以判断该区块产生的时间。例如，一个刚刚被广播的交易只能被记录在当前或稍后打包的区块中，无法插入到更早时间的、已经被打包的区块中。通过这个特性，可以确定一个交易广播的时间，即行为发生的时间。

图 2-7 所示是在区块链浏览器上查询十年前某个区块的结果。

区块被打包后即会广播到区块链网络中的每个节点，每个节点都会保存这些区块，同时会校验区块哈希等信息，保证数据的一致性。每个节点在启动后都会自动地与其他节点同步区块信息，保证各节点间数据的一致性。一个遍布全球、同时保持数据强一致的分布式存储网络，是很难发生数据灭失的，除非全球的所有节点在同一时间失效。

区块链的这些技术特点，保证了记录人身份的真实有效，保证了记录人和其他人无法在记录后篡改数据，保证了记录时间的真实有效，保证了记录内容的完整一致、不会丢失。

BLOCKCHAIN.COM Products Data Explorer

BTC / Block

Block at depth 20 in the Bitcoin blockchain

Hash	0000000067a97a2a37b8f190a17f0221e9c3f4fa824ddffdc2e205eae834c8d7
Confirmations	623,578
Timestamp	2009-01-10 13:39
Height	20
Miner	Unknown
Number of Transactions	1
Difficulty	1.00
Merkle root	ee1afca2d1130676503a6db5d6a77075b2bf71382cfdf99231f89717b5257b5b
Version	0×1
Bits	486,604,799
Weight	860 WU
Size	215 bytes
Nonce	1,901,123,894

图 2-7 在区块链浏览器上查询十年前某个区块的结果

2.4 可信区块链存证业务设计：信任的技术解构

根据上一节对存证、溯源业务与区块链技术的分析，在本节中，笔者将给出一个可信区块链存证业务的具体设计。

2.4.1 存证有效性证明

存证业务可分解为“存”（数据存储）和“证”（数据查询）两个业务模块。

首先讨论数据存储的业务设计。在上一节的分析中，数据的存储时间、数据的不可篡改性、数据的完整性均由区块链本身的技术特点保证。在业务系统的设计中，唯一需要考虑的是如何证明存证人（记录人）身份的有效性与权威性。

图 2-8 所示是存证业务的简单示意图。这其中有三个主要的角色，分别是存证方、存证介质（平台）和验证人。其中主要有两个业务关系，分别是记录存证事件和验证事件。

首先，要考虑记录人的权威性，即选择正确的业务主体。比如，在区块链上记录清华大学的毕业证书，只能由清华大学记录，武汉大学在区块链上记录清华大学的毕业证书，显然是无效的。这是一个非常简单甚至荒唐的例子。但在实中，常会遇到由多个关系方存证的场景，这时就需要判断这些关系方中哪一个是最权威的、最中立的、没有作伪动机的。而在有些业务中，是找不到一个中立第三方的，这种场景下需要引入多重签名的设计，即存证内容需要多个利益相关方全部签名才会生效。一个典型的例子是在电子合同的存证中，需要合同双方各自用自己的私钥对合同签名，才视为一份有效存证。

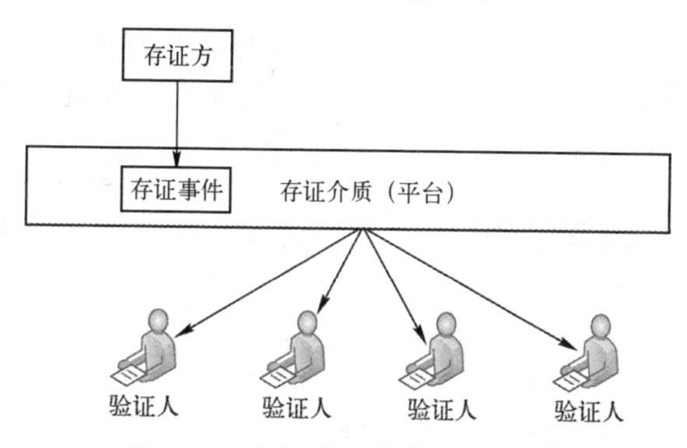

图 2-8　存证业务的简单示意图

下一步，则需要考虑如何将现实中的权威性、有效性赋予到区块链生态中。上一节的分析中已经指出，其他人是无法伪装成记录人在区块链上记录的，那么需要解决的问题就简化为证明一个区块链账户的有效性。一个非常简单的方法是通过权威的渠道公布自己的公钥或地址。例如，清华大学生成一个密钥对（区块链账户），并在官方网站上发布公告，公布这个账户，并说明该账户用于记录/存证清华大学的毕业证书。那么在区块链网络中，经过该账户私钥签名的毕业证书的存证行为即可认为是权威有效的。

下面将讨论数据查询的业务设计。在区块链中存储的数据和交易量是非常大的，在数据查询时，不可能遍历浩如烟海的区块链交易。因此，在存证数据时，需要在存证系统的数据库中建立存证行为与区块链交易的索引。这样在查询数据时，首先在存证系统的数据中查找具体的存证记录，然后到区块链系统中查询这次存证对应的交易。

其中一些细节同样需要注意，比如：区块链数据存储时经过编码的，在用户界面上呈现时要注意解码的正确性；区块链交易记录可以超链接到一些权威的区块链浏览器，以证明查询系统本身的真实性。

2.4.2　数据与哈希

还有一点需要注意的是，读者应当尽量在区块链上保存数据哈希而不是原始数据。

区块链上的数据是所有节点都可以查询的，因此考虑到数据的隐私性、敏感数据的安全性，读者不应当将原始数据保存在区块链上。同时，区块链的链上存储空间是高成本的、昂贵的，因为链上数据会被每一个节点保存。

所以，当设计一个存证系统时，推荐在链上保存数据哈希，在链下保存原始数据。在存证一个记录时，将原始数据上传到对象存储或服务器，并取这个文件的哈希通过一个交易记录到区块链上。在验证这个记录时，下载文件，取文件哈希与区块链上的哈希做比对，如果两者一致，则证明原始数据文件没有被修改过，其操作过程如图 2-9 所示。

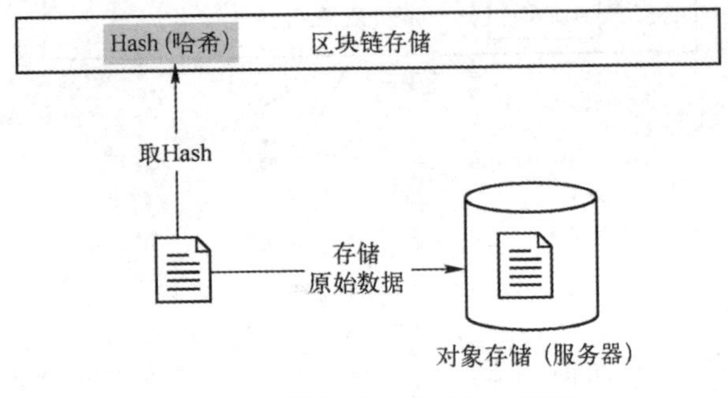

图 2-9　数据存证设计示意图

2.5　区块链分布式业务执行

在区块链发展的初期，比特币上只能执行一些高度特化的业务类型，例如改变交易状态。2012 年比特币在 BIP16 中引入了 P2SH 的交易类型，允许向一个脚本地址发送支付交易，脚本中可以处理条件判断等简单的逻辑关系。然而比特币本身是一个特化的支付系统，无法在脚本内执行比较复杂的业务逻辑。

图 2-10 所示为过去十年间比特币 P2PKH 交易和 P2SH 交易数量的变化。自 2015 年起 P2SH 交易类型开始增长，P2SH 可处理多重签名、锁定、信托等简单的业务逻辑。

2013 年年底提出的以太坊是区块链在通用分布式执行领域的一个重要里程碑。以太坊引入了许多新的概念，例如“区块链 2.0”“智能合约”“图灵完备”等，其中的许多思路指导了区块链未来的发展。

相比之前的区块链系统，以太坊的主要创新在于引入了 EVM 虚拟机与 contract 合约的概念。EVM 虚拟机中可以执行较为复杂的业务逻辑，即“图灵完备”的图灵机。开发人员使用特殊的 solidity 语言编写程序，并将程序存储在区块链上，即成为一个“合约”。

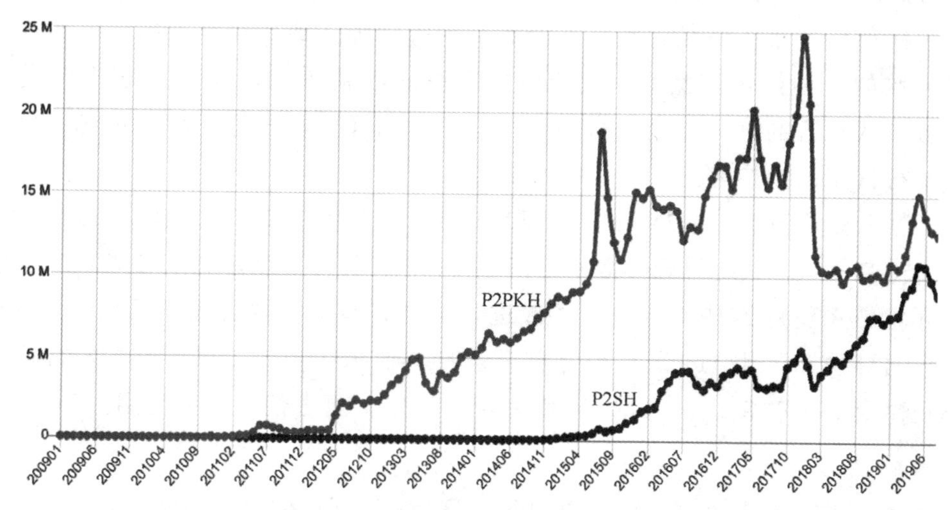

图 2-10　过去十年间比特币 P2PKH 交易和 P2SH 交易数量的变化

此后的使用者可以向这个合约发送交易，合约程序中的业务逻辑就会在EVM 虚拟机中运行，同时运行结果一般也会保存在区块链上。更确切地讲，运行结果是保存在全节点的本地数据库一个叫作世界状态的地方。既然是世界状态，自然包含了区块链上所有合约的执行结果。世界状态的哈希会写入到区块中，用于所有的区块链节点之间校验执行结果。

开发人员编写的程序通过区块链存储在每个节点上。当这段程序被调用时每个节点都会执行这段代码，并且执行结果会保存在每个节点上，这就是分布式业务执行系统。因为其具有很高的灵活度，也被称为分布式 CPU。

可以看出，每个节点保存同样的程序代码，实现了同样的 EVM 虚拟机定义，必然会有同样的执行结果（EVM 中带有随机性输入的函数会被禁用），通过区块中世界状态哈希的核验，可以剔除错误的和恶意的节点。同时，因为程序会在所有的节点上执行，因此可以认为程序一定会被执行，是无法被阻止的，除非同时破坏掉全球所有的节点。

通用分布式执行的概念大大拓宽了区块链的应用场景，除了支付和存储，人们可以在区块链上完成十分复杂的业务逻辑，这引发了此后 DApp、区块链游戏的火爆。

同时需要指出的是，虽然以太坊提出了智能合约的概念，被认为是智能合约的奠基者，但也不能认为比特币没有合约的功能。比特币中有一套基于OP_CODE 的脚本系统，可以完成一些简单的业务逻辑。

例如，此前提到的 P2SH，在脚本中通过条件判断语句实现了多重签名的功能。再比如比特币中信托、锁定、分支交易等功能，或比较复杂的闪电网络功能都是合约的一种体现。然而，因为脚本系统的限制和 OP_CODE 程序开发的低效，分布式执行的理念并没有得到推广，以太坊 EVM 虚拟机和 solidity 才是分布式执行真正的推广者。

同时也应注意到，EVM 虚拟机和 solidity 也存在着一些问题。比如，EVM 模拟 256 字长 CPU 运行导致效率低下，solidity 引入了额外的学习成本。之后的一些区块链系统对这些问题进行了改进。例如，有的区块链系统采用 docker 作为运行时环境，采用 Go 语言作为合约语言；而 aelf 系统中采用原生执行环境，效率提高了数个数量级，采用 C# 作为合约语言，更方便开发者使用。

2.6 多中心&去中心治理：不止于分布式存储

本章前面已经简单介绍了区块链上的分布式存储与业务执行，并初步地讨论了它们的发展历史与应用场景。在这其中可以很容易地发现，基于区块链的存储业务（比如存证应用）是很容易理解的，这类应用也是发展时间比较长、种类比较多的。而利用区块链的分布式执行类应用则不如前者数量多，并且对初学者也不容易理解。

因此，本节希望说明一个重要观点，那就是基于区块链的分布式业务执行也是非常重要的，甚至可以说重要性高于分布式存储，分布式存储只是它的一个子集。分布式业务执行才是区块链的核心竞争力。本节将会对区块链的分布式业务（存储与执行）做进一步的举例说明。

2.6.1 分布式数据存储

在本节之前的讨论中，已经充分地体现了区块数据存储的优势。然而，大家不应当将区块链作为分布式存储使用，它与传统的分布式存储或分布式数据库有着本质的不同。

按照分布式存储的评价标准，区块链分布式存储具有近似无穷高的数据一致性和数据可用性，具有非常低的容量和写性能，以及非常高的存储成本。

区块链存储一般只用于存储关键凭证。区块链重要的价值在于分布式地执行业务逻辑，任何将区块链视为分布式数据库的看法都是片面的。

2.6.2　分布式业务执行

一个中心化的业务系统，很容易因为各种原因停止运行。比如，遭受攻击、发生硬件故障、管理人员误操作或恶意终止等。例如：证券交易所在遭受攻击后不得不停止交易；某大型支付系统因市政施工挖断光缆而无法进行支付。

而区块链可以分布式地、不可终止地执行业务操作，除非全部的节点都发生故障。请注意，这里的分布式执行不同于传统的分布式计算的概念。分布式计算指的是将一个大的计算任务划分为若干个可并行的、小的计算任务，分配到不同节点执行，再对结果进行汇总；而区块链的分布式执行指的是完整的业务任务将在每一个节点上各自完整地执行，得到的执行结果在各节点间相互对比校验。

具体来说，一个交易在区块链中打包执行时，会在区块链网络中的每一个节点上运行其中的操作指令，这些操作指令会改变每一个节点上的世界状态。各节点间的世界状态是独立的，节点间通过对比世界状态的一致性实现执行结果的一致性。

分布式执行的概念对初学者来说是难以理解的，笔者将通过两个简单的例子进一步讨论。

第一个例子，人们在交易活动中一直面临一个问题：资金的支付和货物的交付是两个独立的过程是先付款还是先交货呢？“一手交钱，一手交货”——这种策略在面对面的交易中是有效的，但在互联网交易中，交货和交钱总有一个先后的时间差。这其中先交付的一方将面临极高的风险，因此需要引入中间人等策略。在数字货币的交易中，这种风险更加凸显，先发送货币的一方将面临对方不诚信在收到货币后不能按照约定发币的风险。

而一个数字货币售卖合约可以很好地解决这个问题。在区块链上创建一个售卖合约，合约收到 X 币后会按照 a 的比例打回 Y 币。如果一个用户希望按照 a 的比例兑换手中的数字货币，只需要将一定数额的 X 币打入这个合约，就会收到对应数额的 Y 币。这个执行过程是强制性的，一旦用户执行了发送 X 币的动作，那么他将一定会收到对应的 Y 币，没有任何手段可以阻止其发生，因为这两个操作是原子性的，非独立的。

并且，相比中心化的交易机构，这种基于区块链的兑换方法具有极高的健壮性。只要有极少数的节点正常运行，交易业务即可正常运行，想要终止这个交易业务，攻击者需要攻击分布在全球的全部区块链节点。

图 2-11 所示为传统交易“一手交钱，一手交货”的示意图，先支付者面

临风险。

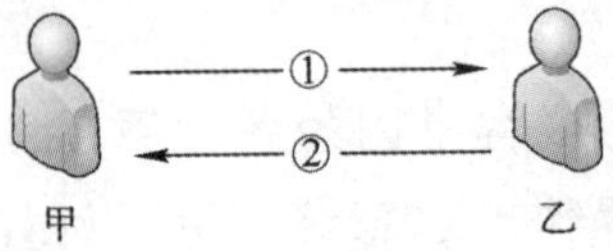

图 2-11 传统交易“一手交钱，一手交货”的示意图

图 2-12 所示为在传统交易中引入第三方中间人的交易示意图，例如支付宝，但同样存在风险。

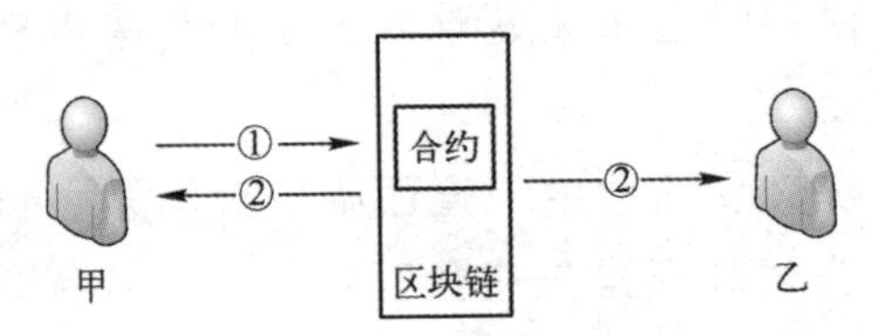

图 2-12 在传统交易中引入第三方中间人的交易示意图

图 2-13 所示为利用区块链与合约的交易示意图，即可无风险地完成原子化交易。

图 2-13 利用区块链与合约交易示意图

另一个例子是：在区块链上锁定一笔资产。甲向乙支付了一笔数字货币，但规定了这笔资产只能在 5 年后解锁。这是一种类似于信托的合约，除非在合约部署前约定了撤销方式，这项信托业务在开始执行后没有任何办法可以被中止。甲没有任何手段可以拿回这笔资产，乙在 5 年时间到期前同样没有任何手段可以解锁这笔资产，即使联合区块链上的全部节点，也没有办法在合约规定之外执行。

以上两个例子是对区块链分布式执行简单的、不全面的阐述，目的在于让读者对分布式执行的强制性、健壮性有一个直观的认识。这里可以看到，区块链不只是一个分布式数据库，还是一个分布式 CPU。

2.7 业务流与资金流价值协同

前文介绍过一个问题，即交易过程中先付款还是先发货的问题。该问题始终存在于不同的交易场景中，并迫使交易双方花费大量成本和精力应对这个问题。比如，在跨国贸易中，交易双方为了规避风险，常常会使用信用证（LC）这种烦琐的流程；在实体经济中，应收账款是一个令人十分头疼的问题，衍生出发债、贴现等许多手段。这样的烦恼存在于多个方面。

对这些问题进行抽象分析整理，会发现问题的核心在于：传统的模式中，业务流与资金流是分离的，资金的支付与业务的执行是两个独立的事件，需要花费大量的成本保证每一步资金的支付与业务的进行之间基本同步，这就是业务流与资金流协同的痛点。

而区块链是解决这个痛点的有效手段。从上一节的讨论中，读者对分布式执行大致有了直观的理解：设计一个合约，一个事件的发生会强制触发另一个事件的执行；或预置若干前置条件，当某些条件满足时，一项业务一定会被强制执行。

区块链在数字货币的交易中已经有了非常成熟的应用，因此将资金流迁移到区块链上是水到渠成的事情。如果将业务流也迁移到区块链上，便可以解决长久困扰的业务流与资金流协同的痛点，大幅提高生产效率。

大家也应当认识到，将业务流迁移到区块链上，将面临许多问题，其本质是将区块链与现实世界紧密结合。这其中不仅需要对区块链的了解，更需要对行业深入的调研与理解，需要许多巧妙的设计。

第 3 章

aelf 区块链平台架构【进阶：行业平台】

本章主要从开发者的视角介绍基于 aelf 的区块链应用开发项目指引，包括如何搭建开发环境、运行 aelf 节点，以及通过 Web API 实现已定义的业务目标。

致力于打破商业化应用落地场景技术困境的 aelf 区块链平台可通过 Docker 运行，并能够轻松实现单节点、多节点、主侧链运行环境。当然，对于进阶型开发者而言，也可以通过获得源码自行编译运行 ael区块链节点。本章将指引开发者熟悉 aelf 框架的地址系统、aelf 交易的创建以及 aelf 区块架构，并详细阐述 aelf Web API 的内容，支持开发者完成与 aelf 区块链的交互。本章可能会成为读者在开发 DApp 过程中的重要参考章节。

此外，aelf 官方运营着良好的开发者社区，关于 aelf 的各种技术细节、平台语言支持、环境兼容等问题，都能在开发者社区找到解决方案。

3.1 准备 aelf 开发环境

研发圈有个说法，叫作“搭建好开发环境，项目就做完了一半”。话说得显然比较乐观，但却也表达出了搭建适当的开发环境对项目开发工作的重要意义。接下来，笔者将介绍 aelf 开发环境的搭建，希望读者也能亲自动手参与其中。

对于绝大部分依赖，aelf 提供了通过操作系统随时可用的命令行进行安装的方式。对于安装过程中出现的特殊问题或安装过程有更复杂的需求，可向 Github 官方项目页面或开发者社区求助以获得更多支持。

本节主要讲述了在运行 aelf 节点之前，需要安装一系列的必要依赖（Common Dependencies）。下一节将讲述如果需要构建 aelf 源码或执行智能合约开发的额外依赖（Extra Dependencies）。

1. Windows 用户安装前步骤

Windows 用户可通过以下命令安装 Chocolatey 工具，以便执行依赖安装。当然，也可以参考 Chocolatey 官方的安装引导（https://chocolatey.org/install）进行安装。

请使用有管理员权限的 Powershell 执行以下命令：

```
Set-ExecutionPolicyAllSigned
or
Set-ExecutionPolicy Bypass -Scope Process
Set-ExecutionPolicy Bypass -Scope Process -Force; iex ((New-Object
System.Net.WebClient).DownloadString('https://chocolatey.org/install.ps1'))
```

后续，笔者将通过 Chocolatey 工具执行 Windows 系统依赖库的安装。

2. macOS 用户安装前步骤

在 macOS 系统上，笔者极力推荐通过 HomeBrew（或仅用 Brew）来执行快速的依赖安装，可执行以下命令安装 HomeBrew 工具。当然，读者也可以参考 HomeBrew 官方的安装引导（https://brew.sh/）进行安装。

读者可以在终端通过以下命令执行安装：

```
/usr/bin/ruby -e "$(curl -fsSL
https://raw.githubusercontent.com/Homebrew/install/master/install)"
```

Linux 系统因自身有较为完备的基于源的依赖安装路径，这里不再赘述，本节将以 apt-get 为例进行依赖安装介绍。

3．安装 NodeJS 依赖

在 Windows 上的命令行执行以下命令安装 NodeJS：

```
choco install nodejs
```

在 macOS 上的终端执行以下命令安装 NodeJS：

```
brew install node
```

在 Linux 上的终端执行以下命令安装 NodeJS:

```
sudo apt-get install nodejs
```

4．安装数据库依赖

目前，笔者推荐使用 Key-Value 数据库存储节点数据，如 Redis 或 SSDB，以上两型数据库经 aelf 官方验证均适配良好，读者可自行决定。

（1）Redis 安装指引

根据操作系统平台的不同，可通过以下命令执行 Redis 安装。当然，读者也可以参考 Redis 官方的安装引导（https://redis.io/）进行安装。

在 Windows 上安装 Redis：

```
choco install redis-64
```

在 macOS 上安装 Redis：

```
brew install redis
```

在 Linux 上安装 Redis：

```
sudo apt install redis-server
```

无论在哪个平台上，如果成功完成安装，可以通过在命令行/终端执行以下命令以验证安装是否成功：

```
redis-server
```

如果安装成功，命令行/终端将给出图 3-1 所示的输出，以提示 Redis 正在运行的欢迎页面，还有当前运行的端口号（Port）和进程号（PID）。

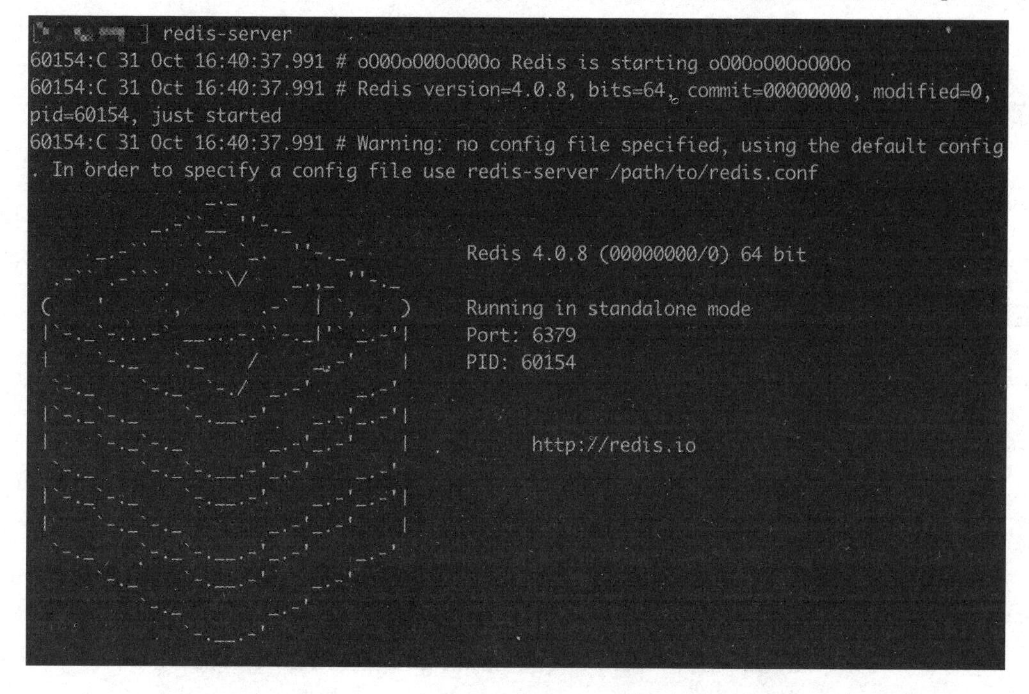

图 3-1　Redis 成功安装后的界面

（2）SSDB 安装指引

根据操作系统的不同，可执行以下命令安装 SSDB 数据库。当然，读者也可以参考 SSDB 官方提供的安装引导（http://ssdb.io/?lang=en）进行安装。

值得注意的是，在 Windows 平台上安装 SSDB 数据库作为生产环境是官方强烈不建议的。因此，如果开发平台是 Windows，笔者强烈建议读者使用 Redis 数据库。如果必须在 Windows 上使用 SSDB 的话，笔者建议安装一个 Linux Server 虚拟机，在虚拟机上安装 SSDB 并使用。

在 macOS 上安装 SSDB：

```
brew install ssdb
```

在 Linux 上安装 SSDB：

```
wget --no-check-certificate https://github.com/ideawu/ssdb/archive/master.zip
unzip master
cd ssdb-master
make
# optional, install ssdb in /usr/local/ssdb
sudo make install
```

3.2 额外依赖：支持 aelf 源码、合约构建

安装完上节要求的必要依赖，就可以成功运行一个 aelf 节点了。但是，如果读者希望自主编译 Github 上提供的 aelf 源码或计划开展智能合约开发工作，请继续阅读本节的额外依赖安装指引。

3.2.1 Windows 构建工具

aelf 项目在 Windows 平台下的命令行进行编译构建的重要依赖是 Visual Studio Build Tools。请遵循以下引导安装 Visual Studio Build Tools。

如果已经安装了 Visual Studio 的一个分发版本，打开 Visual Studio Installer 并添加 Desktop development with C++开发环境支持工作包，如图 3-2 所示。

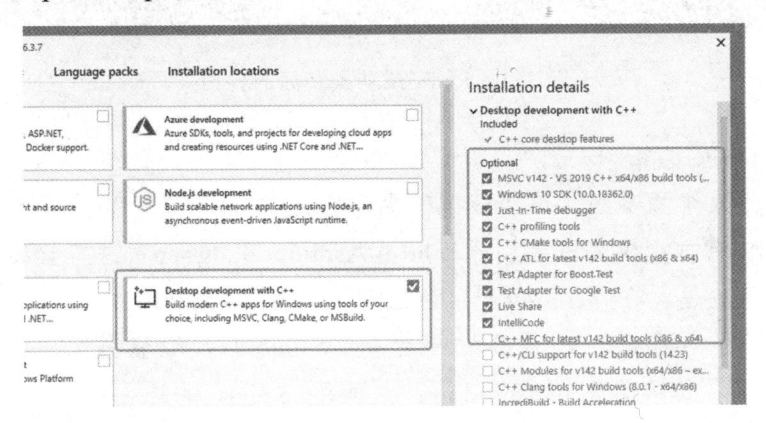

图 3-2 打开 Visual Studio Installer 界面

如果没有安装 Visual Studio 的任何分发版本，可以下载并安装 Visual Studio 社区版（下载路径 https://visualstudio.microsoft.com/zh-hans/downloads/ ），成功安装后执行 Desktop development with C++开发环境支持工作包的安装。

如果不愿安装一个完整版本的 Visual Studio，可以通过上文提供的 Visual Studio 官方链接仅安装构建工具。滚动到页面下方选择“Visual Studio 2019 工具”中的“Visual Studio 2019 生成工具”并下载，如图 3-3 所示。

下载并执行“Visual Studio 2019 生成工具”程序后，选中并安装“C++生成工具”，如图 3-4 所示。

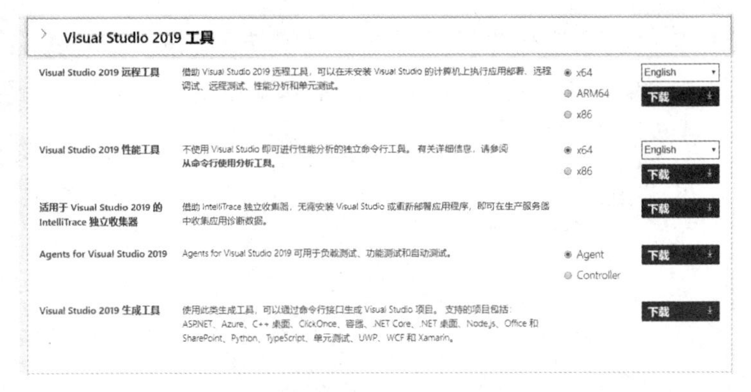

图 3-3　下载“Visual Studio 2019 生成工具”界面

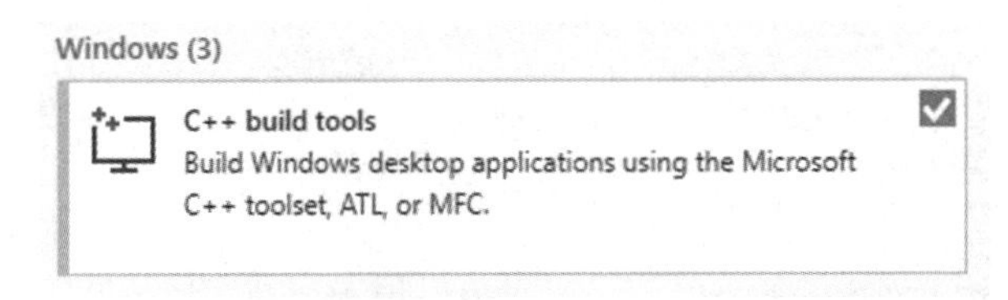

图 3-4　选中并安装“C++生成工具”界面

3.2.2　Git 安装指引

开发者如果自行编译 aelf 项目代码运行节点或使用 aelf 官方定义的智能合约定制开发环境，则需要复制/下载 aelf 官方代码库的内容。目前官方源码在 Github 维护，因此 Git 也成了开发者的必要选项。

读者可以通过以下命令安装本地 Git 环境。当然，也可以参考 Git 官方提供的安装引导（https://git-scm.com/book/en/v2/Getting-Started-Installing-Git）进行安装。

在 Windows 上安装 Git：

```
choco install git
```

在 macOS 上安装 Git：

```
brew install git
```

在 Linux 上安装 Git：

```
sudo apt install git-all
```

3.2.3　开发框架“.NET Core SDK”安装指引

aelf 项目的绝大多数源码都是基于“.NET Core SDK”框架开发的。因此，如果致力于 aelf 源码的本地构建，则需要通过链接（https://dotnet.microsoft.com/download/dotnet-core/3.1）来执行.NET Core SDK 3.1.100 的下载安装，如图 3-5 所示。

SDK 3.1.100

Visual Studio support
Visual Studio 2019 (v16.4)

Included in
Visual Studio 16.4.0

Included runtimes
.NET Core Runtime 3.1.0
ASP.NET Core Runtime 3.1.0
Desktop Runtime 3.1.0

Language support
C# 8.0
F# 4.7

OS	Installers	Binaries
Linux	Package manager instructions	ARM32 | ARM64 | x64 Alpine | x64 | RHEL 6 x64
macOS	x64	x64
Windows	x64 | x86	ARM32 | x64 | x86
All	dotnet-install scripts	

图 3-5　下载各类操作系统平台版本的链接界面

现有的 aelf 源码依赖的“.NET Core SDK”框架版本为 3.1.100，请在图 3-5 所示的链接中选择适合自己开发环境的操作系统平台版本。如果平台兼容性允许，强烈建议读者下载选用 x64 版本的开发环境。

下载完成后根据安装包步骤指引安装即可，默认的安装选项足以满足 aelf 项目的编译、开发需求。

安装完成后可通过命令行/终端执行以下命令进行安装成功与否的验证：

```
dotnet
```

如安装成功，命令行/终端将返回一系列 dotnet 命令参数提示。

3.2.4　ProtoBuf 依赖安装指引

根据操作系统平台的不同，请执行以下命令安装 ProtoBuf 依赖。当然，读者也可以参考 ProtoBuf 官方在 Github 页面（https://github.com/protocolbuffers/protobuf）提供的步骤进行安装。

在 Windows 上安装 ProtoBuf 依赖（需要通过有管理员权限的 PowerShell 命令行执行以下安装命令）：

```
choco install protoc --version=3.11.4 -y
choco upgrade unzip -y
```

在 macOS 上安装 ProtoBuf 依赖：

```
brew install protobuf@3.11
brew link --force --overwrite protobuf@3.11
```

在 Linux 上安装 ProtoBuf 依赖：

```
# Make sure you grab the latest version
curl -OL
https://github.com/google/protobuf/releases/download/v3.11.4/protoc-3.11.4-linux-x86_64.zip

# Unzip
unzip protoc-3.11.4-linux-x86_64.zip -d protoc3

# Move protoc to /usr/local/bin/
sudo mv protoc3/bin/* /usr/local/bin/

# Move protoc3/include to /usr/local/include/
sudo mv protoc3/include/* /usr/local/include/

# Optional: change owner
sudo chown ${USER} /usr/local/bin/protoc
sudo chown -R ${USER} /usr/local/include/google
```

3.3　运行 aelf 节点

本节将引导开发者基于上节依赖环境的安装，运行 aelf 节点并编译、执行源码。

3.3.1　运行单节点

运行单节点的一个前置步骤是安装 Docker 环境，请参考 Docker 官方提供的安装引导（https://www.docker.com/get-started）进行安装。

1．下载部署 aelf 提供的 Docker 镜像

Docker 在本地操作系统安装后，可以通过以下命令执行 aelf 官方提供的最新版本的镜像的安装：

```
docker pull aelf/node
```

安装过程中需确认数据库（以 Redis 为例）实例是否具备状态。

2. 启动本地容器

完成 aelf 最新版本镜像安装后，可以通过以下命令启动镜像并编辑镜像配置信息：

```
docker run -it -p 8000:8000 aelf/node:latest /bin/bash
```

上条命令执行启动了容器中的一个 Shell，此后则可以根据自己的偏好及业务需要通过 vim 修改 appsettings.json 文件调整容器镜像配置：

```
vim appsettings.json
```

上条命令会以 vim 模式打开配置文件，文件中的字段是唯一可以配置镜像实例数据库 IP 地址及端口信息的位置：

```
"ConnectionStrings": {
   "BlockchainDb": "redis://192.168.1.70:6379?db=1",
   "StateDb": "redis://192.168.1.70:6379?db=1"
},
```

替换上文中的“192.168.1.70”和“6379”以更改 Redis 数据库链接信息。修改完通过 wq 命令退出 vim 环境并保存配置。

3. 运行 aelf 项目

执行完上述命令后，应该还处于 Docker 内部的 Shell 环境，可通过以下命令运行 aelf 节点：

```
dotnet AElf.Launcher.dll
```

4. 访问节点的 Swagger API Doc

当完成节点的启动后，可通过本机浏览器访问以下地址：

```
http://your-ip:8000/swagger/index.html
```

如果在本机启动则“your-ip”可被替换为“localhost”，否则替换为部署机IP 地址。

自此，已完成 aelf 单节点的运行，可以在 Swagger 文档页面查看 aelf 官方提供的 API 接口说明，笔者将在后续章节详细介绍。

3.3.2　运行多节点

本节将通过重复上节步骤完成两个或多个节点的启动。因此，强烈推荐读者重点关注上节讲述的步骤，包括 Docker 环境的安装，同时也将引申一些较为复杂的多节点运行概念及配置。

本节主要内容为：

1）设立一些目录用于存储每个独立节点的配置文件。

2）使用 aelf 命令 create 创建每个节点的 Key-Pair。

3）在配置文件 appsettings.json 中修改 NodeAccount、NodeAccountPassword 属性。

4）在 InitialMinerList 初始化矿工清单中增加 Key-Pair 公钥。

5）在 Docker 中启动多个节点。

执行进一步操作前，需再次确认 Redis 实例安装的正确性。本节将需要两个独立的干净数据库实例（下文将分别称为 db1 和 db2）。

1．下载部署 aelf 提供的 Docker 镜像

读者可以通过以下命令执行 aelf 官方提供的最新版本的镜像的安装：

```
docker pull aelf/node
```

2．创建配置目录

首先，选择一个位置并创建配置保存目录。本书暂时为配置保存目录命名 MultiNodeTutorial，该目录将成为后续操作的工作目录：

```
mkdir MultiNodeTutorial
cd MultiNodeTutorial
```

在工作目录中为不同的矿工创建配置目录，两名矿工下文将分别称 miner1 和 miner2：

```
mkdir miner1 miner2
```

在 miner1 和 miner2 目录中分别新建一个 appsettings.json 文件，后续步骤将对这些文件进行修改。

3. Account 账户

每个节点都会有一个专属的账户，因为这两个节点将分别作为独立矿工而存在。

通过如下命令分别为两名矿工生成账号，确认记录创建的地址与密码：

```
aelf-command create
```

需记录每个账户的公钥和地址等信息。

4. Configuration 配置

接下来将分别修改每名矿工的配置信息。

（1）矿工清单配置

用第 3 步骤中生成的能够代表矿工的账号修改每个矿工节点的配置（需要修改 NodeAccount 字段与 NodeAccount Password 配置项）。一旦执行此修改，则需要在每个节点上用节点的公钥更新配置文件。需要修改的配置项为 InitialMinerList，该修改需要体现在每个节点的配置文件中。

读者需要修改补充 MultiNodeTutorial/miner1/和 MultiNodeTutorial/miner2/目录下的 appsettings.json 配置文件，内容如下：

```
    "InitialMinerList" : [

"0499d3bb14337961c4d338b9729f46b20de8a49ed38e260a5c19a18da569462b44b820e206df8e848185dac
6c139f05392c268effe915c147cde422e69514cc927",

"048397dfd9e1035fdd7260329d9492d88824f42917c156aef93fd7c2e3ab73b636f482b8ceb5cb435c556bfa
067445a86e6f5c3b44ae6853c7f3dd7052609ed40b"
    ],
```

配置中的两个公钥应当被替换为第 3 步骤中生成的公钥。

（2）网络配置

接下来，将执行 aelf 节点的网络配置。需遵循以下提供的 miner1 或 miner2 中的 Network 字段配置内容（注意将注释替换为具体 IP 与端口信息）：

```
"Network": {
    "BootNodes": [ ** insert other nodes P2P address here ** ],
    "ListeningPort": ** the port your node will be listening on **,
},
```

读者只需要进行两项配置的变更：ListeningPort 和 BootNodes。ListeningPort 配置了本机通过网络与其他节点连接、通信的端口号。BootNodes 配置了一组存在于 P2P 对等网络中的 aelf 节点 IP 地址，节点启动时将首先与这些节点建立通信连接。

因此，如 miner1 的 IP 为 192.168.1.71，miner2 的 IP 为 192.168.1.70，为确保节点启动时能够顺利连通，建议的配置如下：

```
// MultiNodeTutorial/miner1/appsettings.json
"Network": {
  "BootNodes": ["192.168.1.70:6801"],
  "ListeningPort": 6800
},
// MultiNodeTutorial/miner2/appsettings.json
"Network": {
  "BootNodes": ["192.168.1.71:6800"],
  "ListeningPort": 6801
},
```

读者可以修改相应的配置以适应本地的 IP 地址和端口使用需求。

（3）数据库配置（以 Redis 为例）

每个节点都有专属独立的数据库，miner1 使用 db1，miner2 使用 db2，因此需在各自的配置文件中进行准确配置：

```
// MultiNodeTutorial/miner1/appsettings.json
"ConnectionStrings": {
  "BlockchainDb": "redis://192.168.1.70:6379?db=1",
  "StateDb": "redis://192.168.1.70:6379?db=1"
},
// MultiNodeTutorial/miner2/appsettings.json
"ConnectionStrings": {
  "BlockchainDb": "redis://192.168.1.70:6379?db=2",
  "StateDb": "redis://192.168.1.70:6379?db=2"
},
```

读者可以修改相应的配置以适应本地的数据库服务安装、部署的实际情况。

5. RPC 端配置

最后一个重要的需要调整的配置项为 RPC 端配置。该配置定义了节点的 API 是否能够被其他对等节点连通。建议分别补充 miner1 或 miner2 的 appsettings.json 配置信息，如下：

```
"Kestrel": {
  "EndPoints": {
    "Http": {
      "Url": "http://*:8000/"
    }
  }
},
```

该例子将 8000 端口作为 RPC 通信占用的端口，可以根据实际需求进行调整。需要注意的是：如是同一设备运行的不同节点，需要将端口号调开以避免冲突，如 miner1 保持 8000 端口，将 miner2 配置文件修改为 8001。

6. 启动 Docker-节点 1

执行以下命令运行节点 1 镜像：

```
docker run -it -p 8000:8000 -p 6800:6800 –v
<your/local/keystore/path>:/root/.local/share/aelf/keys -v
<path/to/MultiNodeTutorial/miner1/appsettings.json>:/app/appsettings.jsonaelf/node:latest
/bin/bash
```

以上命令中 RPC 使用的 8000 通信端口与 AElf-API 使用的 6800 监听端口将都会被映射到该 Docker 容器。

读者需要替换“<your/local/keystore/path>”为本地 keystore 路径，该路径是前期执行“aelf-command create”命令时的默认密钥存储路径。

同时需要替换“<path/to/MultiNodeTutorial/miner1/appsettings.json>”为上述步骤调整配置文件时 miner1 配置文件的本地存放路径。

接下来，可用以下命令启动 aelf 节点 1：

```
dotnet AElf.Launcher.dll
```

7. 启动 Docker-节点 2

执行以下命令运行节点 2 镜像：

```
docker run -it -p 8001:8001 -p 6801:6801 -v
<your/local/keystore/path>:/root/.local/share/aelf/keys -v
<path/to/MultiNodeTutorial/miner2/appsettings.json>:/app/appsettings.jsonaelf/node:latest
/bin/bash
```

以上命令中 RPC 使用的 8001 通信端口与 AElf-API 使用的 6801 监听端口将都会被映射到该 Docker 容器。

读者需要替换“<your/local/keystore/path>”为本地 keystore 路径，该路径前期执行“aelf-command create”命令时会提示需要默认的密钥存储路径。

同时需要替换“<path/to/MultiNodeTutorial/miner2/appsettings.json>”为上述步骤调整配置文件时 miner2 配置文件的本地存放路径。

接下来可用以下命令启动 aelf 节点 2：

```
dotnet AElf.Launcher.dll
```

8．访问节点的 Swagger API Doc

当完成两个 aelf 节点的启动后，可通过本机浏览器访问以下地址：

```
http://your-ip:8000/swagger/index.html
http://your-ip:8001/swagger/index.html
```

如果在本机启动，则“your-ip”可被替换为“localhost”。

自此，已完成 aelf 双节点的运行，也可通过类似步骤不断新增节点以实现多节点的本地运行。

3.3.3　构建/生成并运行源码

本节针对有兴趣自主编译运行节点的读者，主要讲述人工构建、运行源码的步骤指引。从运行 aelf 节点的角度来看，本节讲述的方法并不如 Docker 运行的直接便捷，但却在客观上提供了一个更为灵活的节点部署方式。如果读者致力于自主开发分布式/去中心化应用，建议遵循本节的操作步骤启动节点。本节将带领读者深入了解 aelf 节点的配置、运行与交互。

首先，如果没有 aelf 项目源码的话，则需要从官方 Github 版本库（https://github.com/AElfProject/AElf）中获取，并进入本地创建的 aelf 目录：

```
git clone https://github.com/AElfProject/AElf.git aelf
cd aelf/src
```

1. 生成节点账户

在安装了 NodeJS 的前提下，还需要安装 aelf 命令行“aelf-command”依赖包。打开一个新的命令行/终端，并执行以下命令：

```
npm i -g aelf-command
```

执行上述命令时，Windows 平台可能会提示 Python 未安装的报错，可以忽略这些信息。

安装“aelf-command”后，可通过以下命令获取节点账户，即 Key-Pair 密钥对：

```
aelf-command create
```

执行该命令需要设置一个密码，且需记住该密码。成功执行上述命令将返回类似以下内容的输出：

```
Your wallet info is      :
Mnemonic                 : great mushroom loan crisp ... door juice embrace
Private Key              : e038eea7e151eb451ba2901f7...b08ba5b76d8f288
Public Key               :
0478903d96aa2c8c0...6a3e7d810cacd136117ea7b13d2c9337e1ec88288111955b76ea
Address                  : 2Ue31YTuB5Szy7cnr3SCEGU2gtGi5uMQBYarYUR5oGin1sys6H
✔ Save account info into a file? … no / yes
✔ Enter a password … ********
✔ Confirm password … ********
✔
Account info has been saved to
"/Users/xxx/.local/share/**aelf**/keys/2Ue31YTuB5Szy7cnr...Gi5uMQBYarYUR5oGin1sys6H.json"
```

接下来的步骤将需要刚刚创建的 Public Key 和 Address，同时也需要关注最后一行输出的密钥文件存储位置。“**aelf**”目录将作为数据目录（datadir）用于节点读取密钥信息。

2. 节点配置

在启动节点前，还有一些关键的配置需要完成。进入 AElf.Launcher 目录：

```
cd AElf.Launcher/
```

该目录中包含了默认的 appsettings.json 配置文件（前文中有过介绍），配置文件中已经给出了一些默认的配置数值，但仍有一些配置字段为空，需要进一步完善。这就需要前文“生成节点账户”中相关操作后输出的内容。

打开 appsettings.json 配置文件，修改待运行 aelf 节点 Account 相关内容为上一步骤中生成的账户/Key-Pair 密钥对的信息：

```
"Account":
{
    "NodeAccount": "2Ue31YTuB5Szy7cnr3SCEGU2gtGi5uMQBYarYUR5oGin1sys6H",
    "NodeAccountPassword": "********"
},
```

NodeAccount 字段的值填写上一步骤中获得的地址（Address）值，NodeAccountPassword 字段需要输入之前生成账户信息时设置的密码。

```
"InitialMinerList" : [
    "0478903d96aa2c8c0...6a3e7d810cacd136117ea7b13d2c9337e1ec88288111955b76ea"
],
```

上面的配置是用来定义初始参加 DPoS 共识协议的矿工节点。目前仅定义 1 个，该位置配置的值为在账户创建时界面反馈的公钥数值。

这里需要注意的是：如果 Redis 数据库通常运行于不同设备或不同节点的话，需要调整一下数据库中的数据库连接字段（如端口号、数据库标识）的值：

```
"ConnectionStrings": {
    "BlockchainDb": "redis://localhost:6379?db=1",
    "StateDb": "redis://localhost:6379?db=1"
},
```

通过以上步骤，已经成功创建了账户/Key-Pair 密钥对，并且修改了启动项目所必要的配置信息和矿工挖矿信息，现在可以开始启动 aelf 节点了。

3. 节点启动与测试

下面在 aelf 目录中构建解决方案并运行节点：

```
dotnet build AElf.Launcher.csproj --configuration Release
dotnet bin/Release/netcoreapp3.1/AElf.Launcher.dll >aelf-logs.logs &
cd ..
```

这时，已经有了一个正在运行的 aelf 节点，可以通过以下命令检查节点是否在运行并获得当前区块高度：

```
aelf-command get-blk-height -e http://127.0.0.1:8000
```

4．节点清理

读者可以通过以下命令查询并停止节点进程。

在 macOS/Linux 上停止节点进程：

```
ps -f | grep  [A]Elf.Launcher.dll | awk '{print $2}'
```

在 Windows Powershell 中停止节点进程：

```
Get-CimInstance Win32_Process -Filter "name = 'dotnet.exe'" | select CommandLine,ProcessId
| Where-Ob
ject {$_.CommandLine -like "*AElf.Launcher.dll"} | Stop-Process -ID {$_.ProcessId}
```

也可以清理本地的 Redis 数据库，可通过以下命令执行数据库清理：

```
redis-cli FLUSHALL (clears all dbs)
```

或者：

```
redis-cli -n <database_number> FLUSHDB
```

替换上述命令中的"<database_number>"为数据库名，可清理指定的 Redis 数据库。

5．补充参考

运行一个 aelf 节点后，可通过"aelf-command console"命令查看节点账户信息，返回的数据如下所示：

```
aelf-command console -a 2Ue31YTuB5Szy7cnr3SCEGU2gtGi5uMQBYarYUR5oGin1sys6H
✔ Enter the password you typed when creating a wallet … ********
✔ Succeed!
Welcome to aelf interactive console. Ctrl + C to terminate the program. Double tap Tab to
list objects
```

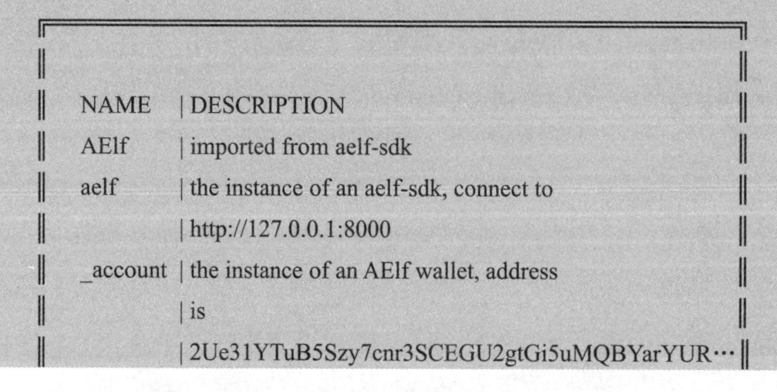

```
NAME      | DESCRIPTION
AElf      | imported from aelf-sdk
aelf      | the instance of an aelf-sdk, connect to
          | http://127.0.0.1:8000
_account  | the instance of an AElf wallet, address
          | is
          | 2Ue31YTuB5Szy7cnr3SCEGU2gtGi5uMQBYarYUR…
```

| 5oGin1sys6H

3.4 运行一条 aelf 侧链

本节主要讲述如何运行一个已被创建者发布、生产者认可的侧链节点。创建侧链后，生产者需要运行一个侧链节点以实现侧链定义的功能。关于 aelf 侧链创建等更多技术细节的讲述，可参考本书后续内容，本节仅就侧链节点的部署与运行展开讨论。

侧链节点通常与主链节点极为相似。原因是二者均基于 aelf 软件框架搭建，具有相似的通用模块组件。二者在配置上主要的不同在于节点依赖不同，侧链节点需要依赖主链节点而运行，主链节点可独立运行。

本节描述的步骤建立在以下基础之上：

1）已有正常运行的主链节点。

2）主链节点作为主链的生产者（矿工）而存在。

3）侧链的创建已获得了认可与发布。

此外还需要注意的是：侧链生产者用于生产、出块、挖矿的账户密钥对应与主链挖矿节点的密钥对一致，即主侧链用于生产的节点应通过相同的账户密钥对启动。

以下两项配置文件需要在侧链节点的配置文件目录中被替换，该目录也是用于启动节点的目录：

1）appsettings.json。

2）appsettings.SideChain.MainNet.json。

完成侧链创建发布请求后，新产生的侧链的 ChainId 能够在 SideChainCreatedEvent 事件日志记录并发布的交易中获取。

在本例中，笔者将设置一个侧链节点，并以 tDVV（base58 转换后为 1866392）作为区块链 ID，连接名为 db2 的 Redis 数据库。该侧链 Web API 端口为 1235。为确保例程足够简洁，例程中的节点账户与矿工节点一致（已列入矿工清单中）。因此，在本地务必修改例程中的账户 Account、密码 Password 及初始矿工 Initial Miner 数据。当然，读者可以为本例程涉及的两个节点使用相同的账户信息。

如果在启动侧链时，其他生产者的 P2P 地址被获悉，这些生产者将被自动追加到侧链启动节点的配置文件中。

请按照提示，在 appsettings.json 配置文件中修改被标注为大写字母的内容：

```
"ChainId":"tDVV",
"ChainType":"SideChain",
"NetType": "MainNet",
"ConnectionStrings": {
        "BlockchainDb": "redis://localhost:6379?db=2",
        "StateDb": "redis://localhost:6379?db=2"
},
"Account": {
    "NodeAccount": "YOUR PRODUCER ACCOUNT",
    "NodeAccountPassword": "YOUR PRODUCER PASSWORD"
},
"Kestrel": {
    "EndPoints": {
        "Http": {
            "Url": "http://*:1235/"
        }
    }
},
"Consensus": {
    "InitialMinerList": ["THE PUB KEY OF THE ACCOUNT CONFIGURED EARLIER"],
    "MiningInterval": 4000,
    "StartTimestamp": 0
},

In **appsettings.SideChain.MainNet.json** change the following configuration sections:

```json
{
  "CrossChain": {
    "Grpc": {
      "ParentChainServerPort": 5010,
      "ListeningPort": 5000,
      "ParentChainServerIp": "127.0.0.1"
    },
    "ParentChainId": "AELF",
    "MaximalCountForIndexingParentChainBlock" : 32
```
```

```
    }
}
```

读者需要根据主链节点地址和监听端口的信息修改侧链配置文件中的 ParentChainServerPort 和 ParentChainServerIp 配置字段。

下面介绍一下如何运行侧链节点。打开一个命令行/终端，进入创建侧链配置信息的目录，执行以下命令：

```
dotnet ../AElf.Launcher.dll
```

读者可以在其他命令行/终端中执行一些 aelf-command 命令以确认侧链是否正常运行，例如：

```
aelf-command get-blk-height -e http://127.0.0.1:1235
```

3.5　aelf 地址系统

读者可以使用命令行工具通过 create 命令创建密钥对（有时将其称为“账户”）。当创建密钥对时，它将生成一个扩展名为“.ak”的文件。该文件包含公钥和私钥，并使用密码进行加密。

如果正在编写去中心化/分布式应用，则还可以在 JS-SDK 中使用以下方法，该方法基于 bip39 生成带有助记词的密钥对。

```
import AElf from 'aelf-sdk';
AElf.wallet.createNewWallet();
```

该方法将返回一个对象，其中包含助记词、密钥对和地址。 在 aelf 中，通常使用 base58 编码地址。地址根据公钥生成，对公钥进行两次 sha256 哈希运算，并取前 30 字节。aelf 的 JS-SDK 通过如下方式返回地址：

```
import AElf from 'aelf-sdk';
const address = aelf.wallet.getAddressFromPubKey(pubKey);
```

更多关于 JS-SDK 工作的细节，请查看 SDK 参考手册。

最终，得到的 ProtoBuf 消息格式的地址返回如下：

```
option csharp_namespace = "AElf.Types";
message Address
{
```

```
    bytes value = 1;
}
```

总结一下，如果需要 aelf 的密钥对，可以使用 create 命令，也可以通过 JS-SDK。注意密钥对需要放置在数据目录（datadir）的密钥目录中。

3.6 aelf 交易

交易最终将通过调用合约的方法来改变区块链的数据。一个交易要么通过 RPC 发送到节点，要么节点通过区块链网络接收。当交易被广播后，如果它是有效的，则最终将会被打包进一个区块中。当节点接收并执行这个区块时，通常会改变合约的状态。下面是一个交易的结构：

```
option csharp_namespace = "AElf.Types";

message Transaction {
    Address from = 1;
    Address to = 2;
    int64 ref_block_number = 3;
    bytes ref_block_prefix = 4;
    string method_name = 5;
    bytes params = 6;
    bytes signature = 10000;
}
```

这是交易的 ProtoBuf 格式定义，使用 ProtoBuf 对交易进行序列化。下面介绍其中一些重要的字段：

1）to：这是调用合约的地址。

2）ref_block_number/prefix：这是出于安全原因设计的字段，笔者将在后续章节中介绍。

3）method_name：这是想要调用的方法名。

4）params：传递给方法的参数。

5）signature：交易的签名。

注意：这里面没有提到 from，因为它是从签名字段中获得的。

在 JS-SDK 中，有许多处理交易的方法。其中一种重要的方法是 getTransaction，它构建一个交易对象：

```
import AElf from 'aelf-sdk';
var rawTxn =
proto.getTransaction ('65dDNxzcd35jESiidFXN5JV8Z7pCwaFnepuYQToNefSgqk9'
'65dDNxzcd35jESiidFXN5JV8Z7pCwaFnepuYQToNefSgqk9',
'SomeMethod', encodedParams);
```

这将构造一个交易，发送到合约地址：

```
65dDNxzcd35jESiidFXN5JV8Z7pCwaFnepuYQToNefSgqk9
```

并调用 SomeMethod 方法，传入编码后的参数。

数字签名：

当签署一个交易时，它实际上是以下字段的子集：from、to、目标方法以及传入的参数。同时，它也包含了 reference block number 和 prefix。

读者可以使用 JS-SDK 中的方法签署交易：

```
import AElf from 'aelf-sdk';
var txn = AElf.wallet.signTransaction(rawTxn, wallet.keyPair);
```

3.7 aelf 区块架构

区块由矿工或生成器创造，以下展示了区块的结构：

```
message Block {
    BlockHeader header = 1;
    BlockBody body = 2;
}

message BlockHeader {
    int32 version = 1;
    int32 chain_id = 2;
    Hash previous_block_hash = 3;
    Hash merkle_tree_root_of_transactions = 4;
    Hash merkle_tree_root_of_world_state = 5;
    bytes bloom = 6;
    int64 height = 7;
    repeated bytes extra_data = 8;
    google.protobuf.Timestamp time = 9;
    Hash merkle_tree_root_of_transaction_status = 10;
```

```
        bytes signer_pubkey = 9999;
        bytes signature = 10000;
    }
    message BlockBody {
        repeated Hash transaction_ids = 1;
    }
```

区块由区块头（BlockHeader）和区块体（BlockBody）组成。区块头包含了区块的元数据，同时包含了世界状态的默克尔根和交易的默克尔根。区块体中包含打包进这个区块中的所有交易的 ID。

区块哈希是一种密码学数据结构，用于连接区块。区块头中有一个字段，保存了上一个区块的哈希。区块哈希是唯一的，并成了区块的标识符（有时候被称为区块 ID）。这个哈希基于多个值，包含链 ID、区块高度、上一个区块的哈希、默克尔根。当然，不仅限于此，还有其他一些字段会影响哈希。

签名字段包含了这个区块创建者的签名，以确认创建者的身份。签名针对的是区块哈希，而不是整个区块。

区块头中包含了该区块中所有交易的默克尔根，由交易的 ID 构成。同时它还包含了执行后的世界状态的默克尔根，由交易的执行结果构成。

3.8 aelf 提供的 Web API 说明

本节主要介绍 aelf 发布的 1.0 版 Web API 功能说明。

成功运行 aelf 节点后，即可调用 aelf 提供的 Web API 功能接口。开发者可以使用 Postman 这样的工具对 Web API 功能进行测试验证，且能够通过编程，开发符合 HTTP 请求约束的代码，访问 aelf 节点提供的 Web API。

以 NodeJS 语言为例，可通过以下代码发起并执行一个 HTTP GET 请求：

```
//模拟发送 HTTP 请求
var request = require("request");

//GET 请求
request('XXX', function (error, response, body) {
    if (!error && response.statusCode == 200) {
        console.log(body)
    }
});
```

可通过以下代码发起并执行一个 HTTP POST 请求：

```
//POST 请求
request({
    url: "XXX",
    method: "post",
    json: true,
    headers: {
        "content-type": "application/json",
    },
    body: {
        k1:'v2',
        k2:'v1'
    }
}, function (error, response, body) {
    if (!error && response.statusCode == 200) {
        console.log(body);
    }
});
```

如果将上述代码中的“XXX”替换为 aelf 节点 Web API 中的 URL，并配合适当的参数与返回值处理，就可以完成多项标准的区块链系统操作。

下文笔者将详细介绍 aelf 区块链节点提供的 Web API。

3.8.1　Blockchain 类 API

1. 根据区块哈希获得区块信息

（1）URL 及请求方式

```
GET /api/blockChain/block
```

（2）输入参数要求

输入参数要求见表 3-1。

表 3-1　输入参数要求

类型	必要性	参数名	定义	数据类型	默认值
Query	可选	blockHash	区块哈希	字符串	-
Query	可选	includeTransactions	是否包含区块内交易信息	布尔型	false

（3）返回值类型

返回值类型见表 3-2。

表 3-2 返回值类型

HTTP 码	定义	返回数据	返回数据类型
200	成功	区块信息	BlockDto

数据类型定义参考 3.8.4 节。

2. 根据区块高度获取区块信息

（1）URL 及请求方式

```
GET /api/blockChain/blockByHeight
```

（2）输入参数要求

输入参数要求见表 3-3。

表 3-3 输入参数要求

类型	必要性	参数名	定义	数据类型	默认值
Query	可选	blockHeight	区块高度	64 位整型	-
Query	可选	includeTransactions	是否包含区块内交易信息	布尔型	false

（3）返回值类型

返回值类型见表 3-4。

表 3-4 返回值类型

HTTP 码	定义	返回数据	返回数据类型
200	成功	区块信息	BlockDto

数据类型定义参考 3.8.4 节。

3. 获取区块链当前高度

（1）URL 及请求方式

```
GET /api/blockChain/blockHeight
```

（2）输入参数要求

无参数输入。

（3）返回值类型

返回值类型见表 3-5。

表 3-5　返回值类型

HTTP 码	定义	返回数据	返回数据类型
200	成功	区块高度	64 位整型

数据类型定义参考 3.8.4 节。

4. 根据区块哈希获取给定区块的当前状态

（1）URL 及请求方式

```
GET /api/blockChain/blockState
```

（2）输入参数要求

输入参数要求见表 3-6。

表 3-6　输入参数要求

类型	必要性	参数名	定义	数据类型	默认值
Query	可选	blockHash	区块哈希	字符串	-

（3）返回值类型

返回值类型见表 3-7。

表 3-7　返回值类型

HTTP 码	定义	返回数据	返回数据类型
200	成功	区块状态信息	BlockStateDto

数据类型定义参考 3.8.4 节。

5. 获取区块链的当前状态

（1）URL 及请求方式

```
GET /api/blockChain/chainStatus
```

（2）输入参数要求

无参数输入。

（3）返回值类型

返回值类型见表 3-8。

表 3-8　返回值类型

HTTP 码	定义	返回数据	返回数据类型
200	成功	区块链状态信息	ChainStatusDto

数据类型定义参考 3.8.4 节。

6. 获取给定智能合约的 ProtoBuf 定义

（1）URL 及请求方式

```
GET /api/blockChain/contractFileDescriptorSet
```

（2）输入参数要求

输入参数要求见表 3-9。

表 3-9 输入参数要求

类型	必要性	参数名	定义	数据类型	默认值
Query	可选	address	合约地址	字符串	-

（3）返回值类型

返回值类型见表 3-10。

表 3-10 返回值类型

HTTP 码	定义	返回数据	返回数据类型
200	成功	合约 ProtoBuf 定义	字符串

7. 从理想链末位区块头共识附加数据获取 AEDPoS 最新轮次信息

（1）URL 及请求方式

```
GET /api/blockChain/currentRoundInformation
```

（2）输入参数要求

无参数输入。

（3）返回值类型

返回值类型见表 3-11。

表 3-11 返回值类型

HTTP 码	定义	返回数据	返回数据类型
200	成功	轮次信息	RoundDto

数据类型定义参考 3.8.4 节。

8. 执行交易信息

（1）URL 及请求方式

```
POST /api/blockChain/executeRawTransaction
```

（2）输入参数要求

输入参数要求见表 3-12。

表 3-12 输入参数要求

类型	必要性	参数名	定义	数据类型	默认值
Body	可选	input	执行交易输入	ExecuteRawTransactionDto	-

（3）返回值类型

返回值类型见表 3-13。

表 3-13 返回值类型

HTTP 码	定义	返回数据	返回数据类型
200	成功	执行结果	字符串

数据类型定义参考 3.8.4 节。

9. 在合约上执行只读方法

（1）URL 及请求方式

```
POST /api/blockChain/executeTransaction
```

（2）输入参数要求

输入参数要求见表 3-14。

表 3-14 输入参数要求

类型	必要性	参数名	定义	数据类型	默认值
Body	可选	input	执行交易输入	ExecuteTransactionDto	-

（3）返回值类型

返回值类型见表 3-15。

表 3-15 返回值类型

HTTP 码	定义	返回数据	返回数据类型
200	成功	执行结果	字符串

数据类型定义参考 3.8.4 节。

10. 获取交易的默克尔树路径

（1）URL 及请求方式

```
GET /api/blockChain/merklePathByTransactionId
```

（2）输入参数要求

输入参数要求见表 3-16。

表 3-16　输入参数要求

类型	必要性	参数名	定义	数据类型	默认值
Query	可选	transactionId	交易 ID	字符串	-

（3）返回值类型

返回值类型见表 3-17。

表 3-17　返回值类型

HTTP 码	定义	返回数据	返回数据类型
200	成功	默克尔树路径	MerklePathDto

数据类型定义参考 3.8.4 节。

11. 创建一个未签名已序列化的交易

（1）URL 及请求方式

```
POST /api/blockChain/rawTransaction
```

（2）输入参数要求

输入参数要求见表 3-18。

表 3-18　输入参数要求

类型	必要性	参数名	定义	数据类型	默认值
Body	可选	input	执行交易输入	CreateRawTransactionInput	-

（3）返回值类型

返回值类型见表 3-19。

表 3-19　返回值类型

HTTP 码	定义	返回数据	返回数据类型
200	成功	执行交易输出	CreateRawTransactionOutput

数据类型定义参考 3.8.4 节。

12. 发布一个交易

（1）URL 及请求方式

```
POST /api/blockChain/sendRawTransaction
```

（2）输入参数要求

输入参数要求见表 3-20。

表 3-20　输入参数要求

类型	必要性	参数名	定义	数据类型	默认值
Body	可选	input	发布交易输入	SendRawTransactionInput	-

（3）返回值类型

返回值类型见表 3-21。

表 3-21　返回值类型

HTTP 码	定义	返回数据	返回数据类型
200	成功	发布交易输出	SendRawTransactionOutput

数据类型定义参考 3.8.4 节。

13．广播一个交易

（1）URL 及请求方式

```
POST /api/blockChain/sendTransaction
```

（2）输入参数要求

输入参数要求见表 3-22。

表 3-22　输入参数要求

类型	必要性	参数名	定义	数据类型	默认值
Body	可选	input	广播交易输入	SendTransactionInput	-

（3）返回值类型

返回值类型见表 3-23。

表 3-23　返回值类型

HTTP 码	定义	返回数据	返回数据类型
200	成功	广播交易输出	SendTransactionOutput

数据类型定义参考 3.8.4 节。

14. 广播多个交易

（1）URL 及请求方式

```
POST /api/blockChain/sendTransactions
```

（2）输入参数要求

输入参数要求见表 3-24。

表 3-24 输入参数要求

类型	必要性	参数名	定义	数据类型	默认值
Body	可选	input	广播多交易输入	SendTransactionsInput	-

（3）返回值类型

返回值类型见表 3-25。

表 3-25 返回值类型

HTTP 码	定义	返回数据	返回数据类型
200	成功	广播多交易输出	字符串数组

数据类型定义参考 3.8.4 节。

15. 获取任务队列状态信息

（1）URL 及请求方式

```
GET /api/blockChain/taskQueueStatus
```

（2）输入参数要求

无输入参数。

（3）返回值类型

返回值类型见表 3-26。

表 3-26 返回值类型

HTTP 码	定义	返回数据	返回数据类型
200	成功	任务队列状态结果	TaskQueueInfoDto 数组

数据类型定义参考 3.8.4 节。

16. 获取交易池状态信息

（1）URL 及请求方式

```
GET /api/blockChain/transactionPoolStatus
```

（2）输入参数要求

无输入参数。

（3）返回值类型

返回值类型见表 3-27。

表 3-27　返回值类型

HTTP 码	定义	返回数据	返回数据类型
200	成功	交易池状态信息	GetTransactionPoolStatusOutput

数据类型定义参考 3.8.4 节。

17. 根据交易 ID 获取当前交易状态信息

（1）URL 及请求方式

```
GET /api/blockChain/transactionResult
```

（2）输入参数要求

输入参数要求见表 3-28。

表 3-28　输入参数要求

类型	必要性	参数名	定义	数据类型	默认值
Query	可选	transactionId	交易 ID	字符串	-

（3）返回值类型

返回值类型见表 3-29。

表 3-29　返回值类型

HTTP 码	定义	返回数据	返回数据类型
200	成功	交易查询结果	TransactionResultDto

数据类型定义参考 3.8.4 节。

18. 根据区块哈希及偏移量获取多个交易的结果信息

（1）URL 及请求方式

```
GET /api/blockChain/transactionResults
```

（2）输入参数要求

输入参数要求见表 3-30。

表 3-30 输入参数要求

类型	必要性	参数名	定义	数据类型	默认值
Query	可选	blockHash	交易 ID	字符串	-
Query	可选	limit	交易查询结果集长度	32 位整型	10
Query	可选	offset	查询偏移量	32 位整型	0

（3）返回值类型

返回值类型见表 3-31。

表 3-31 返回值类型

HTTP 码	定义	返回数据	返回数据类型
200	成功	交易查询结果集	TransactionResultsDto 数组

数据类型定义参考 3.8.4 节。

3.8.2 反序列化类 API

根据 Base64 编码获得轮次信息。

（1）URL 及请求方式

```
GET /api/blockChain/roundFromBase64
```

（2）输入参数要求

输入参数要求见表 3-32。

表 3-32 输入参数要求

类型	必要性	参数名	定义	数据类型	默认值
Query	可选	str	Base64 字符串	字符串	-

（3）返回值类型

返回值类型见表 3-33。

表 3-33 返回值类型

HTTP 码	定义	返回数据	返回数据类型
200	成功	轮次信息数据	RoundDto

数据类型定义参考 3.8.4 节。

3.8.3　Net 类 API

1. 获取当前节点连接到网络的状态

（1）URL 及请求方式

```
GET /api/net/networkInfo
```

（2）输入参数要求

无输入参数。

（3）返回值类型

返回值类型见表 3-34。

表 3-34　返回值类型

HTTP 码	定义	返回数据	返回数据类型
200	成功	网络连接信息输出	GetNetworkInfoOutput

数据类型定义参考 3.8.4 节。

2. 尝试将给定节点连接至网络（新增网络节点）

（1）URL 及请求方式

```
POST /api/net/peer
```

（2）输入参数要求

输入参数要求见表 3-35。

表 3-35　输入参数要求

类型	必要性	参数名	定义	数据类型	默认值
Body	可选	input	新增网络节点输入信息	AddPeerInput	-

（3）返回值类型

返回值类型见表 3-36。

表 3-36　返回值类型

HTTP 码	定义	返回数据	返回数据类型
200	成功	新增结果	布尔型

数据类型定义参考 3.8.4 节。

3. 尝试从网络中删除指定节点

（1）URL及请求方式

```
DELETE /api/net/peer
```

（2）输入参数要求

输入参数要求见表3-37。

表3-37 输入参数要求

类型	必要性	参数名	定义	数据类型	默认值
Query	可选	address	待删除节点IP地址	字符串	-

（3）返回值类型

返回值类型见表3-38。

表3-38 返回值类型

HTTP码	定义	返回数据	返回数据类型
200	成功	删除结果	布尔型

数据类型定义参考3.8.4节。

4. 获得网络节点的联网信息

（1）URL及请求方式

```
GET /api/net/peers
```

（2）输入参数要求

输入参数要求见表3-39。

表3-39 输入参数要求

类型	必要性	参数名	定义	数据类型	默认值
Query	可选	withMetrics	是否包含详细指标	布尔型	false

（3）返回值类型

返回值类型见表3-40。

表3-40 返回值类型

HTTP码	定义	返回数据	返回数据类型
200	成功	网络节点信息	PeerDto数组

数据类型定义参考 3.8.4 节。

3.8.4　Web API 数据类型定义

数据类型定义如下。

1．AddPeerInput

增加网络节点输入数据（AddPeerInput）定义见表 3-41。

表 3-41　增加网络节点输入数据（AddPeerInput）定义

字段名	字段含义	字段类型	定义代码
Address	网络节点 IP 地址	字符串	String

2．BlockBodyDto

区块内容数据（BlockBodyDto）定义见表 3-42。

表 3-42　区块内容数据（BlockBodyDto）定义

字段名	字段含义	字段类型	定义代码
Transactions	交易集合	字符串数组	Array<String>
TransactionsCount	交易数量	32 位整型	Int32

3．BlockDto

区块数据（BlockDto）定义见表 3-43。

表 3-43　区块数据（BlockDto）定义

字段名	字段含义	字段类型	定义代码
BlockHash	区块哈希	字符串	String
Body	区块内容	BlockBodyDto	BlockBodyDto
Header	区块头	BlockHeaderDto	BlockHeaderDto

4．BlockHeaderDto

区块头数据（BlockHeaderDto）定义见表 3-44。

表 3-44　区块头数据（BlockHeaderDto）定义

字段名	字段含义	字段类型	定义代码
Bloom	健康状态	字符串	String

（续）

字段名	字段含义	字段类型	定义代码
ChainId	所在区块链 ID	字符串	String
Extra	附加数据信息	字符串	String
Height	区块链高度	64 位整型	Int64
MerkerTreeRootOfTransactions	交易信息默克尔树根节点哈希	字符串	String
MerkerTreeRootOfWorldState	全局状态默克尔树根节点哈希	字符串	String
PreviousBlockHash	上一连接区块哈希	字符串	String
SignerPubkey	区块发布者签名公钥	字符串	String
Time	区块打包时刻	时间戳字符串	Date-Time String

5. BlockStateDto

状态数据区块（BlockStateDto）定义见表 3-45。

表 3-45 状态数据区块（BlockStateDto）定义

字段名	字段含义	字段类型	定义代码
BlockHash	区块哈希	字符串	String
BlockHeight	区块高度	64 位整型	Int64
Changes	区块变更信息	字符串映射	Map<String, String>
PreviousHash	上一区块哈希	字符串	String

6. ChainStatusDto

区块链状态数据（ChainStatusDto）定义见表 3-46。

表 3-46 区块链状态数据（ChainStatusDto）定义

字段名	字段含义	字段类型	定义代码
BlockChainHash	区块链哈希	字符串	String
BestChainHeight	区块链高度	64 位整型	Int64
Braches	区块链分支	字符串与 64 位整型映射	Map<String,Int64>
ChainId	区块链 ID	字符串	String
GenesisBlockHash	创世区块哈希	字符串	String
GenesisContractAddress	创世合约地址	字符串	String
LastIrreversibleBlockHash	最新不可逆区块哈希	字符串	String
LastIrreversibleBlockHeight	最新不可逆区块高度	64 位整型	Int64
LongestChainHash	最长链哈希	字符串	String
LongestChainHeight	最长链高度	64 位整型	Int64
NotLinkedBlocks	未入链区块集合	字符串映射	Map<String,String>

说明：区块链分支字段中存储了存在分支的区块链哈希与分支高度的映射。

7. CreateRawTransactionInput

创建的交易输入数据（CreateRawTransactionInput）定义见表 3-47。

表 3-47　创建的交易输入数据（CreateRawTransactionInput）定义

字段名	字段含义	字段类型	定义代码
From	交易输入方地址	字符串	String
MethodName	交易合约名	字符串	String
Params	交易合约参数	字符串	String
RefBlockHash	关联区块哈希	字符串	String
RefBlockNumber	关联区块高度	64 位整型	Int64
To	交易输出方地址	字符串	String

8. CreateRawTransactionOutput

创建的交易输出数据（CreateRawTransactionOutput）定义见表 3-48。

表 3-48　创建的交易输出数据（CreateRawTransactionOutput）定义

字段名	字段含义	字段类型	定义代码
RawTransaction	发布的交易 ID	字符串	String

9. ExecuteRawTransactionDto

执行的原始交易数据（ExecuteRawTransactionDto）定义见表 3-49。

表 3-49　执行的原始交易数据（ExecuteRawTransactionDto）定义

字段名	字段含义	字段类型	定义代码
RawTransaction	原始交易 ID	字符串	String
Signature	签名信息	字符串	String

10. ExecuteTransactionDto

执行的交易数据（ExecuteTransactionDto）定义见表 3-50。

表 3-50　执行的交易数据（ExecuteTransactionDto）定义

字段名	字段含义	字段类型	定义代码
RawTransaction	原始交易 ID	字符串	String

11．GetNetworkInfoOutput

获取的网络信息输出数据（GetNetworkInfoOutput）定义见表 3-51。

表 3-51　获取的网络信息输出数据（GetNetworkInfoOutput）定义

字段名	字段含义	字段类型	定义代码
Connections	开放节点间的连接总数	32 位整型	Int32
ProtocolVersion	网络通信协议版本	32 位整型	Int32
Version	节点代码版本	字符串	String

12．GetTransactionPoolStatusOutput

获取的交易池状态输出数据（GetTransactionPoolStatusOutput）定义见表 3-52。

表 3-52　获取的交易池状态输出数据（GetTransactionPoolStatusOutput）定义

字段名	字段含义	字段类型	定义代码
Queued	队列交易量	32 位整型	Int32
Validated	已确认交易量	32 位整型	Int32

13．LogEventDto

日志事件数据（LogEventDto）定义见表 3-53。

表 3-53　日志事件数据（LogEventDto）定义

字段名	字段含义	字段类型	定义代码
Address	地址	字符串	String
Indexes	已索引内容	字符串数组	Array<String>
Name	名称	字符串	String
NonIndexed	未索引项	字符串	String

14．MerklePathDto

默克尔树路径数据（MerklePathDto）定义见表 3-54。

表 3-54　默克尔树路径数据（MerklePathDto）定义

字段名	字段含义	字段类型	定义代码
MerkerPathNodes	默克尔树节点集合	MerkerPathNodeDto 数组	Array<MerkerPathNodeDto>

15．MerklePathNodeDto

默克尔树节点信息数据（MerklePathNodeDto）定义见表 3-55。

表 3-55　默克尔树节点信息数据（MerklePathNodeDto）定义

字段名	字段含义	字段类型	定义代码
Hash	节点哈希	字符串	String
IsLeftChildNode	是否为左子节点	布尔型	Boolean

16. MinerInRoundDto

轮次内矿工信息数据（MinerInRoundDto）定义见表 3-56。

表 3-56　轮次内矿工信息数据（MinerInRoundDto）定义

字段名	字段含义	字段类型	定义代码
ActureMiningTimes	实际已出块时间	时间戳字符串数组	Array<Date-Time String>
ExpectedMiningTime	计划出块时间	时间戳字符串	Date-Time String
ImpliedIrreversibleBlockHeight	隐含的不可逆区块高度	64 位整型	Int64
InValue	矿工输入数据	字符串	String
MissedBlocks	忽略的区块数量	64 位整型	Int64
Order	出块顺序	32 位整型	Int32
OutValue	矿工输出数据	字符串	String
PreviousInValue	上一矿工输入数据	字符串	String
ProducedBlocks	已产出区块数	64 位整型	Int64
ProducedTinyBlocks	已产出小区块数	32 位整型	Int32

17. PeerDto

网络节点信息数据（PeerDto）定义见表 3-57。

表 3-57　网络节点信息数据（PeerDto）定义

字段名	字段含义	字段类型	定义代码
BufferedAnnouncementsCount	缓存的声明数量	32 位整型	Int32
BufferedBlocksCount	缓存的区块数量	32 位整型	Int32
BufferedTransactionsCount	缓存的交易数量	32 位整型	Int32
ConnectionTime	连接次数	64 位整型	Int64
Inbound	是否内部连接	布尔型	Boolean
IpAddress	IP 地址	字符串	String
ProtocolVersion	网络协议版本	32 位整型	Int32
RequestMetrics	请求指标集合	RequestMetric 数组	Array<RequestMetric>

18. RequestMetric

请求指标数据（RequestMetric）定义见表 3-58。

表 3-58 请求指标数据（RequestMetric）定义

字段名	字段含义	字段类型	定义代码
Info	指标信息	字符串	String
MethodName	合约名称	字符串	String
RequestTime	请求时间	Timestamp	Timestamp
RoundTripTime	轮询次数	64 位整型	Int64

19. RoundDto

轮次数据（RoundDto）定义见表 3-59。

表 3-59 轮次数据（RoundDto）定义

字段名	字段含义	字段类型	定义代码
ConfirmedIrreversibleBlockHeight	已确认的不可逆区块高度	64 位整型	Int64
ConfirmedIrreversibleBlockRoundNumber	已确认的区块轮次数量	64 位整型	Int64
ExtraBlockProducerOfPreciousBlock	附加的前一区块生成者信息	字符串	String
IsMinerListJustChange	矿工列表是否近期变更	布尔型	Boolean
RealTimeMinerInformation	实时矿工信息	字符串与 MinerInRoundDto 映射	Map<String, MinerInRoundDto>
RoundId	轮次 ID	64 位整型	Int64
RoundNumber	轮次数量	64 位整型	Int64
TermNumber	矿工任期数量	64 位整型	Int64

20. SendRawTransactionInput

发布的交易输入数据（SendRawTransactionInput）定义见表 3-60。

表 3-60 发布的交易输入数据（SendRawTransactionInput）定义

字段名	字段含义	字段类型	定义代码
ReturnTransaction	是否返回交易详细信息	布尔型	Boolean
Signature	签名数据	字符串	String
Transaction	原始交易 ID	字符串	String

21. SendRawTransactionOutput

发布的交易输出数据（SendRawTransactionOutput）定义见表 3-61。

表 3-61　发布的交易输出数据（SendRawTransactionOutput）定义

字段名	字段含义	字段类型	定义代码
Transaction	交易信息数据	TransactionDto	TransactionDto
TransactionId	交易 ID	字符串	String

22. SendTransactionInput

广播的交易输入数据（SendTransactionInput）定义见表 3-62。

表 3-62　广播的交易输入数据（SendTransactionInput）定义

字段名	字段含义	字段类型	定义代码
RawTransaction	原始交易 ID	字符串	String

23. SendTransactionOutput

广播的交易输出数据（SendTransactionOutput）定义见表 3-63。

表 3-63　广播的交易输出数据（SendTransactionOutput）定义

字段名	字段含义	字段类型	定义代码
TransactionId	交易 ID	字符串	String

24. SendTransactionsInput

广播的多交易输入数据（SendTransactionsInput）定义见表 3-64。

表 3-64　广播的多交易输入数据（SendTransactionsInput）定义

字段名	字段含义	字段类型	定义代码
RawTransactions	原始多交易 ID	字符串	String

25. TaskQueueInfoDto

任务队列信息数据（TaskQueueInfoDto）定义见表 3-65。

表 3-65 任务队列信息数据（TaskQueueInfoDto）定义

字段名	字段含义	字段类型	定义代码
Name	队列名称	字符串	String
Size	队列长度	32 位整型	Int32

26. Timestamp

时戳数据（Timestamp）定义见表 3-66。

表 3-66 时戳数据（Timestamp）定义

字段名	字段含义	字段类型	定义代码
Nanos	纳秒数	32 位整型	Int32
Seconds	秒数	64 位整型	Int64

27. TransactionDto

交易数据（TransactionDto）定义见表 3-67。

表 3-67 交易数据（TransactionDto）定义

字段名	字段含义	字段类型	定义代码
From	交易输入方	字符串	String
MethodName	交易合约名称	字符串	String
Params	交易参数	字符串	String
RefBlockNumber	关联的区块高度	64 位整型	Int64
RefBlockPrefix	关联的区块前缀	字符串	String
Signature	签名信息	字符串	String
To	交易输出方	字符串	String

28. TransactionResultDto

交易结果数据（TransactionResultDto）定义见表 3-68。

表 3-68 交易结果数据（TransactionResultDto）定义

字段名	字段含义	字段类型	定义代码
BlockHash	所在区块哈希	字符串	String
BlockNumber	所在区块高度	64 位整型	Int64
Bloom	所在区块健康状态	字符串	String
Error	交易错误信息	字符串	String

（续）

字段名	字段含义	字段类型	定义代码
Logs	交易日志信息	LogEventDto 数组	Array<LogEventDto>
ReturnValue	交易返回值	字符串	String
Status	交易状态	字符串	String
Transaction	交易数据信息	TransactionDto	TransactionDto
TransactionId	交易 ID	字符串	String

第 4 章
aelf 构建分布式原型平台【进阶：行业实例】

本章主要介绍 aelf 的开发及使用，具体包括 aelf 提供的区块链浏览器 API，基于 NodeJS 的 aelf-command CLI 命令行接口以及使用 JS-SDK 开发基于 aelf 系统的去中心化/分布式应用。

aelf 区块链浏览器的功能覆盖区块浏览、交易浏览及 TPS 性能监控。官方提供的区块链浏览器可能不能为区块链应用做功能上的完善，但可以被视为运行中的 aelf 区块链平台的仪表板，为应用后端的运维提供有力支撑。

命令行工具提供了以 Shell 交互模式与区块链系统进行交互的可能。aelf 官方团队上线了 aelf-command NPM 包，可以很轻松地获取使用。本章也给出了详细的使用说明和典型例程。aelf-bridge 在保护账户信息的前提下也提供了 DApp 与 aelf 区块链的交互媒介。

SDK 是开发者与技术体系进行直接沟通的桥梁。本章以 JS-SDK 为例讲述了开发者视角下的应用与 aelf 区块链的调用过程。其他语言的 SDK 在持续扩充中，本章也给出了指引，读者可按需关注。

此外，本章给出了一个简单的示例项目，通过调用 SDK 中提供的接口实现了一个带有流程约束的简单需求场景。

4.1 区块链浏览器 API

aelf 项目提供了一系列的区块链浏览器 API 以方便区块链应用开发者、维护者关注区块链当前的业务处理状态及区块、交易的详细信息，如图 4-1 所示。

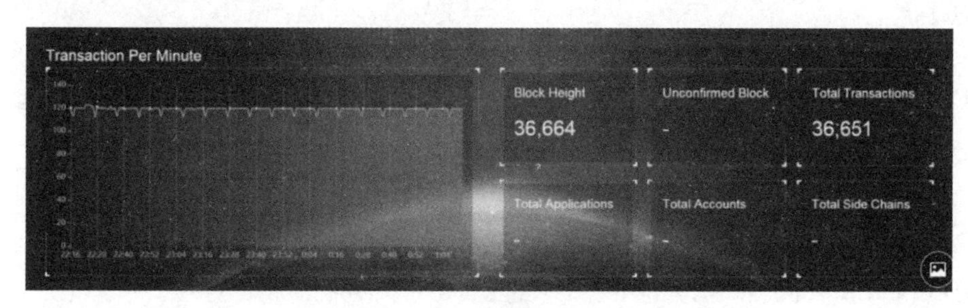

图 4-1 aelf 区块链浏览器统计信息示例图

aelf 区块链浏览器项目及详情请参考项目 Github 页（https://github.com/AElfProject/aelf-block-explorer）。

4.1.1 区块浏览类 API

1. 获取区块清单

```
URL: api/all/blocks?limit={limit}&page={page}
Method: GET
SuccessResponse:
{
    "total": 5850,
    "blocks": [
        {
            "block_hash":
"7e1c2fb6d3cc5e8c2cef7d75de9c1adf0e25e9d17d4f22e543fa20f5f23b20e9",
            "pre_block_hash":
"5890fa74156b1a88a3ccef1fef72f4f78ff2755ffcd4fb5434ed7b3c153061f5",
            "chain_id": "AELF",
            "block_height": 5719,
            "tx_count": 1,
            "merkle_root_tx":
```

```
"47eabbc7a499764d0b25c7216ba75fe39717f9866a0716c8a0d1798e64852d84",
                    "merkle_root_state":
"d14e78dc3c7811b7c17c8b04ebad9e547c35b3faa8bfcc9189b8c12e9f6a4aae",
                    "time": "2019-04-27T02:00:34.691118Z"
                },
                {
                    "block_hash":
"6890fa74156b1a88a3ccef1fef72f4f78ff2755ffcd4fb5434ed7b3c153061f5",
                    "pre_block_hash":
"f1098bd6df58acf74d8877529702dffc444cb401fc8236519606aa9165d945ae",
                    "chain_id": "AELF",
                    "block_height": 5718,
                    "tx_count": 1,
                    "merkle_root_tx":
"b29b416148b4fb79060eb80b49bb6ac25a82da2d7a1c5d341e0bf279a7c57362",
                    "merkle_root_state":
"4dbef401f6d9ed303cf1b5e609a64b1c06a7fb77620b9d13b0e4649719e2fe55",
                    "time": "2019-04-27T02:00:34.691118Z"
                },
                {
                    "block_hash":
"f1098bd6df58acf74d8877529702dffc444cb401fc8236519606aa9165d945ae",
                    "pre_block_hash":
"1fbdf3a4fb3c41e9ddf25958715815d9d643dfb39e1aaa94631d197e9b1a94bb",
                    "chain_id": "AELF",
                    "block_height": 5717,
                    "tx_count": 1,
                    "merkle_root_tx":
"776abba03d66127927edc6437d406f708b64c1653a1cc22af9c490aa4f0c22dc",
                    "merkle_root_state":
"ccc32ab23d619b2b8e0e9b82a53bb66b3a6d168993188b5d3f7f0ac2cb17206f",
                    "time": "2019-04-27T02:00:26.690003Z"
                },
            ]
        }
```


以上为一个 GET 请求的例子，通过访问区块链浏览器提供的 api/all/block 接口，并提交 limit 和 page 两个参数，能够返回以 limit 值为页面大小的第 pag 值页面的区块数据。

返回值以 JSON 格式提供，内容包括区块总数及各区块详细信息。每个区块均给出了区块哈希、前一区块哈希、区块链 ID、区块高度、包含交易数量、交易默克尔树根节点哈希、状态默克尔树根节点哈希及区块时间戳信息。

2．根据区块哈希获取区块清单

```
URL:
api/block/transactions?limit={limit}&page={page}&order={order}&block_hash={block_hash}
Method: GET
SuccessResponse:
{
    "transactions": [
        {
            "tx_id": "209ceb8ee88eeb2c55db7783c48ec0b1adf6badba89fc7ddb86e968601027cbb",
            "params_to": "",
            "chain_id": "AELF",
            "block_height": 590,
            "address_from": "csoxW4vTJNT9gdvyWS6W7UqEdkSo9pWyJqBoGSnUHXVnj4ykJ",
            "address_to": "2gaQh4uxg6tzyH1ADLoDxvHA14FMpzEiMqsQ6sDG5iHT8cmjp8",
            "params": "",
            "method": "DeploySmartContract",
            "block_hash":
"79584a99b7f5da5959a26ff02cbe174d632eb5ef3c6c8d5192de48b6f5584c8d",
            "quantity": 0,
            "tx_status": "Mined",
            "time": "2019-04-26T06:47:00.265604Z"
        },
        {
            "tx_id": "d9398736920a5c87ea7cae46c265efa84ac7be4cf8edd37bea54078abef1b44c",
            "params_to": "",
            "chain_id": "AELF",
            "block_height": 590,
            "address_from": "2EyPedNTscFK5EwR8FqTrCeW2LZzuPQ7vr18Y5QwuEUApdCkM6",
            "address_to": "xw6U3FRE5H8rU3z8vAgF9ivnWSkxULK5cibdZzMC9UWf7rPJf",
            "params": "",
            "method": "NextRound",
            "block_hash":
"79584a99b7f5da5959a26ff02cbe174d632eb5ef3c6c8d5192de48b6f5584c8d",
            "quantity": 0,
            "tx_status": "Mined",
            "time": "2019-04-26T06:47:00.265604Z"
```

```
        }
    ]
}
```

以上为一个 GET 请求的例子，通过访问区块链浏览器提供的/api/block/transaction 接口，并提交 limit、page、order、block_hash 四个参数，返回对应 block_hash 的区块中以 limit 值为页面大小的第 page 值页面的交易数据信息。

返回值以 JSON 格式提供，内容包括以 order 参数排序的区块内交易信息列表。交易信息内容字段包括交易 ID、交易输出参数、区块链 ID、区块高度、交易输入方地址、交易输出方地址、交易参数、交易合约、区块哈希、交易数额、交易状态及交易生成时戳信息。

4.1.2 交易浏览类 API

1. 获取交易清单

```
URL: /api/all/transactions?limit={limit}&page={limit}
Method: GET
SuccessResponse:
{
    "total": 1179,
    "transactions": [
        {
            "tx_id": "c65d1206e65aaf2e7e08cc818c372ff2c2947cb6cbec746efe6a5e20b7adefa9",
            "params_to": "",
            "chain_id": "AELF",
            "block_height": 1064,
            "address_from": "grSAEQ5vJ7UfCN2s1v4fJJnk98bu4SHa2hpQkQ9HT88rmaZLz",
            "address_to": "xw6U3FRE5H8rU3z8vAgF9ivnWSkxULK5cibdZzMC9UWf7rPJf",
            "params": "",
            "method": "NextRound",
            "block_hash":
"8c922b20164ad3774b56d19673154f383ed89656cbd56433d1681c8c3a4dcab9",
            "quantity": 0,
            "tx_status": "Mined",
            "time": "2019-04-26T07:18:36.636701Z"
        },
        {
```

```
            "tx_id": "4780a7b2737b6f044894719b9bb4cb09862c0b4a7cae267131a0b5c3e7c12850",
            "params_to": "",
            "chain_id": "AELF",
            "block_height": 1063,
            "address_from": "QUYYqzTQmugruHYmuJVftwmVjnUM82pXnMTnT5jh55qwZKrMw",
            "address_to": "xw6U3FRE5H8rU3z8vAgF9ivnWSkxULK5cibdZzMC9Uwf7rPJf",
            "params": "",
            "method": "UpdateValue",
            "block_hash":
"381114b86b09886f59956851a1d47d8442b29f44f3785dade3c667ca320e23bb",
            "quantity": 0,
            "tx_status": "Mined",
            "time": "2019-04-26T07:18:36.636701Z"
        },
        {
            "tx_id": "0230385e3f060059d2a62addac09ad6d01f96d32ec076cfbf44c6a3b70c6e092",
            "params_to": "",
            "chain_id": "AELF",
            "block_height": 1062,
            "address_from": "zizPhdDpQCZxMChMxn1oZ4ttJGJUo61Aocg5BpTYvzLQGmBjT",
            "address_to": "xw6U3FRE5H8rU3z8vAgF9ivnWSkxULK5cibdZzMC9Uwf7rPJf",
            "params": "",
            "method": "NextRound",
            "block_hash":
"06a3ceb783480f4cf5b8402f6749617093d9ea5f9a053f65e86554aeed6d98f4",
            "quantity": 0,
            "tx_status": "Mined",
            "time": "2019-04-26T07:18:28.635113Z"
        },
    ]
}
```


以上为一个 GET 请求的例子，通过访问区块链浏览器提供的 api/all/transactions 接口，并提交 limit 和 page 两个参数，能够返回以 limit 值为页面大小的第 page 值页面的交易数据。

返回值以 JSON 格式提供，内容包括交易总数及各交易详细信息。每个交易均给出了交易 ID、交易输出参数、区块链 ID、区块高度、交易输入方地址、交易输出方地址、交易参数、交易合约、区块哈希、交易数额、交易状态及交易生成时间戳信息。

2. 根据地址获得交易清单

```
    URL:
/api/address/transactions?contract_address={contract_address}&limit={limit}&page={page}&addr
ess={address}
    Method: GET
    SuccessResponse:
    {
        "total": 1179,
        "transactions": [
            {
                "tx_id": "c65d1206e65aaf2e7e08cc818c372ff2c2947cb6cbec746efe6a5e20b7adefa9",
                "params_to": "",
                "chain_id": "AELF",
                "block_height": 1064,
                "address_from": "grSAEQ5vJ7UfCN2s1v4fJJnk98bu4SHa2hpQkQ9HT88rmaZLz",
                "address_to": "xw6U3FRE5H8rU3z8vAgF9ivnWSkxULK5cibdZzMC9Uwf7rPJf",
                "params": "",
                "method": "NextRound",
                "block_hash":
"8c922b20164ad3774b56d19673154f383ed89656cbd56433d1681c8c3a4dcab9",
                "quantity": 0,
                "tx_status": "Mined",
                "time": "2019-04-26T07:18:36.636701Z"
            },
            {
                "tx_id": "4780a7b2737b6f044894719b9bb4cb09862c0b4a7cae267131a0b5c3e7c12850",
                "params_to": "",
                "chain_id": "AELF",
                "block_height": 1063,
                "address_from": "QUYYqzTQmugruHYmuJVftwmVjnUM82pXnMTnT5jh55qwZKrMw",
                "address_to": "xw6U3FRE5H8rU3z8vAgF9ivnWSkxULK5cibdZzMC9UWf7rPJf",
                "params": "",
                "method": "UpdateValue",
                "block_hash":
"381114b86b09886f59956851a1d47d8442b29f44f3785dade3c667ca320e23bb",
                "quantity": 0,
                "tx_status": "Mined",
                "time": "2019-04-26T07:18:36.636701Z"
            },
```

```
        {
            "tx_id": "0230385e3f060059d2a62addac09ad6d01f96d32ec076cfbf44c6a3b70c6e092",
            "params_to": "",
            "chain_id": "AELF",
            "block_height": 1062,
            "address_from": "zizPhdDpQCZxMChMxn1oZ4ttJGJUo61Aocg5BpTYvzLQGmBjT",
            "address_to": "xw6U3FRE5H8rU3z8vAgF9ivnWSkxULK5cibdZzMC9Uwf7rPJf",
            "params": "",
            "method": "NextRound",
            "block_hash":
"06a3ceb783480f4cf5b8402f6749617093d9ea5f9a053f65e86554aeed6d98f4",
            "quantity": 0,
            "tx_status": "Mined",
            "time": "2019-04-26T07:18:28.635113Z"
        },
    ]
}
```


以上为一个 GET 请求的例子，通过访问区块链浏览器提供的 api/address/transactions 接口，并提交 contract_address、limit、page、address 四个参数，能够返回符合 contract_address 合约地址及 address 交易地址约束的、以 limit 值为页面大小的第 page 值页面的交易数据。

返回值以 JSON 格式提供，内容包括交易总数及各交易详细信息。每个交易均给出了交易 ID、交易输出参数、区块链 ID、区块高度、交易输入方地址、交易输出方地址、交易参数、交易合约、区块哈希、交易数额、交易状态及交易生成时戳信息。

4.1.3 TPS 性能记录 API

获得 TPS 性能记录数据。

```
URL: /api/tps/list?start_time={unix_timestamp}&end_time={unix_timestamp}&order={order}
Method: GET
SuccessResponse:
{
    "total": 178,
    "tps": [
        {
            "id": 12498,
```

```
            "start": "2019-11-22T01:12:14Z",
            "end": "2019-11-22T01:13:14Z",
            "txs": 1878,
            "blocks": 120,
            "tps": 31,
            "tpm": 1878,
            "type": 1
        },
        {
            "id": 12499,
            "start": "2019-11-22T01:13:14Z",
            "end": "2019-11-22T01:14:14Z",
            "txs": 1889,
            "blocks": 117,
            "tps": 31,
            "tpm": 1889,
            "type": 1
        },
        {
            "id": 12500,
            "start": "2019-11-22T01:14:14Z",
            "end": "2019-11-22T01:15:14Z",
            "txs": 1819,
            "blocks": 114,
            "tps": 30,
            "tpm": 1819,
            "type": 1
        },
        {
            "id": 12501,
            "start": "2019-11-22T01:15:14Z",
            "end": "2019-11-22T01:16:14Z",
            "txs": 1779,
            "blocks": 105,
            "tps": 30,
            "tpm": 1779,
            "type": 1
        }
    ]
}
```

以上为一个 GET 请求的例子，通过访问区块链浏览器提供的“api/tps/list”接口，并提交 start_time、end_time、order 三个参数，其中两个*_time 参数格式为 UNIX 格式的时间戳字符串，能够返回从 start_time 时间到 end_time 时间的、以 order 排序的 TPS 区块链业务负载信息。

返回值以 JSON 格式提供，内容包括给定时间范围内的 TPS 统计信息总数及每条统计信息的详细信息。每条统计信息均给出了统计信息 ID、统计开始时间戳、统计结束时间戳、时阈内交易数、时阈内区块数、时阈内平均秒交易处理速度 TPS、时阈内平均分交易处理速度 TPM、统计类型。

4.2 aelf命令行工具

aelf 命令行工具主要是指基于 NodeJS 环境的 aelf-command 工具，该工具是一个 CLI 构件，用于与 aelf 节点进行交互。本节将指导读者安装这个工具，并为读者介绍一些最为常用的功能特性。

4.2.1 命令行工具介绍

1. 命令行工具特性概述

1）对于不熟悉 CLI 工具参数的读者，输入命令时，任何缺失的参数，工具可通过控制台提示输入。

2）支持获取或设置公共配置，包括 endpoint（端）、account（账户）、datadir（数据目录）、password（密码）等。

3）支持创建一个新的 account。

4）支持使用一个给定的 private key（私钥）或 mnemonic（助记词）获取账户信息。

5）支持显示 wallet（钱包）详细信息，包括私钥、地址、公钥和助记词。

6）支持将账户加密成 keyStore（私钥文件）形式并保存到文件。

7）支持获取当前区块链的 best height（最佳链高度）。

8）支持通过 height（区块高度）或 block hash（区块哈希）获得 block info（区块信息）。

9）支持通过给定的 transaction id（交易 ID）获取 transaction result（交易结

果信息）。

10）支持发起一个 transaction（交易）或调用一个在 smart contract（智能合约）上的 read-only method（只读方法）。

11）支持部署一个 smart contract。

12）支持使用 JavaScript 开发语言开启一个 REPL（“读取-求值-输出”循环，交互式解释器）以实现与链的交互。

13）实现人机友好的交互操作。

14）获得当前链的运行状态。

15）创建一个合约提案或任意合约方法（contrat Method）。

16）执行一个交易，并反序列化交易结果数据信息以便阅读获取。

17）启动一个 socket.io 服务以实现去中心化/分布式应用的服务支持。

在安装了 NodeJS 环境的基础上，通过 npm 包使用以下命令安装一个 aelf-command 命令行工具：

```
npm i aelf-command -g
```

2. 使用 aelf-command 命令行工具

使用 aelf-command 命令的第一步需要创建一个新的账户或使用 private key 或 mnemonic 加载一个已经拥有的账户。

使用以下命令创建一个新的包含账户地址的钱包：

```
$ aelf-command create
Your wallet info is      :
Mnemonic                 : great mushroom loan crisp ... door juice embrace
Private Key              : e038eea7e151eb451ba2901f7...b08ba5b76d8f288
Public Key               :
0478903d96aa2c8c0...6a3e7d810cacd136117ea7b13d2c9337e1ec88288111955b76ea
Address                  : 2Ue31YTuB5Szy7cnr3SCEGU2gtGi5uMQBYarYUR5oGin1sys6H
✔ Save account info into a file? … no / yes
✔ Enter a password … ********
✔ Confirm password … ********
✔
Account info has been saved to
"/Users/young/.local/share/aelf/keys/2Ue31YTuB5Szy7cnr...Gi5uMQBYarYUR5oGin1sys6H.json"
```

使用以下命令通过私钥加载一个已存在的钱包：

```
$ aelf-command load e038eea7e151eb451ba2901f7...b08ba5b76d8f288
```

```
Your wallet info is      :
Private Key              : e038eea7e151eb451ba2901f7...b08ba5b76d8f288
Public Key               :
0478903d96aa2c8c0...6a3e7d810cacd136117ea7b13d2c9337e1ec88288111955b76ea
Address                  : 2Ue31YTuB5Szy7cnr3SCEGU2gtGi5uMQBYarYUR5oGin1sys6H
✔ Save account info into a file?
✔ Enter a password … ********
✔ Confirm password … ********
✔
Account info has been saved to
"/Users/young/.local/share/aelf/keys/2Ue31YTuB5Szy7cnr...Gi5uMQBYarYUR5oGin1sys6H.json"
```

使用以下命令显示当前用户已拥有的钱包详细信息：

```
$ aelf-command wallet -a 2Ue31YTuB5Szy7cnr3SCEGU2gtGi5uMQBYarYUR5oGin1sys6H
Your wallet info is      :
Private Key              : e038eea7e151eb451ba2901f7...b08ba5b76d8f288
Public Key               :
0478903d96aa2c8c0...6a3e7d810cacd136117ea7b13d2c9337e1ec88288111955b76ea
Address                  : 2Ue31YTuB5Szy7cnr3SCEGU2gtGi5uMQBYarYUR5oGin1sys6H
```

以下的例子是展示如何获得账户信息后将其加密并存储至文件的过程：

```
$ aelf-command console -a 2Ue31YTuB5Szy7cnr3SCEGU2gtGi5uMQBYarYUR5oGin1sys6H
✔ Enter the password you typed when creating a wallet … ********
✔ Succeed!
Welcome to aelf interactive console. Ctrl + C to terminate the program. Double tap Tab to list objects

   ╔═══════════════════════════════════════════════════════════╗
   ║                                                           ║
   ║   NAME       | DESCRIPTION                                ║
   ║   AElf       |  imported from aelf-sdk                    ║
   ║   aelf       | the instance of an aelf-sdk, connect to    ║
   ║              | http://127.0.0.1:8000                      ║
   ║   _account   | the instance of an AElf wallet, address    ║
   ║              | is                                         ║
   ║              | 2Ue31YTuB5Szy7cnr3SCEGU2gtGi5uMQBYarYUR…   ║
   ║              | 5oGin1sys6H                                ║
   ║                                                           ║
   ╚═══════════════════════════════════════════════════════════╝
```

如果在上文的代码中遗漏了 CLI 要求的参数，那么控制台将会在执行中要求输入该参数：

```
$ aelf-command console
✔ Enter a valid wallet address, if you don\'t have, create one by aelf-command create …
2Ue31YTuB5Szy7cnr3SCEGU2gtGi5uMQBYarYUR5oGin1sys6H
✔ Enter the password you typed when creating a wallet … ********
✔ Succeed!
Welcome to aelf interactive console. Ctrl + C to terminate the program. Double tap Tab to list objects
```

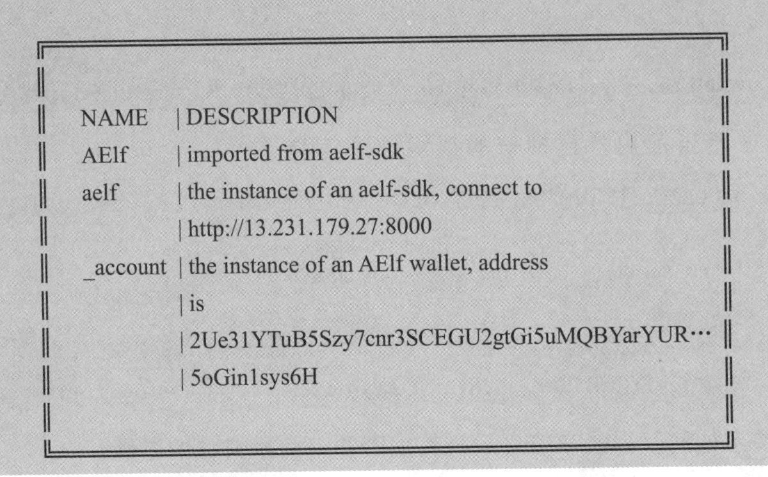

```
NAME     | DESCRIPTION
AElf     | imported from aelf-sdk
aelf     | the instance of an aelf-sdk, connect to
         | http://13.231.179.27:8000
_account | the instance of an AElf wallet, address
         | is
         | 2Ue31YTuB5Szy7cnr3SCEGU2gtGi5uMQBYarYUR…
         | 5oGin1sys6H
```

3．关于帮助信息

输入以下命令以获得命令行工具帮助信息，以便在命令行/终端中参考使用：

```
$ aelf-command -h
Usage: aelf-command [command] [options]

Options:
  -v, --version                  output the version number
  -e, --endpoint <URI>           The URI of an AElf node. Eg:
http://127.0.0.1:8000
  -a, --account <account>        The address of AElf wallet
  -p, --password <password>      The password of encrypted
keyStore
  -d, --datadir<directory>       The directory that contains the
AElf related files. Defaults to {home}/.local/share/aelf
  -h, --help                     output usage information
```

```
Commands:
    call [contract-address|contract-name] [method] [params]    Call a read-only method on a contract.
    send [contract-address|contract-name] [method] [params]    Execute a method on a contract.
    get-blk-height                                   Get the current block height of specified chain
    get-chain-status                                 Get the current chain status
    get-blk-info [height|block-hash] [include-txs]   Get a block info
    get-tx-result [tx-hash]                          Get a transaction result
    console                                          Open a node REPL
    create [options] [save-to-file]                  Create a new account
    wallet                                           Show wallet details which
nclude private key, address, public key and mnemonic
    load [private-key|mnemonic] [save-to-file]       Load wallet from a private key or mnemonic
    proposal [organization] [expired-time]           Send a proposal to an
rigination with a specific contract method
    deploy [category] [code-path]                    Deploy a smart contract
    config <flag> [key] [value]                      Get, set, delete or list aelf-command config
    event [tx-id]                                    Deserialize the result returned
y executing a transaction
  dapp-server [options]                              Start a dAPP SOCKET.IO server
```

同理，一些子命令如 call，也可以在子命令后使用类似的参数获得该子命令的帮助信息：

```
$ aelf-command call -h
Usage: aelf-command call [options] [contract-address|contract-name] [method] [params]

Call a read-only method on a contract.

Options:
  -h, --help    output usage information

Examples:

aelf-command call <contractName|contractAddress><method><params>
aelf-command call <contractName|contractAddress><method>
aelf-command call <contractName|contractAddress>
aelf-command call

$ aelf-command console -h
Usage: aelf-command console [options]
```

```
Open a node REPL

Options:
  -h, --help   output usage information

Examples:

aelf-command console
...
```

4.2.2 选项详细介绍

所含公共选项如下：

1）datadir：该目录存放了 aelf-command 命令需要的文件，如已加密的账户信息密钥文件，该目录默认位于"{home}/.local/share/aelf"路径下。

2）endpoint：RPC 通信服务的端。

3）account：用于与区块链的端执行交互操作的账户。

4）password：创建账户时设置的，用于解锁对应账户的密码。

上述特定的选项能够通过以下多种方式进行设置，优先级从低到高。

（1）在 Shell 中使用 export 参数

具体设置方法如下：

```
# This is datadir
$ export AELF_CLI_DATADIR=/Users/{you}/.local/share/aelf
# This is endpoint
$ export AELF_CLI_ENDPOINT=http://127.0.0.1:8000
# This is account
$ export AELF_CLI_ACCOUNT=2Ue31YTuB5Szy7c...gtGi5uMQBYarYUR5oGin1sys6H
```

（2）使用 aelf-command 依赖的全局".aelfrc"配置文件

该全局配置文件通常被存放在"<datadir>/.aelfrc"路径下，可以阅读配置文件信息，但建议读者最好不要修改该文件内容。修改配置文件内容请使用"aelf-command config"命令。

使用 set 关键字能够设置配置项并存储配置文件，不过仅能设置 datadir、endpoint、account 及 password 四个配置项：

```
$ aelf-command config set endpoint http://127.0.0.1:8000
✔ Succeed!

$ aelf-command config -h
Usage: aelf-command config [options] <flag> [key] [value]

get, set, delete or list aelf-command config

Options:
  -h, --help    output usage information

Examples:

aelf-command config get <key>
aelf-command config set <key><value>
aelf-command config delete <key>
aelf-command config list
```

使用 get 关键字能够获得全局“.aelfrc”配置文件中给定配置项键对应的值：

```
$ aelf-command config get endpoint
http://127.0.0.1:8000
```

使用 delete 关键字能够删除全局“.aelfrc”配置文件中给定键的配置项键值对
Key-Value）：

```
$ aelf-command config delete endpoint
✔ Succeed!
```

使用 list 关键字能够列出全局“.aelfrc”配置文件中存储的所有配置项内容：

```
$ aelf-command config list
endpoint=http://127.0.0.1:8000
password=password
```

请注意，config 命令目前仅能够用于修改全局“.aelfrc”文件的值，更多的
能如修改工作目录等特性将会在后续被逐渐实现。

（3）使用 aelf-command 工作路径下的“.aelfrc”配置文件

aelf-command 命令当前的工作路径下有一个“.aelfrc”配置文件同样可存储
置，配置存储的格式与全局“.aelfrc 配置”文件类似：

```
endpoint http://127.0.0.1:8000
password yourpassword
```

每行配置的键值对中间都用一个半角空格分隔。

（4）aelf-command 命令选项参数

读者可以通过在使用 CLI 命令行工具时，将需要的配置作为参数传递，如下所示：

```
aelf-command console -a sadaf -p password -e http://127.0.0.1:8000
```

请注意，高优先级的配置方式将覆盖低优先级配置方式配置的内容。

4.2.3 命令详细介绍

1. create 命令

该命令将创建一个新的账户，如以下例程：

```
$ aelf-command create -h
Usage: aelf-command create [options] [save-to-file]

create a new account

Options:
  -c, --cipher [cipher]   Which cipher algorithm to use, default to be aes-128-ctr
  -h, --help              output usage information

Examples:

aelf-command create <save-to-file>
aelf-command create
```

该命令可以通过传递“-c [cipher]”参数指定不同的账户加密方式，如以
例程：

```
aelf-command create -c aes-128-cbc
```

2. load 命令

该命令通过接收私钥或助记词让开发者能够获取并加载账户信息，同时该
令也允许加载一个已备份（存在）的账户，如以下例程：

```
# load from mnemonic
$ aelf-command load 'great mushroom loan crisp ... door juice embrace'
# load from private key
```

```
$ aelf-command load 'e038eea7e151eb451ba2901f7...b08ba5b76d8f288'
# load from prompting
$ aelf-command load
? Enter a private key or mnemonic ›  e038eea7e151eb451ba2901f7...b08ba5b76d8f288
...
```

3. wallet 命令

该命令用于显示钱包账户细节，包括私钥、地址、公钥和助记词，相关信息将打印显示在控制台，如以下例程：

```
$ aelf-command wallet -a C91b1SF5mMbenHZTfdfbJSkJcK7HMjeiuw...8qYjGsESanXR
AElf [Info]: Private Key            :
7ca9fbece296231f26bee0e493500810f...cbd984f69a8dc22ec9ec89ebb00
AElf [Info]: Public Key             :
4c30dd0c3b5abfc85a11b15dabd0de926...74fe04e92eaebf2e4fef6445d9b9b11efe6f4b70c8e86644b72621f
987dc00bb1eab44a9bd7512ea53f93937a5d0
AElf [Info]: Address                : C91b1SF5mMbenHZTfdfbJSkJcK7HMjeiuw...8qYjGsESanXR
```

4. proposal 命令

该命令主要用于创建一个提案合约，AElf 提供了三种不同类型的提案合约：

1）AElf.ContractNames.Parliament。

2）AElf.ContractNames.Referendum。

3）AElf.ContractNames.Association。

根据业务需要的不同，可以选择创建一个提案合约。创建时可能需要提供一个组织地址（Organization Address），如无组织地址创建一个即可。

以下代码根据 Parliament 合约定义（AElf.Contract Names.Parliament），获得一个默认的组织地址：

```
$ aelf-command call AElf.ContractNames.Parliament GetDefaultOrganizationAddress
✔ Fetching contract successfully!
✔ Calling method successfully!
AElf [Info]:
Result:
"BkcXRkykRC2etHp9hgFfbw2ec1edx7ERBxYtbC97z3Q2bNCwc"
✔ Succeed!
```

以上例程中的默认组织地址为“BkcXRkykRC2etHp9hgFfbw2ec1edx7ERBxYtbC97z3Q2bNCwc”。

默认的组织是包含所有矿工节点的组织，通过 AElf.Contract Names.Parliament 类型约定的每一个合约提案仅当 2/3 的矿工节点确认后才能够被发布。

以下代码根据 Referendum 合约定义（AElf.Contract Names.Referendum）创建了一个组织：

```
$ aelf-command send AElf.ContractNames.Referendum
✔ Fetching contract successfully!
? Pick up a contract method: CreateOrganization

If you need to pass file contents as a parameter, you can enter the relative or absolute path of the fil

Enter the params one by one, type `Enter` to skip optional parameters:
? Enter the required param<tokenSymbol>: ELF
? Enter the required param<proposalReleaseThreshold.minimalApprovalThreshold>: 666
? Enter the required param<proposalReleaseThreshold.maximalRejectionThreshold>: 666
? Enter the required param<proposalReleaseThreshold.maximalAbstentionThreshold>: 666
? Enter the required param<proposalReleaseThreshold.minimalVoteThreshold>: 666
? Enter the required param<proposerWhiteList.proposers>:
["2hxkDg6Pd2d4yU1A16PTZVMMrEDYEPR8oQojMDwWdax5LsBaxX"]
The params you entered is:
{
  "tokenSymbol": "ELF",
  "proposalReleaseThreshold": {
    "minimalApprovalThreshold": 666,
    "maximalRejectionThreshold": 666,
    "maximalAbstentionThreshold": 666,
    "minimalVoteThreshold": 666
  },
  "proposerWhiteList": {
    "proposers": [
      "2hxkDg6Pd2d4yU1A16PTZVMMrEDYEPR8oQojMDwWdax5LsBaxX"
    ]
  }
}
✔ Succeed!
AElf [Info]:
Result:
{
  "TransactionId": "273285c7e8825a0af5291dd5d9295f746f2bb079b30f915422564de7a64fc874"
}
```

```
✔ Succeed!
```

通过以下代码创建一个提案：

```
$ aelf-command proposal
? Pick up a contract name to create a proposal: AElf.ContractNames.Parliament
? Enter an organization address: BkcXRkykRC2etHp9hgFfbw2ec1edx7ERBxYtbC97z3Q2bNCwc
? Select the expired time for this proposal: 2022/09/23 22:06
? Enter a contract address or name: 2gaQh4uxg6tzyH1ADLoDxvHA14FMpzEiMqsQ6sDG5iHT8cmjp8
✔ Fetching contract successfully!
? Pick up a contract method: DeploySmartContract

If you need to pass file contents to the contractMethod, you can enter the relative or absolute path of the file instead

Enter required params one by one:
? Enter the required param<category>: 0
? Enter the required param<code>: /Users/home/Downloads/AElf.Contracts.TokenConverter.dll
? It seems that you have entered a file path, do you want to read the file content and take it as the value of <code> Yes
AElf [Info]:
 { TransactionId:
    '09c8c824d2e3aea1d6cd15b7bb6cefe4e236c5b818d6a01d4f7ca0b60fe99535' }
✔ loading proposal id...
AElf [Info]: Proposal id:
"bafe83ca4ec5b2a2f1e8016d09b21362c9345954a014379375f1a90b7afb43fb".
✔ Succeed!
```

创建后，读者能获得一个提案 ID，进而能通过提案 ID 获得对应提案的状态：

```
$ aelf-command call AElf.ContractNames.Parliament GetProposal
bafe83ca4ec5b2a2f1e8016d09b21362c9345954a014379375f1a90b7afb43fb
{
  ...
  "expiredTime": {
    "seconds": "1663942010",
    "nanos": 496000
  },
  "organizationAddress": "BkcXRkykRC2etHp9hgFfbw2ec1edx7ERBxYtbC97z3Q2bNCwc",
  "proposer": "2tj7Ea67fuQfVAtQZ3WBmTv7AAJ8S9D2L4g6PpRRJei6JXk7RG",
  "toBeReleased": false
}
```

```
✔ Succeed!
```

当邀约获得确认时，能够发布该提案：

```
$ aelf-command send AElf.ContractNames.Parliament Release
bafe83ca4ec5b2a2f1e8016d09b21362c9345954a014379375f1a90b7afb43fb
AElf [Info]:
 { TransactionId:
   '09c8c824d2e3aea1d...cefe4e236c5b818d6a01d4f7ca0b60fe99535' }
```

根据返回的 TransactionId 获得与该提案有关的交易结果信息：

```
$ aelf-command get-tx-result 09c8c824d2e3aea1d...cefe4e236c5b818d6a01d4f7ca0b60fe99535
AElf [Info]: {
  "TransactionId": "09c8c824d2e3aea1d...cefe4e236c5b818d6a01d4f7ca0b60fe99535",
  "Status": "MINED",
  "Logs": [
    {
      "Address": "2gaQh4uxg6tzyH1ADLoDxvHA14FMpzEiMqsQ6sDG5iHT8cmjp8",
      "Name": "ContractDeployed",
      "Indexed": [
        "CiIKIPklcv1FnKLzUEtsxyZC59it/lXsLhgWS5VpxEhR4FxE",
        "EiIKIDKVFb+Kx1GM+Vus5MGJnCmbKmRg6d7MOuNP6FiQ9laq"
      ],
      "NonIndexed": "GiIKIKOmGZC08DAoVVq4bnxr6WsfKAUpflGo1WLHAKS9g+SD"
    }
  ],
  "Bloom":
"AAAAAAAABAAAAAAAAAAAAAAAAAAAAAAAAAAAAAAAAAAAAAAAAAAAAAAA
AAAAAAAAAAgAAAAAAAAAAAAAAAAAAAAAAAAAAAAAAAAAAAAAAAQAAAA
AAAEAAAAAAAAAAAAAAAAAAAAAAAAAAAAAAAAAAAACAAAAAAAAAAAAAAAAC
AAAAAAAAAACAAAAAAAAAAAgAAAAAAAAAAAAAAAAAAAAAAAAAAAAAAAAAAA
AAAAAgAAAAAAAAAAAAAAAAAAAAAAAAAAAAAAAAAAAAAAAAAAAAAAAAAAAA
EAAAAAAAAAAAAAAAAAAAAAAAAAAAAAAAAAAIAAAAAQAAA==",
  "BlockNumber": 28411,
  "BlockHash": "fa22e4eddff12a728895a608db99d40a4b21894f7c07df1a4fa8f0625eb914a2",
  "Transaction": {
    "From": "2tj7Ea67fuQfVAtQZ3WBmTv7AAJ8S9D2L4g6PpRRJei6JXk7RG",
    "To": "29RDBXTqwnpWPSPHGatYsQXW2E17YrQUCj7QhcEZDnhPb6ThHW",
    "RefBlockNumber": 28410,
    "RefBlockPrefix": "0P+eTw==",
    "MethodName": "Release",
```

```
        "Params": "\"ad868c1e0d74127dd746ccdf3443a09459c55cf07d247df053ddf718df258c86\"",
        "Signature":
"DQcv55EBWunEFPXAbqZG20OLO5T0Sq/s0A+/iuwv1TdQqIV4318HrqFLsGpx9m3+sp5mzhAnMlr
G7CSxM6EuIgA="
    },
    "ReturnValue": "",
    "ReadableReturnValue": "{ }",
    "Error": null
}
```

如果希望通过创建并发布提案的方式调用一个合约方法，那么发布该提案的交易结果可能难以阅读，则需要通过 aelf-command 的子命令获得可读的交易结果信息。

以已部署的智能合约提案为例，合约地址是发布交易的必要参数。合约地址已经给出但未能被解码，读者可通过 aelf-command event 命令解码交易结果信息，需要将交易 ID 作为调用参数，具体例程如下：

```
$ aelf-command event fe1974fde291e44e16c55db666f2c747323cdc584d616de05c88c8bae18ecceb
[Info]:
The results returned by
Transaction: fe1974fde291e44e16c55db666f2c747323cdc584d616de05c88c8bae18ecceb is:
[
  {
    "Address": "2gaQh4uxg6tzyH1ADLoDxvHA14FMpzEiMqsQ6sDG5iHT8cmjp8",
    "Name": "ContractDeployed",
    "Indexed": [
      "CiIKIN2O6lDDGWbgbkomYr6+9+2B0JpHsuses3KfLwzHgSmu",
      "EiIKIDXZGwZLKqm78WpYDXuBlyd6Dv+RMjrgOUEnwamfIA/z"
    ],
    "NonIndexed": "GiIKIN2O6lDDGWbgbkomYr6+9+2B0JpHsuses3KfLwzHgSmu",
    "Result": {
      "author": "2gaQh4uxg6tzyH1ADLoDxvHA14FMpzEiMqsQ6sDG5iHT8cmjp8",
      "codeHash": "35d91b064b2aa9bbf16a580d7b8197277a0eff91323ae0394127c1a99f200ff3",
      "address": "2gaQh4uxg6tzyH1ADLoDxvHA14FMpzEiMqsQ6sDG5iHT8cmjp8"
    }
  }
]
```

Result 结果字段是解码后的交易运行结果，在本例中，“Result.address” 字段的值是新部署的合约地址。

5. deploy命令

该命令主要用于部署一个智能合约。目前该命令官方已不建议使用，可以使用“aelf-command send”命令和“aelf-command proposal”命令代替，使用创世合约部署一个新的智能合约，具体例程如下：

```
$ aelf-command get-chain-status
✔ Succeed
{
  "ChainId": "AELF",
  "Branches": {
    "41a8a1ebf037197b7e2f10a67d81f741d46a6af41775bcc4e52ab855c58c4375": 8681551,
    "ed4012c21a2fbf810db52e9869ef6a3fb0629b36d23c9be2e3692a24703b3112": 8681597,
    "13476b902ef137ed63a4b52b2902bb2b2fa5dbe7c256fa326c024a73dc63bcb3": 8681610
  },
  "NotLinkedBlocks": {},
  "LongestChainHeight": 8681610,
  "LongestChainHash":
"13476b902ef137ed63a4b52b2902bb2b2fa5dbe7c256fa326c024a73dc63bcb3",
  "GenesisBlockHash":
"cd5ce1bfa0cd97a1dc34f735c57bea2fcb9d88fc8f76bece2592fe7d82d5660c",
  "GenesisContractAddress": "2gaQh4uxg6tzyH1ADLoDxvHA14FmpzEiMqsQ6sDG5iHT8cmjp8",
  "LastIrreversibleBlockHash":
"4ab84cdfe0723b191eedcf4d2ca86b0f64e57105e61486c21d98d562b14f2ab0",
  "LastIrreversibleBlockHeight": 8681483,
  "BestChainHash": "0dbc2176aded950020577552c92c82e66504ea109d4d6588887502251b7e932b",
  "BestChainHeight": 8681609
}

# use GenesisContractAddress as a parameter of aelf-command send
# use contract method `DeploySmartContract` if the chain you are connecting to requires no limit of
authority
$ aelf-command send 2gaQh4uxg6tzyH1ADLoDxvHA14FMpzEiMqsQ6sDG
5iHT8cmjp8 DeploySmartContract
✔ Fetching contract successfully!

If you need to pass file contents as a parameter, you can enter the relative or absolute path of the file

Enter the params one by one, type `Enter` to skip optional param:
? Enter the required param<category>: 0
```

```
? Enter the required param<code>: /Users/test/contract.dll
...

# use contract method `ProposeNewContract` if the chain you are connecting to requires create new propose when deploying smart contracts
$ aelf-command send 2gaQh4uxg6tzyH1ADLoDxvHA14FMpzEiMqsQ6sDG 5iHT8cmjp8 ProposeNewContract
✔ Fetching contract successfully!

If you need to pass file contents as a parameter, you can enter the relative or absolute path of the file

Enter the params one by one, type `Enter` to skip optional param:
? Enter the required param<category>: 0
? Enter the required param<code>: /Users/test/contract.dll
...
```

在上述代码中，必须通过控制台提示的方式输入合约方法的参数，此处读者可以输入合约文件的相对或绝对路径以向 aelf-command 命令传输一个文件，aelf-command 命令会阅读文件内容并将其编码为 Base64 格式的字符串。

在调用 ProposalNewContract 后，需要稍等组织成员（主要是矿工）确认合约提案，获得确认后才能够通过按顺序调用 releaseApprove 与 releaseCodeCheck 以发布获得确认的合约提案。

6. event 命令

该命令用于反序列化一个交易执行的结果信息，该命令需要交易 ID（transaction id）作为必要的参数，具体例程如下：

```
$ aelf-command event fe1974fde291e44e16c55db666f2c747323cdc584d616de05c88c8bae18ecceb
[Info]:
The results returned by
Transaction: fe1974fde291e44e16c55db666f2c747323cdc584d616de05c88c8bae18ecceb is:
[
  {
    "Address": "2gaQh4uxg6tzyH1ADLoDxvHA14FMpzEiMqsQ6sDG5iHT8cmjp8",
    "Name": "ContractDeployed",
    "Indexed": [
      "CiIKIN2O6lDDGWbgbkomYr6+9+2B0JpHsuses3KfLwzHgSmu",
      "EiIKIDXZGwZLKqm78WpYDXuBlyd6Dv+RMjrgOUEnwamfIA/z"
    ],
```

```
        "NonIndexed": "GiIKIN2O6lDDGWbgbkomYr6+9+2B0JpHsuses3KfLwzHgSmu",
        "Result": {
          "author": "2gaQh4uxg6tzyH1ADLoDxvHA14FMpzEiMqsQ6sDG5iHT8cmjp8",
          "codeHash": "35d91b064b2aa9bbf16a580d7b8197277a0eff91323ae0394127c1a99f200ff3",
          "address": "2gaQh4uxg6tzyH1ADLoDxvHA14FMpzEiMqsQ6sDG5iHT8cmjp8"
        }
      }
    ]
✔ Succeed!
```

该命令能够获得交易结果数据的 Log 字段内容，并且将获得的内容解析为对应的 ProtoBuf 描述符。一个交易可能关联数个合约方法的时间，因此交易执行结果会包含数条日志。

每条日志中有如下属性：

1）Address 地址：合约的地址。

2）Name 名称：相关合约方法发布的事件名称。

3）Indexed 索引：Base64 格式的已索引事件数据。

4）NoIndexed 未索引：Base64 格式的未索引事件数据。

5）Result 结果：经过解码后的结果，该字段是可读的，可以通过它获得内部字段的详细定义。

Result 结果包括可读的合约文件及与合约关联的 ProtoBuf 定义文件。关于定义文件的例子可访问 https://github.com/AElfProject/AElf/blob/master/protobuf/acs0.proto#L95 进行详细了解。

7. send 命令

该命令用于发布一个交易，具体例程如下：

```
$ aelf-command send
✔ Enter the the URI of an AElf node … http://13.231.179.27:8000
✔ Enter a valid wallet address, if you don't have, create one by aelf-command create …
D3vSjRYL8MpeRpvUDy85ktXijnBe2tHn8NTACsggUVteQCNGP
✔ Enter the password you typed when creating a wallet … ********
✔ Enter contract name (System contracts only) or the address of contract …
AElf.ContractNames.Token
✔ Fetching contract successfully!
? Pick up a contract method: Transfer
```

```
If you need to pass file contents as a parameter, you can enter the relative or absolute path of the file

Enter the params one by one, type `Enter` to skip optional param:
? Enter the required param<to>: C91b1SF5mMbenHZTfdfbJSkJcK7HmjeiuwfQu8qYjGsESanXR
? Enter the required param<symbol>: ELF
? Enter the required param<amount>: 100000000
? Enter the required param<memo>: 'test command'
The params you entered is:
{
  "to": "C91b1SF5mMbenHZTfdfbJSkJcK7HMjeiuwfQu8qYjGsESanXR",
  "symbol": "ELF",
  "amount": 100000000,
  "memo": "'test command'"
}
✔ Succeed!
AElf [Info]:
Result:
{
  "TransactionId": "85d4684cb6e4721a63893240f73f675ac53768679c291abeb54974ff4e063bb5"
}
✔ Succeed!
```

也可以直接输入完整的命令：

```
aelf-command send AElf.ContractNames.Token Transfer '{"symbol": "ELF", "to":
"C91b1SF5mMbenHZTfdfbJSkJcK7HMjeiuwfQu8qYjGsESanXR", "amount": "1000000"}'
```

8．call 命令

该命令用于调用一个只读的合约函数，具体例程如下：

```
$ aelf-command call
✔ Enter the the URI of an AElf node … http://13.231.179.27:8000
✔ Enter a valid wallet address, if you don't have, create one by aelf-command create …
D3vSjRYL8MpeRpvUDy85ktXijnBe2tHn8NTACsggUVteQCNGP
✔ Enter the password you typed when creating a wallet … ********
✔ Enter contract name (System contracts only) or the address of contract …
AElf.ContractNames.Token
✔ Fetching contract successfully!
? Pick up a contract method: GetTokenInfo
```

```
If you need to pass file contents as a parameter, you can enter the relative or absolute path of the file

Enter the params one by one, type `Enter` to skip optional param:
? Enter the required param<symbol>: ELF
The params you entered is:
{
  "symbol": "ELF"
}
✔ Calling method successfully!
AElf [Info]:
Result:
{
  "symbol": "ELF",
  "tokenName": "Native Token",
  "supply": "99732440917954549",
  "totalSupply": "100000000000000000",
  "decimals": 8,
  "issuer": "FAJcKnSpbViZfAufBFzX4nC8HtuT93rxUS4VCMACUwXWYurC2",
  "isBurnable": true,
  "issueChainId": 9992731,
  "burned": "267559132045477"
}
✔ Succeed!
```

也可以直接输入完整的命令：

```
aelf-command call AElf.ContractNames.Token GetTokenInfo '{"symbol":"ELF"}'
```

9. get-chain-status 命令

该命令用于获取当前区块链的状态，具体例程如下：

```
$ aelf-command get-chain-status
✔ Succeed
{
  "ChainId": "AELF",
  "Branches": {
    "59937e3c16860dedf0c80955f4995a5604ca43ccf39cd52f936fb4e5a5954445": 4229086
  },
  "NotLinkedBlocks": {},
  "LongestChainHeight": 4229086,
```

```
        "LongestChainHash":
"59937e3c16860dedf0c80955f4995a5604ca43ccf39cd52f936fb4e5a5954445",
        "GenesisBlockHash":
"da5e200259320781a1851081c99984fb853385153991e0f00984a0f5526d121c",
        "GenesisContractAddress": "2gaQh4uxg6tzyH1ADLoDxvHA14FMpzEiMqsQ6sDG5iHT8cmjp8",
        "LastIrreversibleBlockHash":
"497c24ff443f5cbd33da24a430f5c6c5e0be2f31651bd89f4ddf2790bcbb1906",
        "LastIrreversibleBlockHeight": 4229063,
        "BestChainHash": "59937e3c16860dedf0c80955f4995a5604ca43ccf39cd52f936fb4e5a5954445",
        "BestChainHeight": 4229086
    }
```

10．get-tx-result 命令

该命令用于获取一个交易执行结果，具体例程如下：

```
    $ aelf-command get-tx-result
    ✔ Enter the the URI of an AElf node … http://13.231.179.27:8000
    ✔ Enter a valid transaction id in hex format …
7b620a49ee9666c0c381fdb33f94bd31e1b5eb0fdffa081463c3954e9f734a02
    ✔ Succeed!
    { TransactionId:
        '7b620a49ee9666c0c381fdb33f94bd31e1b5eb0fdffa081463c3954e9f734a02',
      Status: 'MINED',
      Logs: null,
      Bloom:
AAAAAAAAAAAAAAAAAAAAAAAAAAAAAAAAAAAAAAAAAAAAAAAAAAAAAAAAAAAA
AAAAAAAAAAAAAAAAAAAAAAAAAAAAAAAAAAAAAAAAAAAAAAAAAAAAAAAAAAAA
AAAAAAAAAAAAAAAAAAAAAAAAAAAAAAAAAAAAAAAAAAAAAAAAAAAAAAAAAAAA
AAAAAAAAAAAAAAAAAAAAAAAAAAAAAAAAAAAAAAAAAAAAAAAAAAAAAAAAAAAA
AAAAAAAAAAAAAAAAAAAAAAAAAAAAAAAAAAAAAAAAAAAAAAAAAAAAAAAAAAA
AAAAAAAAAAAAAAAAAAAAAAAAAAAAAAAAAAAAAAAAAAA==',
      BlockNumber: 7900508,
      BlockHash:
        'a317c5ecf4a22a481f88ab08b8214a8e8c24da76115d9ddcef4afc9531d01b4b',
      Transaction:
        { From: 'D3vSjRYL8MpeRpvUDy85ktXijnBe2tHn8NTACsggUVteQCNGP',
          To: 'WnV9Gv3gioSh3Vgaw8SSB96nV8fWUNxuVozCf6Y14e7RXyGaM',
          RefBlockNumber: 7900503,
```

```
        RefBlockPrefix: 'Q6WLSQ==',
        MethodName: 'GetTokenInfo',
        Params: '{ "symbol": "ELF" }',
        Signature:
'JtSpWbMX13tiJD0klMSJQyPBa0aRNFY4hTh3hltdWqhBpv4IRTbjjZfQj39lbBSCOy68vnLg6rUerEcy
CsqwfgE=' },
    ReadableReturnValue:
     '{ "symbol": "ELF", "tokenName": "elf token", "supply": "1000000000", "totalSupply"
"1000000000", "decimals": 2, "issuer": "2gaQh4uxg6tzyH1ADLoDxvHA14FMpzEiMqsQ6sDG5iHT8cmjp8",
"isBurnable": true }',
    Error: null }
```

11. get-blk-height 命令

该命令用于获取当前区块链的高度，具体例程如下：

```
$ aelf-command get-blk-height
✔ Enter the the URI of an AElf node … http://13.231.179.27:8000
> 7902091
```

12. get-blk-info 命令

该命令用于根据区块高度或区块哈希查询区块详细信息，可以将区块高度或区块哈希传递到子命令中，具体例程如下：

```
$ aelf-command get-blk-info
✔ Enter the the URI of an AElf node: http://13.231.179.27:8000
✔ Enter a valid height or block hash: 123
✔ Include transactions whether or not: no / yes
{ BlockHash:
   '6034db3e02e283d3b81a4528442988d28997d3828f87cca1a89457b294517372',
  Header:
   { PreviousBlockHash:
      '9d6bcc588c0bc10942899e7ec4536665c86f23286029ed45287babf22c582f5a',
     MerkleTreeRootOfTransactions:
      '7ceb349715787ececa647ad48576467d294de6dcc44d14e19f60c4a91a7a9536',
     MerkleTreeRootOfWorldState:
      'b529e2775283edc39cd4e3f685616085b18bd5521a87ea7904ad99cd2dc50910',
     Extra:
'[  "CkEEJT3FEw+k9cuqv7uruq1fEwQwEjKtYxbXK86wUGrAOH7BgCVkMendLkQZmpEpMgzcz+JX
```

aVpWtFt3AJcGmGycxL+DggIEvIDCoIBMDQyNTNkYzUxMzBmYTRmNWNiYWFiZmJiYWJiYWFk
NWYxMzA0MzAxMjMyYWQ2MzE2ZDcyYmNlYjA1MDZhYzAzODdlYzE4MDI1NjQzMWU5ZGQyZ
TQ0MTk5YTkxMjkzMjBjZGNjZmUyNTc5ZGE1Njk1YWQxNmRkYzAyNWMxYTYxYjI3MxLqAggCI
iIKIOAP2QU8UpM4u9Y3OxdKdI5Ujm3DSyQ4JaRNf7q5ka5mKiIKIH5yNJs87wb/AkWcIrCxvCX/Te3f
GHVXFxE8xsnfT1HtMgwIoJro6AUQjOa1pQE4TkqCATA0MjUzZGM1MTMwZmE0ZjVjYmFhYmZiY
mFiYmFhZDVmMTMwNDMwMTIzMmFkNjMxNmQ3MmJjZWIwNTA2YWMwMzg3ZWMxODAyNT
Y0MzFlOWRkMmU0NDE5OWE5MTI5MzIwY2RjY2ZlMjU3OWRhNTY5NWFkMTZkZGMwMjVjM
WE2MWIyNzNiIgogHY83adsNje+EtL0lLEte8KfT6X/836zXZTbntbqyjgtoBHAEegwIoJro6AUQzOybpg
F6DAigmujoBRCk8MG1AnoLCKGa6OgFEOCvuBF6CwihmujoBRCg/JhzegwIoZro6AUQ9Lml1wF6D
AihmujoBRDYyOO7AnoMCKGa6OgFEKy+ip8DkAEOEp8CCoIBMDQ4MWMyOWZmYzVlZjI5Njdl
MjViYTJiMDk0NGVmODQzMDk0YmZlOTU0NWFhZGFjMGQ3Nzk3MWM2OTFjZTgyMGQxYjNlY
zQxZjNjMDllNDZjNmQxMjM2NzA5ZTE1ZTEyY2U5N2FhZGNjYTBmZGU4NDY2M2M3OTg0OWZi
OGYwM2RkMhKXAQgEMgwIpJro6AUQjOa1pQE4IkqCATA0ODFjMjlmZmM1ZWYyOTY3ZTI1YmE
yYjA5NDRlZjg0MzA5NGJmZTk1NDVhYWRhYzBkNzc5NzFjNjkxY2U4MjBkMWIzZWM0MWYzYz
A5ZTQ2YzZkMTIzNjcwOWUxNWUxMmNlOTdhYWRjY2EwZmRlODQ2NjNjNzk4NDlmYjhmMDNk
ZDISnwIKggEwNDFiZTQwMzc0NjNjNTdjNWY1MjgzNTBhNjc3ZmRkZmEzMzcxOWVlZjU5NDMw
NDY5ZTlmODdkY2IyN2Y0YTQ1NjY0OTI4NmZhNzIxYzljOWVjZDMxMmY0YjdlZDBmZGE4OTJm
ZTNlZDExZWFjYTBmMzcxOTBkMjAzYTczYTA2YjFmMEpcBCAYyDAiomujoBRCM5rWlATgySoIBM
DQxYmU0MDM3NDYzYzU3YzVmNTI4MzUwYTY3N2ZkZGZhMzM3MTllZWY1OTQzMDQ2OWU
5Zjg3ZGNiMjdmNGE0NTY2NDkyODZmYTcyMWM5YzllY2QzMTJmNGI3ZWQwZmRhODkyZmUzZ
WQxMWVhY2EwZjM3MTkwZDIwM2E3M2EwNmIxZhKfAgqCATA0OTMzZmYzNDRhNjAxMTdmY
zRmYmRmMDU2ODk5YTk0NDllNjE1MzA0M2QxYzE5MWU4NzlkNjlkYzEzZmIyMzM2NWJmNTQ
xZWM1NTU5MWE2MTQ3YmM1Y2M3ZjUzMjQ0OTY2ZGE5NzA2ZWZmNzZiY2Y2ZjViY2EyOTYz
NmVmODNkYzYSlwEICjIMCLCa6OgFEIzmtaUBOCJKggEwNDkzM2ZmMzQ0YTYwMTE3ZmM0Zm
JkZjA1Njg5OWE5NDQ5ZTYxNTMwNDNkMWMxOTFlODc5ZDY5ZGMxM2ZiMjMzNjViZjU0MWVj
NTU1OTFhNjE0N2JjNWNjN2Y1MzI0NDk2NmRhOTcwNmVmZjc2YmNmNmY1YmNhMjk2MzZlZjg
zZGM2EpUDCoIBMDRiNmMwNzcxMWJjMzBjZGY5OGM5ZjA4MWU3MDU5MWY5OGYyYmE3Z
mY5NzFlNWExNDZkNDcwMDlhNzU0ZGFjY2ViNDY4MTNmOTJiYzgyYzcwMDk3MWFhOTM5ND
VmNzI2YTk2ODY0YTJhYTM2ZGE0MDMwZjA5N2Y4MDZiNWFiZWNhNBKNAggIEAEyDAismujo
BRCM5rWlATgwQAJKggEwNGI2YzA3NzExYmMzMGNkZjk4YzlmMDgxZTcwNTkxZjk4ZjJiYTdmZ
jk3MWU1YTE0NmQ0NzAwOWE3NTRkYWNjZWI0NjgxM2Y5MmJjODJjNzAwOTcxYWE5Mzk0NW
Y3MjZhOTY4NjRhMmFhMzZkYTQwMzBmMDk3ZjgwNmI1YWJlY2E0egwInJro6AUQjOa1pQF6DAi
cmujoBRCkz+mjAnoMCJya6OgFEIj8yfECegwInJro6AUQ7KiH0wN6CwidmujoBRCko6hXegwInZro6A
UQ6LTNugF6DAidmujoBRCY4NObAnoMCJ2a6OgFEMzWv+oCkAEQIFg6ggEwNGI2YzA3NzExYm
MzMGNkZjk4YzlmMDgxZTcwNTkxZjk4ZjJiYTdmZjk3MWU1YTE0NmQ0NzAwOWE3NTRkYWNjZ
WI0NjgxM2Y5MmJjODJjNzAwOTcxYWE5Mzk0NWY3MjZhOTY4NjRhMmFhMzZkYTQwMzBmMD
k3ZjgwNmI1YWJlY2E0QAIYBQ==",""]',
Height: 123,
Time: '2019-07-01T13:39:45.8704899Z',
ChainId: 'AELF',

```
        Bloom:
'0000000000000000000000000000000000000000000000000000000000000000000000000000000000000
0000000000000000000000000000000000000000000000000000000000000000000000000000000000000
0000000000000000000000000000000000000000000000000000000000000000000000000000000000000
0000000000000000000000000000000000000000000000000000000000000000000000000000000000000
0000000000000000000000000000000000000000000000000000000000000000000000000000000000000
0000000000000000000000000000000000000000000000000000000000000000000000000000000000000
00',
        SignerPubkey:
'04253dc5130fa4f5cbaabfbbabbaad5f1304301232ad6316d72bceb0506ac0387ec180256431e9dd2e44199a
9129320cdccfe2579da5695ad16ddc025c1a61b273' },
     Body:
      { TransactionsCount: 1,
        Transactions:
         [ 'a365a682caf3b586cbd167b81b167979057246a726c7282530554984ec042625' ] } }
```

也可以直接输入带参数的完整命令：

```
    aelf-command get-blk-info
ca61c7c8f5fc1bc8af0536bc9b51c61a94f39641a93a748e72802b3678fea4a9 true
```

13. console 命令

该命令用于打开一个可交互的控制台，具体例程如下：

```
    $ aelf-command console
    ✔ Enter the the URI of an AElf node ... http://13.231.179.27:8000
    ✔ Enter a valid wallet address, if you don't have, create one by aelf-command create ···
2Ue31YTuB5Szy7cnr3SCEGU2gtGi5uMQBYarYUR5oGin1sys6H
    ✔ Enter the password you typed when creating a wallet ··· ********
    ✔ Succeed!
    Welcome to aelf interactive console. Ctrl + C to terminate the program. Double tap Tab to list
objects

      ╔══════════════════════════════════════════════╗
      ║                                              ║
      ║  NAME      | DESCRIPTION                     ║
      ║  AElf      | imported from aelf-sdk          ║
      ║  aelf      | instance of aelf-sdk, connect to║
      ║            | http://13.231.179.27:8000       ║
      ║  _account  | instance of AElf wallet, wallet address ║
      ║            | is                              ║
```

```
║              | 2Ue31YTuB5Szy7cnr3SCEGU2gtGi5uMQBYarYUR…  ║
║              | 5oGin1sys6H                               ║
║                                                          ║
╚══════════════════════════════════════════════════════════╝
```

14. dapp-server 命令

该命令用于启动一个 socket.io 服务器以提供对去中心化/分布式应用运行服务的支持。如果是一个去中心化/分布式应用 DApp 的开发者并且需要一个环境来保存连接到 aelf 区块链的钱包信息，可以使用这条命令以启动一个足以支撑 DApp 本地开发的服务器。具体例程如下：

```
$ aelf-command dapp-server
AElf [Info]: DApp server is listening on port 35443

# or listen on a specified port
$ aelf-command dapp-server --port 40334
AElf [Info]: DApp server is listening on port 40334
```

上述例程中使用 socket.io 服务器监听了本地 35443 端口。此时可以使用 aelf-bridge 命令连接该服务，具体例程如下：

```
import AElfBridge from 'aelf-bridge';
const bridgeInstance = new AElfBridge({
  proxyType: 'SOCKET.IO',
  socketUrl: 'http://localhost:35443',
  channelType: 'ENCRYPT'
});
// connect to dapp-server
bridgeInstance.connect().then(console.log).catch(console.error);
```

4.2.4 关于 aelf-bridge

鉴于去中心化/分布式应用 DApp 不允许存储任何钱包信息，而钱包应用里存储了 aelf 钱包的详细信息并能够与 aelf 区块链进行直接通信。为在提供 DApp 与区块链通信交互能力的同时尽力保护钱包信息，DApp 可通过 aelf-bridge 项目与 aelf 钱包进行交互。

aelf-bridge 是 aelf 生态的重要组成部分。因 DApp 主要是网站应用，因此 aelf 官方团队提供了 JavaScript 语言的 SDK，便于开发者使用 npm 或 yarn 作为版本管理工具引用依赖或直接以脚本标签引用的形式使用 aelf-bridge。

使用版本管理工具引用依赖：

```
npm i aelf-bridge
// 或
yarn add aelf-bridge
```

使用脚本标签引用依赖：

```
<script src="https://unpkg.com/aelf-bridge@latest/dist/aelf-bridge.js"></script>
```

DApp 与区块链之间的通信需要经由一些钱包软件，这些钱包软件可以是集成了 aelf-bridge 协议的任何客户端。目前，aelf 的移动端钱包应用已集成了该协议。在网络应用中，能够支撑 DApp 在跨应用通信的技术方案有多种，aelf-bridge SDK 主要支持以下两种：

1）postMessage：该方案中 DApp 运行在一个容器（iframe 或移动端的 webview 控件）中，该容器需要在 DApp 中重写 window.postMessage 方法。因此，DApp 与容器的通信是通过这个重写方法进行的。

2）WebSocket（socket.io）：该方法使用传统的 B/S 架构，使用 WebSocket 通信策略。SDK 通过 socket.io 框架支持 WebSocket 通信，并且该通信也需要一个 socket.io 服务端。

开发者可根据业务实际需求选择其中的一种。在开发实践中，aelf 官方团队推荐使用以下两种方式实现数据模拟和调试：

1）参考 aelf-bridge-demo：该 Demo 项目使用 iframe 重写了 dapp.html 中的 postMessage 方法以模拟与移动端 App 的通信，项目链接为：https://github.com/AElfProject/aelf-bridge-demo。

2）使用 aelf-command dapp-server 命令：在 aelf-command 中提供了一个简单的 socket.io 服务器以支持 aelf-bridge 中的通信方法。开发者通过改变 socket.io 的通信方式，在初始化 aelf-bridge 时提供一个可用的 URL，开发者据此在浏览器的标签页间实现通信。

aelf-bridge 初始化例程：

```
import AElfBridge from 'aelf-bridge';


// Initialize the bridge instance, you can pass options during initialization to specify the behavior, see below for explanation
```

```
const bridgeInstance = new AElfBridge();
// init with options
const bridgeInstance = new AElfBridge({
  timeout: 5000 // ms
});

// After initializing the instance you need connect
bridgeInstance.connect().then(isConnected => {
  // isConnected True if the connection was successful.
})
```

aelf-bridge 可选项定义如下：

```
const defaultOptions = {
    proxyType: String, // The default is `POST_MESSAGE`. Currently, we support the `POST_MESSAGE` and `SOCKET.IO` proxy types are provided. The `Websocket` mechanism will be provided in the future. Valid values are available via `AElfBridge.getProxies()`.
    channelType: String, // The default is `SIGN`, it is the serialization of the request and response, that is, Dapp exchanges the public and private keys with the client and the private key is used to verify the signature information, thereby verifying whether the information has been tampered with. Another method of symmetric encryption is provided. The parameter value is `ENCRYPT`, and the shared public key is used for symmetric encryption. The valid value of the parameter is obtained by `AElfBridge.getChannels()`.
    timeout: Number, // Request timeout, defaults to 3000 milliseconds
    appId: String, // The default is empty. Dapp does not specify if there is no special requirement. If you need to specify it, you need to randomly generate a 32-bit hex-coded id each time. A credential used to communicate with the client, specifying the Dapp ID. If it is not specified, the library will process it internally. The first run will generate a random 32-bit hex-encoded uuid. After the connection is successful, it will be stored in `localStorage`, then the value will be taken from `localStorage`. If not, then Generate a random id.
    endpoint: String, // The default is empty. If the address of the node is empty, the client uses the internally saved primary link address by default, and can also specify to send a request to a specific node.
    // Optional options in `POST_MESSAGE` communication mode
    origin: String, // The default is `*`, the second parameter of the `postMessage` function, in most cases you do not need to specify
    checkoutTimeout: Number, // The default is `200`, in milliseconds, it checks the client's injected `postMessage`. In most cases, you don't need to specify this
    urlPrefix: String, // The default is `aelf://aelf.io?params=`, which is used to specify the protocol and prefix of the node. If the client does not have special requirements, it does not need to be changed.
    // Optional options in `socket.io` communication mode.
```

```
  socketUrl: String, // The address of the websocket connection, the default is `http://localhost:50845`
  socketPath: String, // Path to the connection address, the default is empty
  messageType: String // Pass the type of the socket.io message, the default is `bridge`
}
```

通过 bridgeInstance.account()获取钱包账户信息：

```
bridgeInstance.account().then(res => {
  console.log(res);
})
res = {
  "code": 0,
  "msg": "success",
  "errors": [],
  "data": {
    "accounts": [
      {
        "name": "test",
        "address": "XxajQQtYxnsgQp92oiSeENao9XkmqbEitDD8CJKfDctvAQmH6"
      }
    ],
    "chains": [
      {
        "url": "http://13.231.179.27:8000",
        "isMainChain": true,
        "chainId": "AELF"
      },
      {
        "url": "http://52.68.97.242:8000",
        "isMainChain": false,
        "chainId": "2112"
      },
      {
        "url": "http://52.196.227.200:8000",
        "isMainChain": false,
        "chainId": "2113"
      }
    ]
  }
```

```
}
```

使用 bridgeInstance.invoke(params)发布交易，如调用 token 合约中名为 Transfer 的方法初始化交易传输：

```
bridgeInstance.invoke({
  contractAddress: 'mS8xMLs9SuWdNECkrfQPF8SuRXRuQzitpjzghi3en39C3SRvf',
  contractMethod: 'Transfer',
  arguments: [
      {
        name: "transfer",
        value: {
          amount: "10000000000",
          to: "fasatqawag",
          symbol: "ELF",
          memo: "transfer ELF"
        }
      }
    ]
}).then(console.log);
```

使用 bridgeInstance.invokeRead(params)调用只读合约方法，如调用 token 合约中名为 GetNativeTokenInfo 的方法获得本地 token 的信息：

```
bridge.invokeRead({
  contractAddress: 'mS8xMLs9SuWdNECkrfQPF8SuRXRuQzitpjzghi3en39C3SRvf',
  contractMethod: 'GetNativeTokenInfo',
  arguments: []
}).then(setResult).catch(setResult);
```

上述两个方法的可选参数定义相同：

```
argument = {
  name: String, // parameter name
  value: Boolean | String | Object | '...' // Parameter value, theoretically any Javascript type
}

params = {
  endpoint: String, // Optional. It can be used to specify the URL address of the chain node. If it is not filled, it defaults to the option when initializing the `AElfBridge` instance. If there is no initialization option, the wallet App defaults to its own stored primary node address.
  contractAddress: String, // Contract address
```

```
    contractMethod: String, // Contract method
    arguments: argument[] /// List of parameters for the contract methods, type is array, array type is the above `argument` type
  }
```

关于区块链 API 的调用，可视为业务应用与 aelf 节点的交互。本书前面的章节中介绍了比较重要的 Web API 定义，但更多的 API 信息可以查询“{chain address}/swagger/index.html”，即部署 aelf 节点的 Swagger API 文档，同时也可以通过调用 AElfBridge.getChainApis()方法来获取 API 信息。

可使用 bridgeInstance.api(params)函数实现对 API 的调用，如获取区块高度：

```
bridgeInstance.api({
  apiPath: '/api/blockChain/blockHeight', // Api path
  arguments: []
}).then(console.log).catch(console.log)
```

该方法可配置的参数定义为：

```
argument = {
  name: String, // parameter name
  value: Boolean | String | Object | '...' // Parameter value, theoretically any Javascript type
}

params = {
  endpoint: String, // It is not required. It can be used to specify the URL address of the chain node. If it is empty, it defaults to the option given when initializing the `AElfBridge` instance. If there is no initialization option, the wallet App defaults to its own stored primary node address.
  apiPath: String, // Api path, valid values get the supported values via `AElfBridge.getChainApis()`
  arguments: argument[] // api parameter list
}
```

此外，开发者可通过调用 bridgeInstance.disconnect()函数中断 DApp 与客户端的连接并清除相关的公钥信息。

4.3 通过 SDK 构建与 aelf 交互的 DApp

对于 DApp 的开发，aelf 官方提供了一个用于与 aelf 节点 Web API 交互的、基于 JavaScript 的 SDK（本章以 JS-SDK 为例，其他语言的 SDK 可通过官网链接进行了解，本节末尾也会提供指引）。

因此，读者可以通过该 SDK 与 aelf 节点进行业务交互。关于 SDK 的详细信息可通过链接 https://github.com/AElfProject/aelf-sdk.js 进行了解，本节将提供一些比较典型的调用范例。

4.3.1 SDK 典型调用例程

1．Create Instance（创建实例）

读者可以通过以下代码创建 aelf JS-SDK 的一个实例，该实例连接到 aelf 区块链的运行节点：

```
import AElf from 'aelf-sdk';

// create a new instance of AElf
const aelf = new AElf(new AElf.providers.HttpProvider('http://127.0.0.1:1235'));
```

2．Create or Load a Wallet（创建或加载钱包）

读者可以通过以下代码使用 AElf.wallet 创建或加载一个钱包：

```
// create a new wallet
const newWallet = AElf.wallet.createNewWallet();
// load a wallet by private key
const priviteKeyWallet = AElf.wallet.getWalletByPrivateKey('xxxxxxx');
// load a wallet by mnemonic
const mnemonicWallet = AElf.wallet.getWalletByMnemonic('set kite ...');
```

3．Get a System Contract Address（获得系统合约地址）

读者可以通过以下代码使用 AElf.ContractNames.Token 获取一个系统合约的地址：

```
 const tokenContractName = 'AElf.ContractNames.Token';
let tokenContractAddress;
(async () => {
  // get chain status
  const chainStatus = await aelf.chain.getChainStatus();
  // get genesis contract address
  const GenesisContractAddress = chainStatus.GenesisContractAddress;
  // get genesis contract instance
```

```
    const zeroContract = await aelf.chain.contractAt(GenesisContractAddress, newWallet);
    // Get contract address by the read only method `GetContractAddressByName` of genesis contract
    tokenContractAddress = await
zeroContract.GetContractAddressByName.call(AElf.utils.sha256(tokenContractName));
  })()
```

4. Get a Contarct Instance（获得合约实例）

读者可以通过以下代码根据合约地址获得合约的实例：

```
const wallet = AElf.wallet.createNewWallet();
let tokenContract;
// Use token contract for examples to demonstrate how to get a contract instance in different ways
// in async function
(async () => {
  tokenContract = await aelf.chain.contractAt(tokenContractAddress, wallet)
})();

// promise way
aelf.chain.contractAt(tokenContractAddress, wallet)
  .then(result => {
    tokenContract = result;
  });

// callback way
aelf.chain.contractAt(tokenContractAddress, wallet, (error, result) => {if (error) throw error
tokenContract = result;});
```

5. Use Contract Instance（使用合约实例）

以下代码为使用合约实例的一个例程：

```
A contract instance consists of several contract methods and methods can be called in two ways
read-only and send transaction.

```javascript
(async () => {
  // get the balance of an address, this would not send a transaction,
  // or store any data on the chain, or required any transaction fee, only get the balance
  // with `.call` method, `aelf-sdk` will only call read-only method
  const result = await tokenContract.GetBalance.call({
```
```

```
    symbol: "ELF",
    owner: "7s4XoUHfPuqoZAwnTV7pHWZAaivMiL8aZrDSnY9brE1woa8vz"
  });
  console.log(result);
  /**
  {
    "symbol": "ELF",
    "owner": "2661mQaaPnzLCoqXPeys3Vzf2wtGM1kSrqVBgNY4JUaGBxEsX8",
    "balance": "1000000000000"
  }*/
  // with no `.call`, `aelf-sdk` will sign and send a transaction to the chain, and return a transaction id.
  // make sure you have enough transaction fee `ELF` in your wallet
  const transactionId = await tokenContract.Transfer({
    symbol: "ELF",
    to: "7s4XoUHfPuqoZAwnTV7pHWZAaivMiL8aZrDSnY9brE1woa8vz",
    amount: "1000000000",
    memo: "transfer in demo"
  });
  console.log(transactionId);
  /**
    {
      "TransactionId": "123123"
    }
  */
})()
```

6. Change the Node Endpoint（更改节点的通信端）

读者可以通过以下代码使用 aelf.setProvider 修改节点的通信端配置：

```
import AElf from 'aelf-sdk';

const aelf = new AElf(new AElf.providers.HttpProvider('http://127.0.0.1:1235'));
aelf.setProvider(new AElf.providers.HttpProvider('http://127.0.0.1:8000'));
```

4.3.2 SDK 对 Web API 的调用

对于 Web API 的定义除了本书已介绍的内容，还可以通过 aelf 节点的 Swagger API 文档获取更多信息。如本机启动 aelf 节点，则对应文档的访问路径为：http://127.0.0.1:1235/swagger/index.html。

如果想要使用 aelf 的 JS-SDK 提供的方法，首先要初始化一个 aelf SDK 实例：

```
import AElf from 'aelf-sdk';

// create a new instance of AElf, change the URL if needed
const aelf = new AElf(new AElf.providers.HttpProvider('http://127.0.0.1:1235'));
```

完成 SDK 实例初始化后，可以调用 SDK 提供的以下交互方法。

1. getChainStatus

（1）功能说明

获得当前区块链的状态。

（2）对应的 Web API

```
/api/blockChain/chainStatus
```

（3）输入参数

无输入参数。

（4）返回值

1）ChainId - String：区块链 ID。

2）Branches - Object：区块链分支。

3）NotLinkedBlocks - Object：未连接的区块信息。

4）LongestChainHeight - Number：最长链高度。

5）LongestChainHash - String：最长链哈希。

6）GenesisBlockHash - String：创世区块哈希。

7）GenesisContractAddress - String：创世合约地址。

8）LastIrreversibleBlockHash - String：最新不可逆区块哈希。

9）LastIrreversibleBlockHeight - Number：最新不可逆区块高度。

10）BestChainHash - String：最佳链哈希。

11）BestChainHeight - Number：最佳链高度。

（5）例程

```
aelf.chain.getChainStatus()
.then(res => {
  console.log(res);
})
```

2. getContractFileDescriptorSet

（1）功能说明

获得对应合约文件的 ProtoBuf 定义信息。

（2）对应的 Web API

```
/api/blockChain/contractFileDescriptorSet
```

（3）输入参数

contractAddress - String：合约地址。

（4）返回值

字符串：合约 ProtoBuf 定义。

（5）例程

```
aelf.chain.getContractFileDescriptorSet(contractAddress)
  .then(res => {
    console.log(res);
  })
```

3. getBlockHeight

（1）功能说明

获得区块高度。

（2）对应的 Web API

```
/api/blockChain/blockHeight
```

（3）输入参数

无输入参数。

（4）返回值

数值：区块高度信息。

（5）例程

```
aelf.chain.getBlockHeight()
  .then(res => {
    console.log(res);
  })
```

4. getBlock

（1）功能说明

通过区块哈希获取区块详细信息。

（2）对应的 Web API

```
/api/blockChain/block
```

（3）输入参数

1）blockHash - String：区块哈希数据。

2）includeTransactions - Boolean：是否包含区块内交易标志。

3）true：返回信息中包括区块内所有交易的 ID。

4）false：返回信息中不包含区块内交易信息。

（4）返回值

1）BlockHash - String：区块哈希。

2）Header - Object：区块头。

3）PreviousBlockHash - String：前一区块哈希。

4）MerkleTreeRootOfTransactions - String：交易数据的默克尔树根节点。

5）MerkleTreeRootOfWorldState - String：状态数据的默克尔树根节点。

6）Extra - Array：附加信息。

7）Height - Number：区块高度。

8）Time - google.protobuf.Timestamp：区块时间戳。

9）ChainId - String：区块链 ID。

10）Bloom - String：区块链健康状态。

11）SignerPubkey - String：区块签名公钥。

12）Body - Object：区块内数据。

13）TransactionsCount - Number：区块内交易数量。

14）Transactions - Array：区块内交易 ID 数组。

15）transactionId - String：区块内交易 ID。

（5）例程

```
aelf.chain.getBlock(blockHash, false)
  .then(res => {
    console.log(res);
  })
```

5．getBlockByHeight

（1）功能说明

根据高度获得区块详细信息。

（2）对应的 Web API

```
/api/blockChain/blockByHeight
```

（3）输入参数

1）blockHeight - Number：区块高度。

2）includeTransactions - Boolean :是否包含区块内交易。

3）true：包含区块内的交易 ID 信息。

4）false：不包含区块内的任何交易信息。

（4）返回值

1）BlockHash - String：区块哈希。

2）Header - Object：区块头。

3）PreviousBlockHash - String：前一区块哈希。

4）MerkleTreeRootOfTransactions - String：交易数据的默克尔树根节点。

5）MerkleTreeRootOfWorldState - String：状态数据的默克尔树根节点。

6）Extra - Array：附加信息。

7）Height - Number：区块高度。

8）Time - google.protobuf.Timestamp：区块时间戳。

9）ChainId - String：区块链 ID。

10）Bloom - String：区块链健康状态。

11）SignerPubkey - String：区块签名公钥。

12）Body - Object：区块内数据。

13）TransactionsCount - Number：区块内交易数量。

14）Transactions - Array：区块内交易 ID 数组。

15）transactionId - String：区块内交易 ID。

（5）例程

```
aelf.chain.getBlockByHeight(12, false)
  .then(res => {
    console.log(res);
  })
```

6. getTxResult

（1）功能说明

获取交易结果数据。

（2）对应的 Web API

```
/api/blockChain/transactionResult
```

（3）输入参数

transactionId - String：交易 ID。

（4）返回值

1）TransactionId - String：交易 ID。

2）Status - String：交易状态。

3）Logs - Array：交易执行日志。

4）Address - String：交易地址。

5）Name - String：交易名称。

6）Indexed - Array：交易索引情况。

7）NonIndexed - String：交易未被索引情况。

8）Bloom - String：所在区块健康状态。

9）BlockNumber - Number：所在区块高度/编号。

10）Transaction - Object：交易属性。

11）From - String：交易输入地址。

12）To - String：交易输出地址。

13）RefBlockNumber - Number：交易关联的区块高度/编号。

14）RefBlockPrefix - String：交易关联的区块前缀。

15）MethodName - String：交易涉及的合约方法名称。

16）Params - Object：交易涉及的合约方法参数。

17）Signature - String：交易签名。

18）ReadableReturnValue - Object：交易返回的可读信息。

19）Error - String：交易报错情况。

（5）例程

```
aelf.chain.getTxResult(transactionId)
  .then(res => {
```

```
    console.log(res);
  })
```

7. getTxResults

（1）功能说明

获得同一区块中多个交易的执行结果。

（2）对应的 Web API

```
/api/blockChain/transactionResults
```

（3）输入参数

1）blockHash - String：区块哈希。

2）offset - Number：交易查询偏移量。

3）limit - Number：交易查询数量。

（4）返回值

交易结果数组。

（5）例程

```
aelf.chain.getTxResults(blockHash, 0, 2)
  .then(res => {
    console.log(res);
  })
```

8. getTransactionPoolStatus

（1）功能说明

获得交易池当前状态。

（2）对应的 Web API

```
/api/blockChain/transactionPoolStatus
```

（3）输入参数

无输入参数。

（4）返回值

交易池状态信息。

（5）例程

```
aelf.chain.getTransactionPoolStatus()
```

```
.then(res => {
  console.log(res);
})
```

9. sendTransaction

(1)功能说明

广播一个交易。

(2)对应的 Web API

```
/api/blockChain/sendTransaction
```

(3)输入参数

该函数为 HTTP POST 方法请求，输入参数是序列化后的 ProtoBuf 数据，为 RawTransaction 数据对象序列化后的字符串。通常开发者不需要直接调用该函数，而是获取一个合约后通过调用合约的函数发布交易。

更多函数支持可参考官网的 SDK 调用说明。

4.3.3 SDK 中的 AElf.wallet 交互

AElf.wallet 是 aelf SDK 实例的一个静态成员，本节涉及的交互用于更有针对性地与 aelf 系统中的节点进行交互。

1. createNewWallet

(1)功能说明

创建一个新的钱包/账户。

(2)返回值

1)mnemonic - String：钱包/账户密钥助记词。

2)BIP44Path - String：格式化的钱包/账户地址。

3)childWallet - Object：子钱包信息。

4)keyPair - String：钱包/账户密钥对。

5)privateKey - String：钱包/账户私钥。

6)address - String：钱包/账户地址。

(3)例程

```
import AElf from 'aelf-sdk';
```

```
const wallet = AElf.wallet.createNewWallet();
```

2. getWalletByMnemonic

（1）功能说明

通过助记词获得钱包/账户。

（2）输入参数

mnemonic - String：钱包/账户助记词。

（3）返回值

完整的钱包/账户实体对象。

（4）例程

```
const wallet = AElf.wallet.getWalletByMnemonic(mnemonic)。
```

3. getWalletByPrivateKey

（1）功能说明

通过私钥获得钱包/账户。

（2）输入参数

privateKey- String：钱包/账户私钥。

（3）返回值

完整的钱包/账户实体对象，不包括助记词。

（4）例程

```
const wallet = AElf.wallet.getWalletByPrivateKey(privateKey)。
```

4. signTransaction

（1）功能说明

为交易执行数字签名。

（2）输入参数

1）rawTxn - String：原始交易信息。

2）keyPair - String：账户密钥对。

（3）返回值

签名后的交易信息数据。

（4）例程

```
const result = aelf.wallet.signTransaction(rawTxn, keyPair)。
```

5. AESEncrypt

（1）功能说明

为字符串执行加密。

（2）输入参数

1）input- String：原始字符串。

2）password- String：密码信息。

（3）返回值

加密后的字符串

6. AESDecrypt

（1）功能说明

为字符串执行解密。

（2）输入参数

1）input- String：加密后的字符串。

2）password- String：密码信息。

（3）返回值

原始字符串。

4.3.4 SDK的其他细节

AElf.pbjs 文件给出了对 ProtoBuf 的技术参考，可通过链接 https://github.com/protobufjs/protobuf.js 获取更多详细信息。

可通过以下代码查看 AElf JS-SDK 的版本信息：

```
import AElf from 'aelf-sdk';
AElf.version // eg. 3.2.23
```

本节主要针对 JS-SDK 的使用做详细介绍，除 JavaScript 外，aelf 官方还提供了 C#、Go、Java、PHP、Python 开发语言的 SDK，读者可以通过以下链接详细了解：

C#：https://github.com/AElfProject/aelf-sdk.cs。

Go：https://github.com/AElfProject/aelf-sdk.go。

Java：https://github.com/AElfProject/aelf-sdk.java。

PHP：https://github.com/AElfProject/aelf-sdk.php。

Python：https://github.com/AElfProject/aelf-sdk.py。

随着 aelf 生态的不断推广和完善，更多语言的 SDK 需求将会被 aelf 开发者社区挖掘并实现。

4.4 一个可供参考的示例项目

本节给出了一个基于 aelf 平台构建的业务原型。例程包括定义业务模型、业务交易签名与发起以及交易数据检索。

4.4.1 定义业务模型

该示例项目用 NodeJS 的 Express 框架搭建，可以以下代码逐步完善基于 aelf 的区块链应用。

初始化 Express 框架并通过 aelf JS-SDK 声明 aelf 框架引用：

```
/*
author: duxz @ 20190701
code:
 初始化 Express 框架
 初始化 aelf-sdk-js
*/
var express = require('express');
var app = express();
const AElf = require('./aelf.cjs');
```

声明 AElf.Wallet 与 aelf 工具类，工具类主要是 sha256 数据摘要工具：

```
/*
author: duxz @ 20190701
code:
 初始化 AElf-Wallet 实体，用于用户校验
 初始化 AElf-sha256 工具集，交易内部签名依赖
*/
const Wallet = AElf.wallet;
const { sha256 } = AElf.utils;
```

定义测试用的地址/私钥集，具体包括：

1）默认私钥/地址。

2）发行方私钥/地址。

3）运营方私钥/地址。

```
/*
author: duxz @ 20190701
code:
 单元测试用地址及私钥定义
 单元测试用 Wallet 定义
*/
// address: 2hxkDg6Pd2d4yU1A16PTZVMMrEDYEPR8oQojMDwWdax5LsBaxX
const defaultPrivateKey =
'bdb3b39ef4cd18c2697a920eb6d9e8c3cf1a930570beb37d04fb52400092c42b';
// Wallet.createNewWallet();
// address: D9KZazF8miEymsmuFCmHRovCK5CviMQoNLmkMe7PAhgrL1x1B
const issuerWalletPri =
'6bd9e5c15d7b3d500f74b7c6ab344c9f35705f0a70c6c9e7a3d6879473643ef0';
const issuerWallet = Wallet.getWalletByPrivateKey(issuerWalletPri);
// address: 223N7QV7tUczDZC6Zuvk5k1JtEMvVELW4Dfm3xBVj4yKcKAwWE
const firmWalletPri =
'0399ef2f20c16d87b087f6a1d8db07842be877a85d300ef5656627312be8edd1';
const firmWallet = Wallet.getWalletByPrivateKey(firmWalletPri);
// const walletCreatedByMethod = Wallet.createNewWallet();
const wallet = Wallet.getWalletByPrivateKey(defaultPrivateKey);
```

初始化 aelf 区块链 SDK 服务，配置区块链服务接入 URL：

```
/*
author: duxz @ 20190701
code:
 初始化 AElf 区块链节点连接
*/
const aelf =
new AElf(new AElf.providers.HttpProvider('http://XXXXXXX'));
```

声明智能合约类型并执行初始化：

```
/*
author: duxz @ 20190701
code:
 初始化构建合约
 构建合约及实体
```

```
*/
const tokenContractName = 'ContractNames.Token';
const {
GenesisContractAddress
} = chain.getChainStatus({sync: true});

const zeroC = aelf.chain.contractAt(
GenesisContractAddress,
wallet, { sync: true });
const tokenContractAddress =
zeroC.GetContractAddressByName.call(
sha256(tokenContractName),
{ sync: true });
const tokenContractInstance = chain.contractAt(
tokenContractAddress,
wallet,
{ sync: true });
```

POST-API 服务初始化：

```
/*
author: duxz @ 20190701
code:
 初始化 POST 提交编码解析
*/
// 创建 application/x-www-form-urlencoded 编码解析
var bodyParser = require('body-parser');
var urlencodedParser = bodyParser.urlencoded({ extended: false })
```

Express 服务初始化：

```
/*
author: duxz @ 20190701
code:
 启动 aelf-sdk-api 服务，供应用端调用
*/
var server = app.listen(8080, function () {

  var host = server.address().address
  var port = server.address().port

  console.log("应用实例，访问地址为 http://%s:%s", host, port)
```

```
})
```

4.4.2 业务交易签名与发起

执行业务签名需要获取新的账户（地址），并通过账户中的密钥对对交易进行数字签名操作，数字签名的过程在 SDK 中已提供：

```
/*
author: duxz @ 20190701
code:
 wallet 用于向区块链网络申请新的地址或通过私钥返回对应的地址
param:
  new : 1 为申请新地址 2 为返回已有地址
*/
app.post('/wallet',urlencodedParser, function (req, res) {
  if (!aelf.isConnected()) {
  console.log('AElfBlockchain Node is not running.');
  }
  console.log(req.body)
  let wallet = {}
  if(req.body.new == 1){ // 1 为新地址，其他数值为旧地址
    wallet = Wallet.createNewWallet();
  }else{
    wallet = Wallet.getWalletByPrivateKey(req.body.pk);
  }
  res.send(wallet);
})
```

根据业务的需要定义必要的数字资产类型，此处的数字资产并不局限于数字加密货币。事实上，在区块链中，一切有价值的、可被数字化的对象均能被视为数字资产，随区块链平台内部的交易系统而在不同业务实体间流转：

```
/*
author: duxz @ 20190701
code:
 create 用于新增资产类型，增加业务需要的 token-symbol
*/
app.post('/create',urlencodedParser, function (req, res) {
    if (!aelf.isConnected()) {
```

```
        console.log('AElfBlockchain Node is not running.');
        }
        console.log(req.body)

        // 新增类型
        let createTransactionId = tokenContractInstance.Create({
        symbol: req.body.symbol,//'DXZ',
        tokenName: req.body.tokenName,//'DXZ',
        totalSupply: req.body.totalSupply,//90000000000,
        decimals: 2,
    memo: req.body.memo,
    //'{name: "",
    //   time: "2019-07-10"},
    //   detail: "资产 XXX 总供给量"',
    issuer: req.body.issuer,
    //'D9KZazF8miEymsmuFCmHRovCK5CviMQoNLmkMe7PAhgrL1x1B',
    // issuer 的地址
        isBurnable: true
        }, {sync: true});
        // 预期运行结果:
    // 资产发行的交易 id: 180ebc9863de31ef2eeb1eeaa4d78
    // 2e2fef365a409bb68fc3e79365d0fa28d71
    // aelf.chain.getTxResult(
    // issueTxId.TransactionId,
    // {sync: true});
    // aelf.chain.getTxResult(
    // '180ebc9863de31ef2eeb1eeaa4d78
    // 2e2fef365a409bb68fc3e79365d0fa28d71', {
        // sync: true
        // });
      res.send(createTransactionId);
    })
```

业务数字资产在发行后，可以通过“派发”的形式直接分配给被认可的业务实体。这种派发行为对于每个单位的数字资产仅能够执行一次，初始化派发后则可在不同业务实体间按需“交易”：

```
    /*
    author: duxz @ 20190701
    code:
```

```
issue 用于派发已发行的资产，直接派发至指定地址，是一类特殊的 transfer
前置步骤:
 被 issue 的备品类型须执行过 create
*/
app.post('/issue',urlencodedParser, function (req, res) {
  if (!aelf.isConnected()) {
  console.log('AElfBlockchain Node is not running.');
  }
  console.log(req.body)
  // 注意: 以下派发例程会报错，
  // 因为 issue 的人必须和 create 的发行人一致，
  // 即使用 create 里的 issuer 的 key 来签名
  // tokenContractInstance.Issue({
  //    symbol: 'DXZ',
  //    amount: 1000,
  //    memo: '{message: "xxxx 厂商的配额"}',
  //   to: '223N7QV7tUczDZC6Zuvk5k1JtEMvVELW4Dfm3xBVj4yKcKAwWE'
  // }).then(result => {
  //    res.send(result);
  // });
  let issueWallet =
Wallet.getWalletByPrivateKey(req.body.issuerPk)
  let newTokenContractInstance =
aelf.chain.contractAt(tokenContractAddress, issueWallet, {
    sync: true
  });

  // 向地址 223N7QV7tUczDZC6Zuvk5k1JtEMvVELW4Dfm3xBVj4yKcKAwWE
  // 发行 1000 项资产
  newTokenContractInstance.Issue({
    symbol: req.body.symbol,//'DXZ',
    amount: req.body.amount,//900,
    memo: req.body.memo,//'{message: "xxxx 厂商的配额"}',
to: req.body.toAddr,
//'223N7QV7tUczDZC6Zuvk5k1JtEMvVELW4Dfm3xBVj4yKcKAwWE'
  }).then(result => {
    res.send(result);
  });
})
```

4.4.3 交易数据检索

通过综合调用 SDK/Web API 中提供的方法，能够实现对各业务实体所持有的数字资产进行检索：

```
/*
author: duxz @ 20190701
code:
 balance 用于查询特定地址资产余量
*/
app.post('/balance',urlencodedParser, function (req, res) {
  if (!aelf.isConnected()) {
  console.log('AElfBlockchain Node is not running.');
  }
  console.log(req.body)

  let balance = tokenContractInstance.GetBalance.call({
  symbol: req.body.symbol,
  owner: req.body.addr//'2hxkDg6Pd2d4yU1A16PTZVMMrEDYEPR8oQojMDwWdax5LsBaxX'
  }, {sync: true});

  // 注意:
  // tokenContractInstance.Transfer(xxx, {sync: true}) 为了方便加上 {sync: true} 发同步请求
  // tokenContractInstance.MethodName.call 表示这个事务不会在链上提交，仅做查询
  // tokenContractInstance.MethodName 表示这个事务会在链上提交，数据会上链
 res.send(balance);
})
```

同时，也可以数字资产为视角，检索查询该类型的数字资产总体情况：

```
/*
author: duxz @ 20190701
code:
tokenInfo 用于查询特定资产总体情况
*/
app.post('/tokenInfo',urlencodedParser, function (req, res) {
  if (!aelf.isConnected()) {
  console.log('AElfBlockchain Node is not running.');
  }
  console.log(req.body)
```

```
    const tokenInfo = tokenContractInstance.GetTokenInfo.call({
      symbol: req.body.symbol//'DXZ'
    }, { sync: true });
    res.send(tokenInfo);
})
```

数字资产通过“派发”和“交易”行为实现流转，通过对SDK的调用能够查询特定资产流转的情况，实现业务溯源：

```
/*
author: duxz @ 20190701
code:
  txInfo 用于查询特定资产流转的情况
*/
app.post('/txInfo',urlencodedParser, function (req, res) {
  if (!aelf.isConnected()) {
  console.log('AElfBlockchain Node is not running.');
  }
  console.log(req.body)
  let txInfo = aelf.chain.getTxResult(req.body.txid, {
    sync: true
  });
  res.send(txInfo);
})
```

第 5 章

aelf 智能合约系统【高级：领域分析】

在第 2 章，笔者已经简单介绍了智能合约的概念和发展历史。本章笔者将深入讨论智能合约的方方面面，并介绍 aelf 系统中与智能合约相关的知识。

首先，笔者将向读者详细介绍智能合约相关的定义、实现原理、应用及一些关于智能合约的主流观点，让读者对智能合约有一个全面的了解。然后，笔者将详细介绍 aelf 的智能合约系统，包括：aelf 智能合约的架构及架构各部分，例如服务、事件、消息的定义和实现；aelf 智能合约的开发工具，例如开发 SDK，以及如何在 aelf 上部署智能合约等；aelf 的 ACS 智能合约标准。在 aelf 智能合约系统的介绍中，笔者还穿插了一个简单的代币合约的例子，方便读者理解。

智能合约是现代区块链系统的核心功能。核心业务逻辑分布式地可靠执行是吸引其他业务系统区块链化改造的根本价值，也是 DApp 与传统业务最大的区别之一。

5.1 智能合约业务与鉴权

从本质上讲，区块链平台可以看作是分布式多租户计算平台，其中包含了所有部署的智能合约的状态。部署后，每个智能合约将具有唯一的地址。该地址用于确定状态范围，并用作状态查询和更新的标识符。智能合约中定义了方法，这些方法用于查询和更新合约的状态，也详细定义了这些方法的调用权限和业务逻辑细节。

智能合约与区块数据一起构成了区块链系统的核心。它们通过一些预先设定的逻辑，规定如何修改区块链的状态。智能合约是方法的集合，每个方法都作用于一组状态变量。

以上是对于智能合约的一段相对抽象的描述，接下来将详细描述智能合约系统的组成架构与主要流程，并对一些常见问题做出说明。

5.1.1 架构

现代区块链系统中，有关智能合约的核心业务逻辑主要依赖这三个概念：链上存储、本地存储和执行器。图5-1所示为智能合约核心业务架构的示意图。

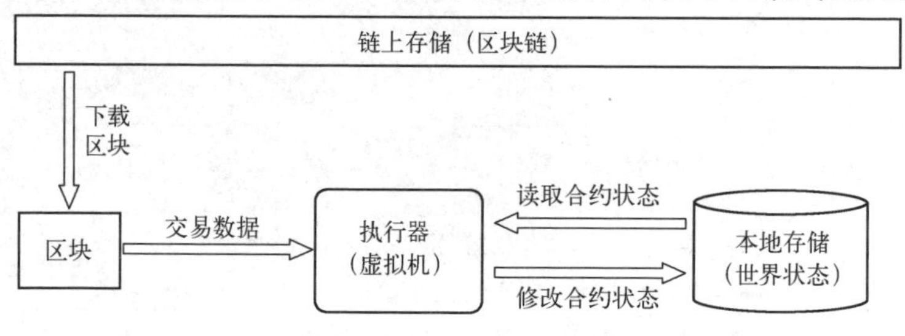

图5-1 智能合约核心业务架构示意图

链上存储主要用于传送广播数据。链上存储的本质是区块数据，区块数据包含一段时间内被打包的交易。而部署或调用一个合约，其本质是将相关数据包含在一个交易内，并将交易广播。

以下是区块链网络中广播数据的主要步骤：

1）某个节点发送并广播交易。

2）交易被矿工打包进区块中。

3）区块链中所有全节点下载这个区块。

通过以上三个步骤，节点利用链上存储将自己的消息数据广播到了区块链中的每一个节点上。

执行器用于执行智能合约代码。一般部署智能合约的交易中包含智能合约的机器码或其他形式的可执行编码。当需要执行一段合约时，执行器就会读取合约的可执行编码（通常在本地数据库），并执行其业务逻辑，对合约的状态进行修改。

EVM 虚拟机就是以太坊的执行器，用于执行以太坊的业务逻辑。执行器的效率是制约区块链系统性能的一个重要因素，以太坊长期受到 EVM 的性能拖累，社区给出了许多解决方案，比如使用 parity、Rust 等对 EVM 进行重构，提出了替代 EVM 的 Ewasm 方案等。aelf 在设计时选择采用原生的.NET 运行作为智能合约的执行器，较传统方案具有 2～3 个数量级的性能优势。

本地存储用于保存状态。在智能合约领域，一个常见的名词叫作“世界状态”，世界状态一般指的是所有状态的集合，包含区块链系统中所有可用的状态，例如合约的状态，账户的状态等。在状态中有关智能合约的部分，每个合约都会有一个独立的、与其他合约隔离的状态空间。

在一个合约的状态空间中，首先保存了合约的代码部分，这部分通常是合约的可执行编码或叫作指令；另外一部分保存的是合约的数据部分，一般是合约中使用的变量等，执行器执行合约时，对合约中变量的改动，对应修改的就是这部分的状态。在一部分设计中，合约的状态空间中还包含了由合约控制的代币或资源的信息。

5.1.2　编写与部署

合约生命周期的起始是合约的编写。现代区块链系统，通常采用对用户友好的语言编写智能合约。比如以太坊首选 Solidity 语言，一些区块链系统使用 Go 语言，而 aelf 则推荐使用 C#语言。合约编写完成后，需要编译成执行器可以理解的指令。区块链系统的工具链中，一般都提供了易用的编译器。

图 5-2 所示为智能合约开发流程示意图。

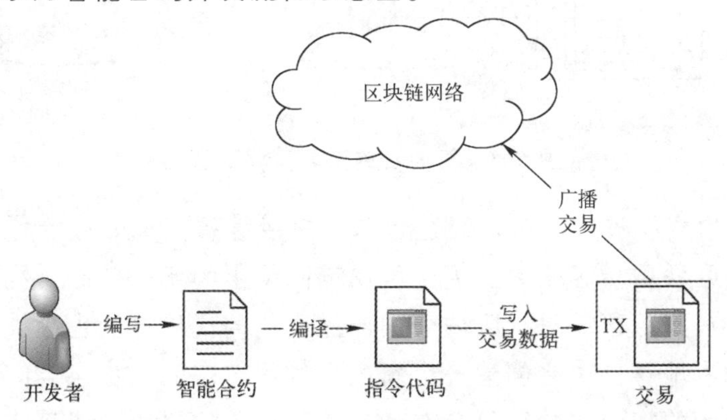

图 5-2　智能合约开发流程示意图

编写智能合约相比编写普通的程序没有太大的不同。合约通常也是由变量和方法组成的。方法可以理解为合约的函数，是调用合约的入口。调用方法时，可以同时传递参数——这与普通的函数没有什么不同。例如，一个简单的计算器合约，具有加、减、乘、除四个方法，其中减方法接收两个参数，分别是减数与被减数。

为了部署一个合约，需要发送并广播一个交易。交易中需要包含编译后的合约程序（即指令）。在不同的系统中，对于部署合约交易的设计各有不同。例如，在以太坊中，有专门的一种交易类型用于部署合约；而在 aelf 中，是通过调用一个特殊合约 Contract Zero 来部署和维护其他合约。

合约部署交易成功广播后，通常很快会得到一个合约地址。合约地址是一个关键的信息，是以后调用这个合约的入口，也是确定合约状态范围的依据。

图 5-3 所示为智能合约部署流程示意图。

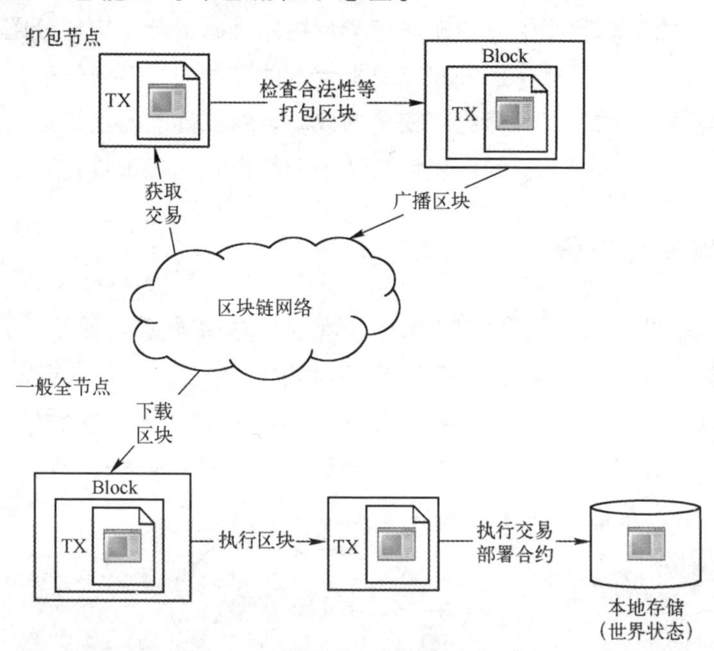

图 5-3 智能合约部署流程示意图

部署合约的交易被广播后，经过合法性、手续费、有效性等检查后，通常很快会被打包进区块中。区块会广播到区块链网络中的所有节点，经检查后在所有节点上执行。在执行区块时，区块中的部署合约的交易自然也会被执行。通常在区块链节点的本地存储中会创建一个新的合约状态空间，状态空间的键值是合约的地址，而合约的指令将会被保存在状态空间中。这样便完成了合约在区块链网络所有节点上的部署。

5.1.3 调用

调用合约的过程与部署过程类似，也需要发送并广播一个交易。不同之处在于，这个交易数据中包含的不是合约的代码（指令），而是包含了调用合约的地址、调用的方法名、传递的参数。更确切地说，一种常见的设计是：交易的目的地址是合约地址，而调用的方法名和参数则包含在交易数据中。

图 5-4 所示为智能合约调用流程示意图。

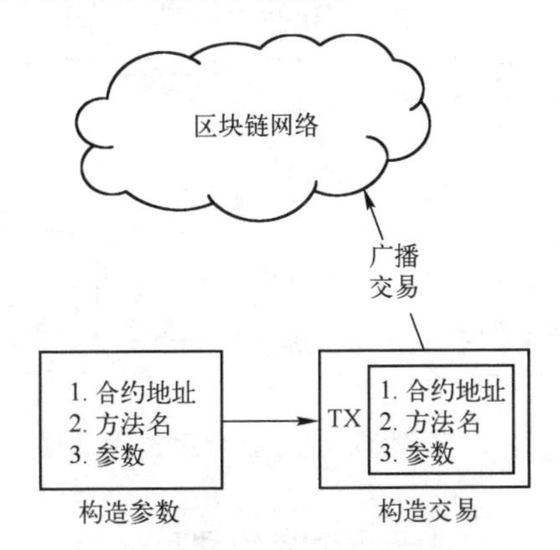

图 5-4　智能合约调用流程示意图

交易发送后，会得到一个交易 ID。通过这个交易 ID，可以查询此次调用的结果。

调用合约的交易同样也会经历广播、检查、打包、下载、执行的过程，当该交易在节点上执行时，便进入了合约的执行过程。

5.1.4 执行与校验

上一小节中提到，调用合约的交易里包含了合约地址、方法名、参数等信息。执行该交易时，首先在本地状态中使用合约地址寻找该合约对应的状态空间。找到该合约的状态空间后，读取状态空间中程序（指令）相关的部分。执行器开始执行合约的业务逻辑，同时需要将方法名和参数一并传递给执行器，以便执行器知晓从何处开始执行程序、传递何种参数。如果本次调用执行成功，且对合约的变量有修改，则会修改状态空间中数据的部分。返回执行结果后，就完成了一次对合约的调用执行。

图 5-5 所示为智能合约执行流程示意图。

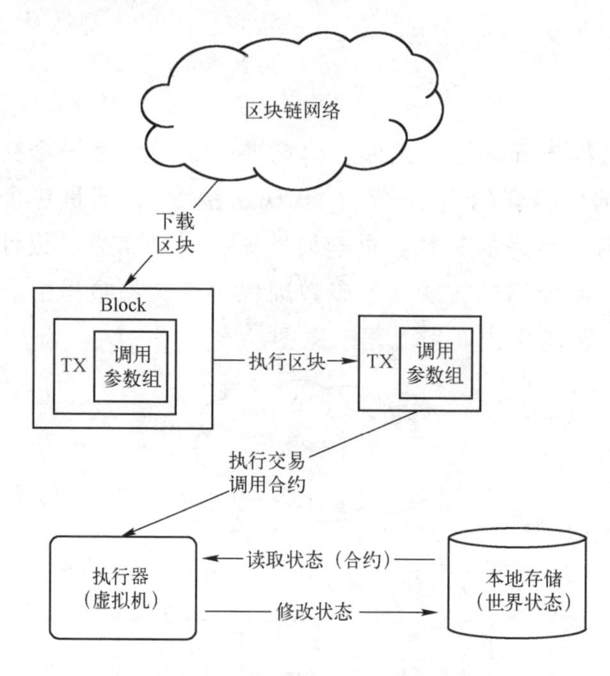

图 5-5　智能合约执行流程示意图

这里面临的一个问题是：对于一个合约调用交易，在每个节点上都要执行一次，如何保证所有节点的执行结果一致？合约的执行会修改合约状态，而执行一个区块，所产生的全部状态修改都会包含在世界状态中。

使用默克尔树（Merkle Tree）组织世界状态中的所有状态空间，会得到一个默克尔树根（Merkle Tree Root）。只有当两个节点的世界状态完全一致时，这两个世界状态对应的 Merkle Tree Root 才会一致。因此，矿工节点在产生一个新的区块时，需要执行区块中的全部交易，这些交易会修改矿工节点的世界状态。

将修改后的世界状态的 Merkle Tree Root 写入到区块头中，其他节点便可以进行核验：如果一个节点在执行完一个区块后，自己的世界状态的 Merkle Tree Root 与区块头中的世界状态的 Merkle Tree Root 一致，则说明自己与矿工节点的执行结果严格一致。这样就保证了在任意一个区块高度，区块链中所有的节点均具有一致的世界状态，即具有一致的执行结果。

举例说明，以太坊是智能合约与世界状态架构的经典实现，下面是以太坊区块头的定义：

```
// Header represents a block header in the Ethereumblockchain.
```

```
type Header struct {
    ParentHash    common.Hash       `json:"parentHash"gencodec:"required"`
    UncleHash     common.Hash       `json:"sha3Uncles"          gencodec:"required"`
    Coinbase      common.Address    `json:"miner"               gencodec:"required"`
    Root          common.Hash       `json:"stateRoot"           gencodec:"required"`
    TxHash        common.Hash       `json:"transactionsRoot"    gencodec:"required"`
    ReceiptHash   common.Hash       `json:"receiptsRoot"        gencodec:"required"`
    Bloom         Bloom             `json:"logsBloom"           gencodec:"required"`
    Difficulty    *big.Int          `json:"difficulty"          gencodec:"required"`
    Number        *big.Int          `json:"number"              gencodec:"required"`
    GasLimit      uint64            `json:"gasLimit"            gencodec:"required"`
    GasUsed       uint64            `json:"gasUsed"             gencodec:"required"`
    Time          uint64            `json:"timestamp"           gencodec:"required"`
    Extra         []byte            `json:"extraData"           gencodec:"required"`
    MixDigest     common.Hash       `json:"mixHash"`
    Nonce         BlockNonce        `json:"nonce"`
}
```

在区块头中，Root 变量是一个哈希类型的值，表示 stateRoot，也就是上文中提及的世界状态的 Merkel Tree Root。

在检查区块合法性的时候，会对比区块头的 Root 与本地数据库在指定高度上的 root，代码如下：

```
// ValidateState validates the various changes that happen after a state
// transition, such as amount of used gas, the receipt roots and the state root
// itself. ValidateState returns a database batch if the validation was a success
// otherwise nil and an error is returned.
func (v *BlockValidator) ValidateState(block *types.Block, statedb *state. StateDB, receipts types.Receipts, usedGasuint64) error {

    ...

    // Validate the state root against the received state root and throw
    // an error if they don't match.
    if root := statedb.IntermediateRoot(v.config.IsEIP158(header.Number)); header.Root != root {
        return fmt.Errorf("invalid merkle root (remote: %x local: %x)", header.Root, root)
    }
    ...

}
```

同样的，在 aelf 中也有类似的实现方式，下面是 aelf 区块头的定义：

```
message BlockHeader {
        int32 version = 1;
        int32 chain_id = 2;
        Hash previous_block_hash = 3;
        Hash merkle_tree_root_of_transactions = 4;
        Hash merkle_tree_root_of_world_state = 5;
        bytes bloom = 6;
        int64 height = 7;
        repeated bytes extra_data = 8;
        google.protobuf.Timestamp time = 9;
        Hash merkle_tree_root_of_transaction_status = 10;
        bytes signer_pubkey = 9999;
        bytes signature = 10000;
}
```

其中，变量 merkle_tree_root_of_world_state 是一个 Hash 类型值，代表世界状态的 Merkle Tree Root。

aelf 在世界状态的 Merkle Tree Root 校验的设计上稍有不同。在 aelf 中，尝试执行一个区块的时候重构区块头，区块头中包含了 merkle_tree_root_of_world_state，然后通过直接对比区块的哈希来确保世界状态的一致性，以下是关键代码：

```
private async Task<bool> TryExecuteBlockAsync(Block block)
{
    var blockHash = block.GetHash();

    var blockState = await _blockchainStateManager.GetBlockStateSetAsync (blockHash);
    if (blockState != null)
        return true;

    var transactions = await _blockchainService.GetTransactionsAsync (block.TransactionIds);
    var executedBlock = await _blockExecutingService.ExecuteBlockAsync(block.Header, transactions);

    var blockHashWithoutCache = executedBlock.GetHashWithoutCache();

    if (blockHashWithoutCache != blockHash)
    {
        blockState = await _blockchainStateManager.GetBlockStateSetAsync (block HashWithou
Cache);
        Logger.LogWarning($"Block execution failed. BlockStateSet:{blockState}");
```

```
            Logger.LogWarning(
                $"Block execution failed. Block header: {executedBlock. Header}, Block body:
{executedBlock.Body}");

            return false;
        }

        return true;
    }
```

在执行 ExecuteBlockAsync 时会使用 FillBlockAfterExecutionAsync 重新构建一个区块：

```
    public async Task<Block>ExecuteBlockAsync(BlockHeaderblockHeader,
        IEnumerable<Transaction>nonCancellableTransactions, IEnumerable<Transaction> cancellable
Transactions,
        CancellationTokencancellationToken)
    {
    ...
        var block = await FillBlockAfterExecutionAsync(blockHeader, allExecutedTransactions,
returnSetCollection);
        return block;
    }
```

5.1.5　常见问题

本节整理和收录了一些对智能合约理解上的常见问题。

1．智能合约、区块链中所说的分布式执行与传统的分布式计算一样吗？

当然不一样。传统的分布式计算指的是将一个大的任务拆分成一系列小的子任务，分配给不同的计算单元同时进行计算，最后汇总计算结果，达到节约时间提高效率的目的。传统的分布式计算，每个节点运行的是不同的子任务，并且同样的子任务不会运行两次。

图 5-6 所示为传统分布式计算的业务流程示意图。

而区块链的分布式执行通常是将交易（任务）广播到区块链网络，所有节点下载同步这个任务，也就是系统中全部的节点执行同一个任务。这个任务需要在每个节点上都执行一遍，其目的是保证合约执行的一致性、安全性、强制性和必然性。

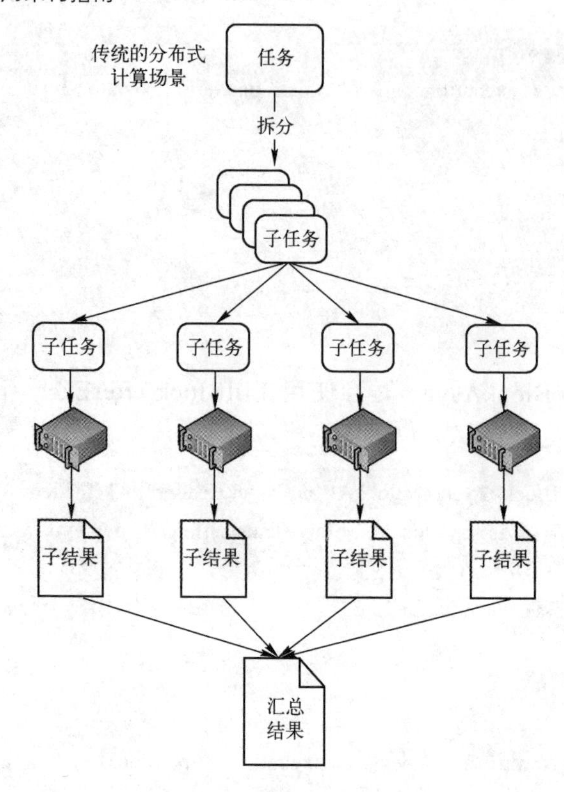

图 5-6 传统分布式计算的业务流程示意图

图 5-7，区块链上一个交易在每个节点进行一次完整执行。

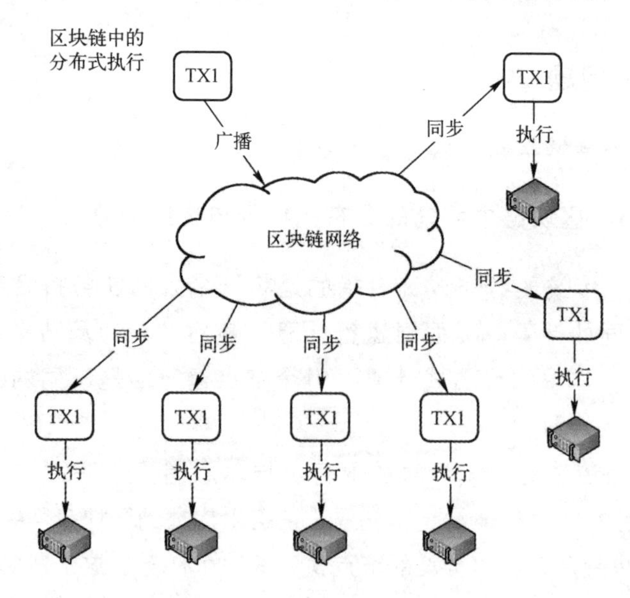

图 5-7 区块链交易执行示意图

2．可以修改合约的执行结果吗？可以阻止合约的执行吗？

由于大部分的区块链节点都是开源软件，当然可以在本机上修改某个执行结果，但执行结果是不会被区块链上的其他节点承认的，这种修改毫无意义。如果想要阻止某个合约的执行，例如，已经预见到会在某个对赌合约上产生损失，那么需要攻击阻止区块链网络中所有的节点执行这个合约，只要有极少数的节点成为漏网之鱼，合约也会被执行，执行结果会永久地写入区块链。这里就体现了区块链合约的强制性和必然性。如果面对的是一个中心化的转账系统，可以通过攻击业务服务器或集群使得转账服务不可用，但面对区块链，则无法这样做。

3．合约的执行如何处理并发问题？有许多交易同时调用执行同一个合约会怎样？

首先，多个交易被打包进区块，是以一个线性数组的形式保存的，区块里的交易将会被顺序依次执行。因此，当多个调用同一合约的交易被同时广播时，打包进区块后也是被排序的（排序先后通常取决于到达打包节点的时间或随机排序），执行过程也是串行的。

其次，要考虑对同一合约的调用是否产生了数据竞争。例如，对于一个代币合约，两个交易同时调用其转账方法，分别是 A 转账给 B 和 X 转账给 Y，这两个交易不会产生数据竞争，执行顺序对结果没有影响。但如果同时调用 [A 向 B 转账 5] 和 [A 向 C 转账 8]，则会产生数据竞争。如果 A 的余额为 100，这两次调用都会成功；如果 A 的余额为 10，因为余额不能为负，则先执行的交易成功，后执行的交易失败。

需要补充的是，区块交易的串行执行，一直是影响区块链性能的重要瓶颈。aelf 一直在积极探索推动区块的并行执行。在 aelf 中，区块在执行前会进行分析，不存在数据竞争的交易会被分配到不同的分组中，不同的分组可以并行执行。一般来说，对不同合约的调用不会产生数据竞争，对同一合约的调用也有很大一部分不会产生数据竞争，则一个区块中的大部分交易都可以被并行执行。将这些交易分配到集群中不同的机器上执行，大大提高了区块执行的性能。

举一个简单例子说明交易竞争与并行执行，见表 5-1。

表 5-1　交易竞争与并行执行示例

交易编号	交易内容	竞争
TX1	A → B	TX5
TX2	C → D	无
TX3	X → Y	TX6
TX4	E → F	无
TX5	A → W	TX1
TX6	Y → Z	TX3

如果一个区块中包含上述 6 个交易，则 TX1 与 TX5 存在数据竞争，它们都会改变地址 A 的存储状态；TX3 与 TX6 存在数据竞争，它们都会改变地址 Y 的存储状态（进一步思考，TX3 与 TX6 之间还存在依赖关系，在某些情况下，TX6 的执行依赖于 TX3 的成功执行）；TX2、TX4 则不与其他任何交易存在竞争关系，因为它们不改变或依赖其他任何交易所涉及的存储状态。

那么，就可以将以上交易分为 4 组，分别分配到 4 个 CPU 并行执行，见表 5-2。

表 5-2　相互存在竞争关系的交易分配在同一组

分组	group1	group2	group3	group4
CPU	CPU0	CPU1	CPU2	CPU3
交易列表	TX1：A→B	TX2：C→D	TX3：X→Y	TX4：E→F
	TX5：A→W		TX6：Y→Z	

表 5-2 所示相互存在竞争关系的交易分配在同一组，同组的交易串行执行，不同组的交易可以并行执行。

5.2　aelf 智能合约架构

上一节笔者介绍了智能合约的开发、部署、调用、执行等核心业务流程，接下来介绍 aelf 系统如何实现完整的智能合约架构。

5.2.1　架构总览

在 aelf 中，智能合约本质上包含三个部分：接口，状态和业务逻辑。

1）接口：aelf 支持多种语言编写的智能合约。ProtoBuf 格式被用作合约的跨语言定义。

2）状态：特定于语言的 SDK 为不同类型的状态提供了一些原型。

3）业务逻辑：aelf 提供了 ProtoBuf 插件，以根据合约的原型定义生成智能合约框架。开发人员只需为每种方法填充业务逻辑即可。

aelf 中的智能合约分布在内核、运行时环境和 SDK 中。内核定义了与智能合约相关的基本组件和基础架构，同时也定义了抽象的执行。智能合约也依赖于运行时环境和 SDK。

在 aelf 中，智能合约的定义类似于微服务。这使得智能合约独立于特定的编程语言。例如，共识机制本质上也是一种服务，因为它是通过智能合约定义的。

智能合约的功能是在内核中定义的。在内核中定义了与建立智能合约即服务相关的基本组件和基础架构：

1）SDK 摘要：为智能合约服务提供与链进行交互的 hook 的高级实体。

2）执行：定义用于执行的高级原语。

5.2.2　链交互

智能合约需要与链进行交互并访问上下文信息。为此，aelf 定义了桥和桥主机。通常情况下，各语言的开发 SDK 将实现通过桥与链通信的功能。

桥接口服务的定义如下：

```
public interface ISmartContractBridgeService
    {
        void LogDebug(Func<string>func);

        Task DeployContractAsync(ContractDtocontractDto);

        Task UpdateContractAsync(ContractDtocontractDto);

        Task<List<Transaction>> GetBlockTransactions(Hash blockHash);
        int GetChainId();

        Address GetAddressByContractName(Hash contractName);

        IReadOnlyDictionary<Hash,Address> GetSystemContractNameToAddressMapping();

        Address GetZeroSmartContractAddress();
```

```
        Address GetZeroSmartContractAddress(int chainId);

        Task<ByteString>GetStateAsync(Address contractAddress, string key, long blockHeight,
Hash blockHash);
    }
```

桥的主要功能之一是向正在执行的智能合约提供上下文，例如：

1）Self 代表当前被调用的合约的地址。

2）Sender 代表发送交易调用合约的地址。

3）TransactionId 代表上述交易的 ID。

以下代码展示了桥上下文接口的定义，其中成员的作用不再一一赘述。

```
public interface ISmartContractBridgeContext
    {
        int ChainId { get; }

        ContextVariableDictionary Variables { get; }

        void LogDebug(Func<string>func);

        void FireLogEvent(LogEventlogEvent);

        Hash TransactionId { get; }

        Address Sender { get; }

        Address Self { get; }

        Address Origin { get; }

        long CurrentHeight { get; }

        Timestamp CurrentBlockTime { get; }
        Hash PreviousBlockHash { get; }

        byte[] RecoverPublicKey();

        List<Transaction> GetPreviousBlockTransactions();
```

```
        bool VerifySignature(Transaction tx);

        void DeployContract(Address address, SmartContractRegistration registration, Hash name);

        void UpdateContract(Address address, SmartContractRegistration registration, Hash name);

        T Call<T>(Address address, string methodName, ByteString args) where T: IMessage<T>, new();
        void SendInline(Address toAddress, string methodName, ByteString args);

        void SendVirtualInline(Hash fromVirtualAddress, Address toAddress, string methodName,
ByteString args);

        void SendVirtualInlineBySystemContract(Hash fromVirtualAddress, Address toAddress,
string methodName,
            ByteString args);

        Address ConvertVirtualAddressToContractAddress(Hash virtualAddress);
        Address ConvertVirtualAddressToContractAddressWithContractHash Name(Hash virtualAddress);
        Address GetZeroSmartContractAddress();

        Address GetZeroSmartContractAddress(int chainId);

        Address GetContractAddressByName(Hash hash);

        IReadOnlyDictionary<Hash, Address> GetSystemContractNameToAddress Mapping();

        IStateProviderStateProvider { get; }

        byte[] EncryptMessage(byte[] receiverPublicKey, byte[] plainMessage);

        byte[] DecryptMessage(byte[] senderPublicKey, byte[] cipherMessage);
    }
```

这里解释一下上下文在合约中的作用。上下文在合约中扮演着非常重要的作用。例如，在一个合约中，有一部分方法为管理方法，可以设置合约的一些关键公共参数，这部分方法需要限定只有作者或管理员才能调用。在合约内部，这些方法就需要检查调用者——即 Sender 字段是否与预设的管理员账户一致，若不一致就会停止执行。

桥还提供了以下其他功能：

1）合约可以触发事件，例如记录日志的功能。

2）合约可以用只读的方式调用另一个合约中的方法。任何状态更改都不会保留在区块链上。

3）内联发送——实际上创建了一个交易来调用另一个方法。与上一条相反，对状态的更改（如果有）将被保留。

以上功能实现了一个合约与外部程序或其他合约的联动，这在一个体系中是十分必要的。比如，外部程序或前端代码通过监听合约事件做出响应，这才有了用户体验友好的 DApp；一些合约专注于实现区块链上的基本业务，而另一些合约则专注于实现面向用户的应用，后者直接调用前者，就像传统程序开发中基础类库与业务系统的关系。

正如前文所述，智能合约的重要功能是读取和修改合约状态。在桥中，定义了 IStateProvider 接口，用于合约与状态之间的交互。合约编程语言的 SDK 需要实现这个 IStateProvider 接口。

IStateProvider 接口定义如下：

```
public interface IStateProvider
{
    byte[] Get(StatePath path);
}
```

5.2.3 运行时环境与执行

aelf 采用了.NET 原生环境作为合约的运行时环境，相比虚拟机具有很大的性能优势。同时，依托.NET 背后的巨头支持，以及.NET 框架原生的跨平台能力，具有很大的发展空间。

当区块里的交易被执行时，每个交易都会生成一个跟踪轨迹，主要包含：

1）被调用方法的返回值，可以是以 ProtoBuf 格式定义的任意值，并可在服务中定义。

2）错误输出，如果执行中遇到了问题。

3）内联调用的结果，保存在 InlineTraces 字段。

4）Logs 字段，包含自方法调用起的全部事件。

相关联的业务代码，获取以上这些执行结果的跟踪轨迹，做出正确的业务响应。

5.2.4　SDK

aelf 自带一个原生 C# SDK，为开发者们提供了使用 C#开发智能合约的必要工具。它包含了与桥通信的帮助类。通过 SDK，还可以使用库中定义的以下基础结构：

1）ContractState：一个用作状态容器的接口，由各种类实现。

2）MappedState：定义了 Key-Value 映射的集合，通过子类可以实现 Multi-Key 方案。

3）SingletonState：定义了非集合的类型。

任何开发者或公司都可以开发某个特定语言的 SDK 和运行时环境，只需要创建一个通过 gPRC 与桥通信的适配器即可。

5.2.5　服务

在 aelf 中编写智能合约时，首先要做的是编写合约的定义，然后就可以使用工具自动生成合约了。aelf 合约定义为服务，通过 gPRC 和 ProtoBuf 生成。

举一个例子，这是 Multi-Token 合约的一部分。该合约实现了一个简单的关于代币的业务逻辑。每个函数的细节将在之后的各章节中讲述。请注意，为了突出重点，这个合约已经被简化，只展示了必要的部分。

```
syntax = "proto3";

package token;
option csharp_namespace = "AElf.Contracts.MultiToken.Messages";

service TokenContract {
    option (aelf.csharp_state) = "AElf.Contracts.MultiToken. TokenContractState";

    // Actions
    rpc Create (CreateInput) returns (google.protobuf.Empty) { }
    rpc Transfer (TransferInput) returns (google.protobuf.Empty) { }

    // Views
    rpc GetBalance (GetBalanceInput) returns (GetBalanceOutput) {
        option (aelf.is_view) = true;
    }
```

```
}
```

在服务中，有两种不同类型的方法：

1）动作：这些是一般的智能合约方法，需要输入和输出，通常会修改链的状态。

2）视图：这些方法的特殊之处在于它们不会修改链的状态，也就是只读方法，它们通常以某种方式用于查询合约状态的值。

```
rpc Create (CreateInput) returns (google.protobuf.Empty) { }
```

这是一个带有读写的方法，即动作。它的作用是创建实体。这些服务将一个ProtoBuf 消息作为输入，同时也返回一个 ProtoBuf 消息作为输出。请注意，这里它返回一条特殊消息 google.protobuf.Empty，表示不返回任何内容。按照惯例，可以将 Input 附加到任意 ProtoBuf 类型，作为服务的参数传入。

```
rpc GetBalance (GetBalanceInput) returns (GetBalanceOutput) {
    option (aelf.is_view) = true;
}
```

请注意，上述代码是一个只读方法，即视图，它不会修改状态。它的作用只是读取余额并返回。

5.2.6 事件

事件用于在内部记录智能合约执行过程中发生的情况。事件将被记录在交易跟踪轨迹日志中（LogEvent 的集合）。

```
message Transferred {
    option (aelf.is_event) = true;
    Address from = 1;
    Address to = 2;
    string symbol = 3;
    sint64 amount = 4;
}
```

请注意这行代码：option（aelf.is_event）= true; 它将 Transferred 消息标记一个事件。

下面的代码展示了如何在合约中触发一个事件：

```
Context.Fire(new Transferred()
```

```
{
    From = from,
    To = to,
    ...
});
```

在交易执行后，合约外部的代码可以监测到这个事件的发生。

事件是非常有用的，特别是在 DApp 的开发中。例如，某人想要开发一个钱包的 DApp，希望用户余额变动时页面可以自动刷新，并弹出消息提示用户，而不是需要用户手动刷新。那么在编写合约时，他需要将动账（账户余额的变动）相关的 Transferred 标记为一个事件，而在外部代码中（DApp 中区块链以外的部分）监听这个事件。当这个事件发生后，触发刷新余额显示与弹出消息的代码。

5.2.7　消息

消息是由 ProtoBuf 语言定义的。笔者大量使用消息，用于调用智能合约和序列化它们的状态。以下展示了一条简单的消息：

```
message CreateInput {
    string symbol = 1;
    sint64 totalSupply = 2;
    sint32 decimals = 3;
}
```

这里可以看到一条具有三个参数的消息，参数类型分别是字符串、sint64 和 sint32。在消息中可以使用任意 ProtoBuf 支持的类型，包括复合消息。复合消息是指一条消息包含了另一条消息。

对于消息和服务的定义，采用了 ProtoBuf 的 Proto3 版本。很多人可能不会用到大部分它所提供的功能，但仍建议读者查阅该语言的完整参考。

5.3　开发部署 aelf 合约

本节将对 aelf 合约的开发部署流程提供详细具体的指引。

本节将主要使用 aelf 脚手架作为智能合约的开发框架。它为合约开发者提供构建合约的全流程协助。5.3.1 节将指导读者如何配置脚手架环境，之后的小将介绍如何创建、测试和部署合约。

在目前的实践中，aelf 合约主要使用 C# 进行开发，其中某些部分通过 ProtoBuf 定义。ProtoBuf 用于定义合约的方法和属性类型。ProtoBuf 编译器使用自定义插件生成 C# 代码，开发者在这个 C# 代码上继续进行进一步的开发以实现业务逻辑。

5.3.1 配置脚手架

aelf 脚手架是开发和测试 aelf 智能合约的首选环境。它可以将合约文件包含进编译系统中，并链接到合适的开发 SDK。脚手架还负责根据原型的定义生成对应的 C# 代码。

本小节将帮助读者开始在 aelf 脚手架上进行开发活动，包括：

1）如何复制、编译和运行 aelf 脚手架？

2）如何运行 HelloWorld 测试合约？

3）一些关于脚手架的其他介绍。

1. IDE

首先谈一下开发环境。严格来讲，本教程不需要 IDE，读者可以使用 vim 或其他任何自己喜欢的文本编辑器。但是，笔者仍然强烈建议使用 IDE，这里推荐的 IDE 是 Visual Studio Code 并安装 C#扩展。当然也可以使用其他熟悉的 C#IDE，这个教程中的大部分描述不依赖 IDE 支持。

2. 复制源代码

在命令行中执行以下命令，可以得到一个 aelf-boilerplate 文件夹，里面包含了 aelf 脚手架的相关代码：

```
git clone https://github.com/AElfProject/aelf-boilerplate
```

脚手架源代码中包含了一个快速开发框架以及一些示例。

3. 编译与运行

使用 vscode 打开 aelf-boilerplate 文件夹，这里可能会遇到一些关于依赖和扩展的小问题。如果 vscode 右下角弹出图 5-8 所示的提示框，对于“requi dasset”需要选择 yes 按钮；如果有未解决的依赖，需要选择 Restore 按钮。

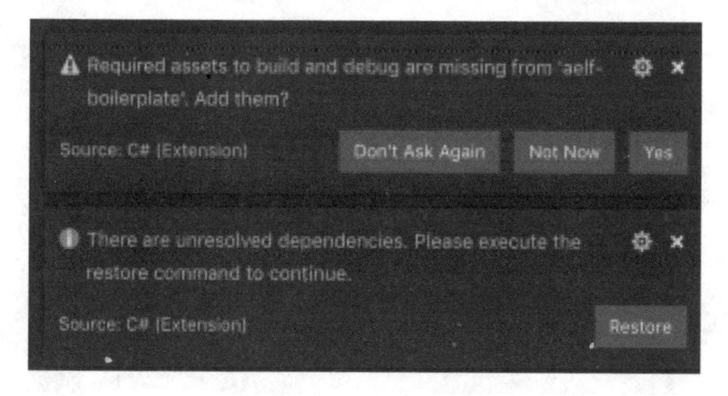

图 5-8　vscode 依赖提示

就像前文说的，脚手架可以自动生成部分 C# 代码，这里需要依赖 ProtoBuf。如果尚未安装 ProtoBuf，请在 aelf-boilerplate 文件夹下运行以下脚本：

```
# Mac or Linux
sh chain/scripts/install.sh

# Windows
# open a PowerShell console as administrator
chain/scripts/install.ps1
```

接下来是编译脚手架和所有合约模板，以确保一切正常。编译完成后，将运行启动脚手架内部的节点。

```
# enter the Launcher folder and build
cd chain/src/AElf.Boilerplate.Launcher/

# build
dotnet build

# run the node
dotnet run --no-build bin/Debug/netcoreapp3.1/AElf.Boilerplate.Launcher
```

至此，智能合约的脚手架已经部署完毕，可以被调用了。读者应该能在终端中看到节点运行的日志，并看到节点打包的区块。现在，读者可以通过终止进程（通常是按终端中的〈Ctrl+C〉组合键）来停止节点的运行。

当运行脚手架时，可能会看到一些关于密码错误的提示，为了解决这个问题，可以备份 data-dir/keys/ 文件夹并使用一个空的目录作为密钥目录。当清空密钥后，使用以下命令停止并重启节点。

```
dotnet run --no-build bin/Debug/netcoreapp3.1/AElf.Boilerplate.Launcher
```

4．运行测试

通过脚手架，可以很容易地编写合约的单元测试。在这里，以脚手架中包含的 HelloWorld 测试合约为例。要运行测试，只需要进入 AElf.Contracts.HelloWorldContract.Test 文件夹并运行。

```
cd ../../test/AElf.Contracts.HelloWorldContract.Test/
dotnet test
```

运行之后，如果得到以下的输出，则代表所有的测试成功执行：

```
Test Run Successful.
Total tests: 1
     Passed: 1
 Total time: 2.8865 Seconds
```

至此，已经成功地复制、编译并运行了 aelf 脚手架。同时也成功地运行了脚手架中的 HelloWorld 合约。接下来将介绍如何在脚手架中添加一个自己的合约及其相关测试，并通过脚手架部署这个合约。

脚手架是用于开发智能合约和 DApp 的环境。在脚手架上开发和测试合约后，可以将合约部署到正在运行的 aelf 区块链中。在内部，脚手架将运行一个内部的 aelf 节点，该节点将在生成时自动部署合约。

脚手架由两个文件夹组成：chain 和 web。本教程重点介绍合约的开发，因此只讨论脚手架 chian 部分的细节。以下是 chain 文件夹的简要概述：

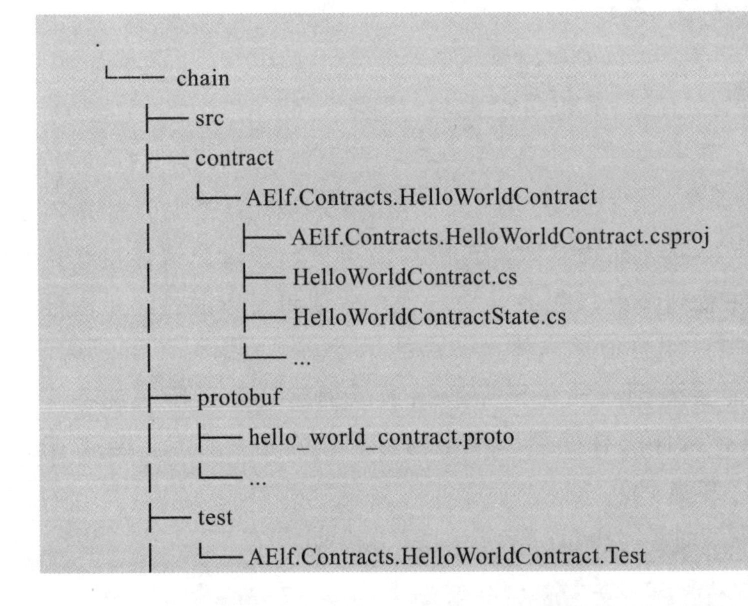

```
.
└── chain
    ├── src
    ├── contract
    │   └── AElf.Contracts.HelloWorldContract
    │       ├── AElf.Contracts.HelloWorldContract.csproj
    │       ├── HelloWorldContract.cs
    │       ├── HelloWorldContractState.cs
    │       └── ...
    ├── protobuf
    │   ├── hello_world_contract.proto
    │   └── ...
    ├── test
    │   └── AElf.Contracts.HelloWorldContract.Test
    │
```

```
│        ├── AElf.Contracts.HelloWorldContract.Test.csproj
│        └── HelloWorldContractTest.cs
└── ...
```

HelloWolrd 合约和它对应的测试分布在以下几个文件夹中：

（1）contract

contract 文件夹包含了 C# 工程文件（.csproj）和实现合约的具体代码文件(.cs)。

（2）protobuf

protobuf 文件夹包含了合约的原型定义（.proto）。

（3）test

test 文件夹包含了测试工程和相关文件（基本 xUnit 测试项目）。

读者可以为将来的合约参考这个目录结构。有些读者可能也注意到了 src 这个文件夹，这个文件夹内包含了脚手架的模块和节点的可执行文件。

请注意，所有生产环境中的合约必须由开发者进行完整的审查，并进行详尽的测试。开发者有责任检查合约的安全性和有效性。开发者不应该简单的复制脚手架中包含的合约代码，而是应当竭尽可能地保证代码的安全性与正确性。

5.3.2　第一个合约：实现

本小节将介绍如何使用 aelf 脚手架实现一个智能合约。它以脚手架中已经包含的 Greeter 合约为例。根据本小节介绍的概念，读者可以创建一个自己的基本合约。

之前的章节中已经介绍了如何使用脚手架编译、运行以及测试一个简单的 HelloWorld 合约。这一节也类似，但是更加完整和详尽，将更确切地说明如何完善一个合约相关的要素。

1. Greeter 合约

以下内容将介绍完整开发一个智能合约的基础知识。Greeter 合约的开发实现实质上包括四个步骤：

（1）定义合约和类型

合约中用到的方法和类型需要按照 ProtoBuf 语法在 protobuf 文件中定义。

（2）创建工程

读者可以使用脚手架中的其他合约作为一个模板，关于这部分的内容本节将更深入地解释一些细节信息。

（3）生成代码

根据原型的定义，生成基本的合约代码。

（4）完成代码

在上一步的代码中进一步补全，实现合约方法的逻辑。

Greeter 合约是一个非常简单的合约。它暴露了一个 Greet 方法，该方法只是在控制台中返回“HelloWorld”消息。同时，它还暴露一个稍显复杂的 GreetTo 方法，该方法会记录每次收到的问候信息，并返回带有姓名和时间的问候信息。

2．定义合约

如之前所述，在 aelf 脚手架上编写智能合约的第一步是定义合约中的方法和类型。aelf 将合约定义为服务，由 gPRC 和 ProtoBuf 实现。这个定义中不包含业务逻辑。在构建时，proto 原型文件将被用于生成 C#类，在这些类中将实现合约的业务逻辑和状态。

笔者建议将合约的定义文件（proto）放置在脚手架的 protobuf 文件中，这样它们可以很容易地被包含在自动生成的过程中。proto 文件的文件名应当与合约名一致。下面展示推荐的目录结构：

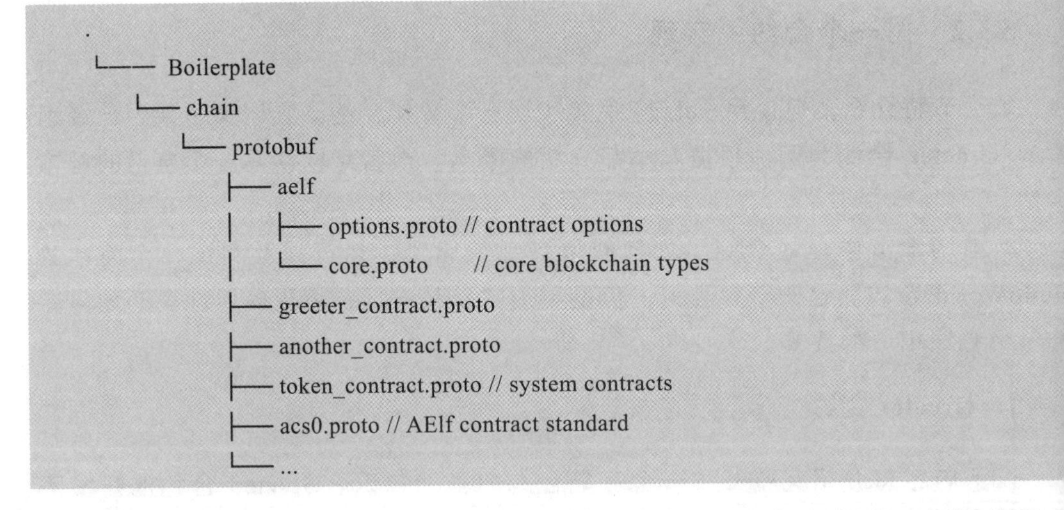

```
.
└─── Boilerplate
    └── chain
        └── protobuf
            ├── aelf
            │   ├── options.proto // contract options
            │   └── core.proto    // core blockchain types
            ├── greeter_contract.proto
            ├── another_contract.proto
            ├── token_contract.proto // system contracts
            ├── acs0.proto // AElf contract standard
            └── ...
```

请注意，protobuf 文件夹中已经包含了一些合约的定义文件，包括教程示例、系统合约等。有些读者可能也会注意到它也包含了 aelf 合约标准（ACS）。并且其中的 options.proto 和 core.proto 文件包含了合约开发中一些的基本方法。

最佳实践：

1）将合约定义文件放在脚手架的 protobuf 文件夹中。

2）文件命名为“合约名_contract.proto”，全部采用英文小写。

下面看一下 Greeter 合约的定义：

```
// protobuf/greeter_contract.proto

syntax = "proto3";

import "aelf/options.proto";

import "google/protobuf/empty.proto";
import "google/protobuf/timestamp.proto";
import "google/protobuf/wrappers.proto";

option csharp_namespace = "AElf.Contracts.Greeter";

service GreeterContract {
    option (aelf.csharp_state) = "AElf.Contracts.Greeter.GreeterContract State";

    // Actions
    rpc Greet (google.protobuf.Empty) returns (google.protobuf.StringValue){ }
    rpc GreetTo (google.protobuf.StringValue) returns (GreetToOutput) { }

    // Views
    rpc GetGreetedList (google.protobuf.Empty) returns (GreetedList) {
        option (aelf.is_view) = true;
    }
}

message GreetToOutput {
    string name = 1;
    google.protobuf.Timestamp greet_time = 2;
}

message GreetedList {
    repeated string value = 1;
}
```

以上是一个合约的完整定义，主要包含三个部分：

1）imports：合约的依赖。

2）the service definition：合约中的方法。

3）types：一些合约需要用到的自定义类型。

下面对这三个部分进行更深入的介绍。

（1）Syntax, imports 和 namespace

```
syntax = "proto3";

import "aelf/options.proto";

import "google/protobuf/empty.proto";
import "google/protobuf/timestamp.proto";
import "google/protobuf/wrappers.proto";

option csharp_namespace = "AElf.Contracts.Greeter";
```

第一行指定此 protobuf 文件使用的语法，建议读者始终在合约中使用 proto3。

接下来是一些导入（import），下面先让读者有一个简要的了解：

1）aelf/options.proto：合约可以使用的一些特定的 aelf 选项，这些选项包含在这个文件中。在这个合约中将使用 is_view 选项。

2）google/protobuf/empty.proto、google/protobuf/timestamp.proto 和 google/protobuf/wrappers.proto ：这三个原型直接引用自 ProtoBuf 官方库。这里的用途分别是定义了一些空返回类型、时间和一些常用的类型包装，比如字符串类型。

3）最后一行指定一个选项，该选项决定所生成代码的目标命名空间（namespace）。此处生成的代码将在 AElf.Contracts.Greeter 命名空间中。

（2）服务定义

```
service GreeterContract {
    option (aelf.csharp_state) = "AElf.Contracts.Greeter.GreeterContract State";

    // Actions
    rpc Greet (google.protobuf.Empty) returns (google.protobuf.StringValue) { }
    rpc GreetTo (google.protobuf.StringValue) returns (GreetToOutput) { }

    // Views
    rpc GetGreetedList (google.protobuf.Empty) returns (GreetedList) {
        option (aelf.is_view) = true;
    }
}
```

这里的第一行使用 aelf.csharp_state 选项来指定状态类的名称（全名）。这意味着应该在 AElf.Contracts.Greeter 命名空间下的 GreeterContractState 类中定义合约的状态。

接下来，定义了两个方法：Greet 和 GreetTo。合约方法由三个部分组成：方法名称、输入参数类型和输出参数类型。例如，Greet 要求的输入参数类型为 google.protobuf.Empty，该类型是空类型，用于指定此方法不接受任何输入参数，而输出参数类型为 google.protobuf.StringValue，这是一般的字符串类型。而在 GreetTo 方法的定义中可以发现，使用自定义的类型作为合约方法的输入和输出。

该服务还定义了一种视图（只读）方法，即仅用于查询合约状态且不会对状态产生任何改变的方法。例如，GetGreetedList 的定义使用了 aelf.is_view 选项，这使其成为了视图方法。

最佳实践：

1）使用 google.protobuf.Empty 指定方法不接受任何参数（需要导入 google / protobuf / empty.proto）。

2）使用 google.protobuf.StringValue 来使用字符串类型（需要导入 google / protobuf / wrappers.proto）。

3）使用 aelf.is_view 选项创建一个视图（只读）方法（需要导入 aelf / options.proto）。

4）使用 aelf.csharp_state 指定合约状态的命名空间（需要导入 aelf / options.proto）。

（3）自定义类型

```
message GreetToOutput {
    string name = 1;
    google.protobuf.Timestamp greet_time = 2;
}

message GreetedList {
    repeated string value = 1;
}
```

protobuf 文件还定义了两个自定义类型。GreetToOutput 是 GreetTo 方法的返回类型，而 GreetedList 是 GetGreetedList 视图方法的返回类型。有些读者可能注意到了 repeated 这个关键字。这在 ProtoBuf 语法中表示一个集合。

最佳实践：

1）使用 google.protobuf.Timestamp 表示一个时间点（需要导入 google / protobuf / timestamp.proto）。

2）使用 repeated 关键字表示一个重复类型的集合

3．实现业务逻辑

之前笔者在 protobuf 文件中定义了合约。现在看一下如何实现之前定义的方法。本部分将说明如何补全生成的代码，在其中实现智能合约的业务逻辑。

4．工程与生成的代码

aelf 中的智能合约是使用常规 C # 项目文件（csproj 格式）构建的。强烈建议读者在脚手架的 contract 件夹中为合约创建一个单独的文件夹，并在其中添加 csproj 工程文件。文件目录如下所示：

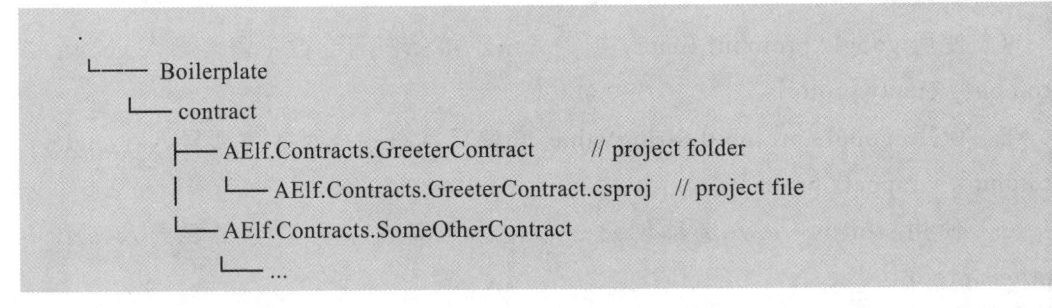

```
.
└─── Boilerplate
    └─── contract
        ├─── AElf.Contracts.GreeterContract          // project folder
        │   └─── AElf.Contracts.GreeterContract.csproj   // project file
        └─── AElf.Contracts.SomeOtherContract
            └─── ...
```

为了使代码生成正常工作，必须在 csproj 中添加两个元素：IsContract 和 ContractCode，如以下代码片段所示：

```
<Project Sdk="Microsoft.NET.Sdk">

    <PropertyGroup>
        // ...
        <IsContract>true</IsContract>
    </PropertyGroup>

    <ItemGroup>
        <ContractCode Include="..\..\protobuf\greeter_contract.proto">
            <Link>Protobuf\Proto\greeter_contract.proto</Link>
        </ContractCode>
    </ItemGroup>

</Project>
```

因为指定了这两个关键字，所以构建过程将使用 greeter_contract. proto 文件生成代码。构建后，完整的项目文件夹应如下所示：

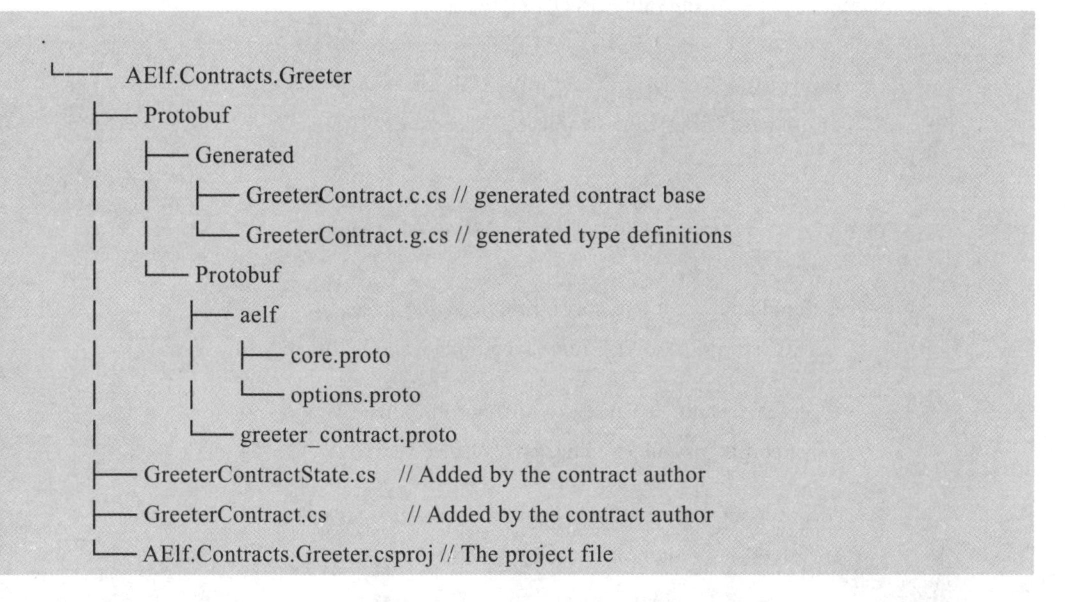

```
.
└─── AElf.Contracts.Greeter
    ├── Protobuf
    │   ├── Generated
    │   │   ├── GreeterContract.c.cs // generated contract base
    │   │   └── GreeterContract.g.cs // generated type definitions
    │   └── Protobuf
    │       ├── aelf
    │       │   ├── core.proto
    │       │   └── options.proto
    │       └── greeter_contract.proto
    ├── GreeterContractState.cs    // Added by the contract author
    ├── GreeterContract.cs         // Added by the contract author
    └── AElf.Contracts.Greeter.csproj // The project file
```

在上面的文件夹结构中可以看到，Generated 文件夹包含两个生成的文件 GreeterContract.g.cs 和 GreeterContract.c.cs。第一个包含生成的 C# 类型，它们与原型中自定义类型相对应（此处为 GreetToOutput 和 GreetedList）。第二个包含与合约服务相关的 C# 类型，例如合约 GreeterContractBase 的基类（此文件还包含其他与 C# SDK 相关的生成代码，本节中未介绍）。

下面是实现智能合约业务逻辑的文件。请注意，这部分的代码不是自动生成的，需要合约开发者创建。

在编写定义并根据定义生成代码后，合约开发者应当补全代码以实现业务逻辑，这里介绍两个文件：

1）GreeterContract：业务逻辑的实际实现，它继承 Protobuf 生成的合约基类。

2）GreeterContractState：状态类，其中包含用于读取和写入状态的属性。此类继承自 C# SDK 中的 ContractState 类。

```
// contract/AElf.Contracts.GreeterContract/GreeterContract.cs

using Google.Protobuf.WellKnownTypes;

namespace AElf.Contracts.Greeter
{
```

```
    public class GreeterContract: GreeterContractContainer.GreeterContractBase
    {
        public override StringValue Greet(Empty input)
        {
            Context.LogDebug(() =>"Hello World!");
            return new StringValue {Value = "Hello World!"};
        }

        public override GreetToOutputGreetTo(StringValue input)
        {
            // Should not greet to empty string or white space.
            Assert(!string.IsNullOrWhiteSpace(input.Value), "Invalid name.");

            // State.GreetedList.Value is null if not initialized.
            var greetList = State.GreetedList.Value ?? new GreetedList();

            // Add input.Value to State.GreetedList.Value if it's new to this list.
            if (!greetList.Value.Contains(input.Value))
            {
                greetList.Value.Add(input.Value);
            }

            // Update State.GreetedList.Value by setting it's value directly.
            State.GreetedList.Value = greetList;

            Context.LogDebug(() => $"Hello {input.Value}!");

            return new GreetToOutput
            {
                GreetTime = Context.CurrentBlockTime,
                Name = input.Value.Trim()
            };
        }

        public override GreetedListGetGreetedList(Empty input)
        {
            return State.GreetedList.Value ?? new GreetedList();
        }
    }
}
```

```
// contract/AElf.Contracts.GreeterContract/GreeterContractState.cs

using AElf.Sdk.CSharp.State;

namespace AElf.Contracts.Greeter
{
    public class GreeterContractState : ContractState
    {
        public SingletonState<GreetedList>GreetedList { get; set; }
    }
}
```

通过上面这段代码可以让读者简单了解一下 GreetTo 方法。

5．断言

```
Assert(!string.IsNullOrWhiteSpace(input.Value), "Invalid name.");
```

当编写合约时，强烈建议读者检查每一个方法的输入参数。aelf 合约可以使用在基本合约类中定义的断言（Assert）方法来检查输入参数。例如，上述代码通过断言验证输入字符串不应为空或者仅由空格组成，否则将终止交易执行。

6．访问和保存状态

```
var greetList = State.GreetedList.Value ?? new GreetedList();
...
State.GreetedList.Value = greetList;
```

在合约内部的方法中，可以很容易地通过合约的 State 属性访问合约状态。这里的 State 属性指的是 GreeteredList 集合中定义的 GreeterContractState 类。另一个作用是修改状态，这是必要的，否则方法将不会对状态产生影响。

请注意，由于 GreetedList 类型封装在 SingletonState 中，因此必须使用 Value 属性访问数据（稍后会对此进行更多介绍）。

7．日志

```
Context.LogDebug(() => $"Hello {input.Value}!");
```

读者也可以在智能合约方法中记录日志。上面的示例将记录 Hello 和输入参数的值。它还会打印输出其他有用的信息，例如交易 ID 等。

下面是合约中的状态定义（指定了类的名称和类型）以及自定义类型 GreetedList：

```
service GreeterContract {
    option (aelf.csharp_state) = "AElf.Contracts.Greeter.GreeterContract State";
    ...
}

// ...

message GreetedList {
    repeated string value = 1;
}
```

aelf.csharp_state 选项允许合约开发者指定状态将位于哪个命名空间和类名称中。要实现状态类，需要从 C# SDK 中包含的 ContractState 类进行继承。

下面是之前看到的状态类：

```
using AElf.Sdk.CSharp.State;

namespace AElf.Contracts.Greeter
{
    public class GreeterContractState : ContractState
    {
        public SingletonState<GreetedList>GreetedList { get; set; }
    }
}
```

该状态使用自定义的 GreetedList 类型，该类型是在构建时根据 ProtoBuf 定义生成的，并且只包含一个属性：GreetedList 类型的单例状态（SingletonState）。

SingletonState 是 C# SDK 的一部分，用于精确地表示一个值。该值可以是任何类型，包括集合类型。在这里，只希望合约存储一个列表（这里是字符串列表）。

请注意，读者必须将状态类型封装为 SingletonState 之类的类型（也可以使用诸如 MappedState 的类型），因为它们在后台实现了状态的读取和写入操作。

5.3.3 第一个合约：测试

上一小节介绍了如何添加原型定义和实现合约业务逻辑。本小节是对上一小节的扩展，主要介绍了测试部分。根据之前的 Greeter 合约，将进一步介绍以下内容：

1）如何创建测试项目？

2）如何使用 aelf Contract TestKit 进行测试？

3）如何添加测试模块、测试基础和测试用例？

aelf Contract TestKit 是专门用于测试 aelf 智能合约的测试框架。使用此框架，通过构造合约的 Stub 并使用 Stub 实例提供的方法（与合约的 Action 方法相对应）和查询（与合约的 View 方法相对应）来模拟交易的执行，并在测试用例中获取交易执行结果。

1. 创建工程

在创建项目之前，先让读者看一下有关测试的脚手架的目录结构：

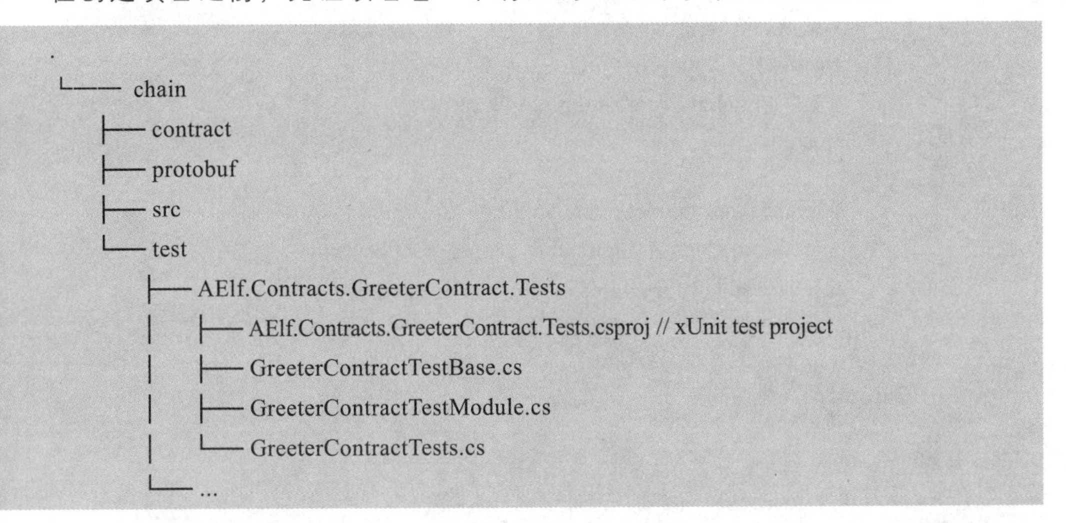

```
.
└── chain
    ├── contract
    ├── protobuf
    ├── src
    └── test
        ├── AElf.Contracts.GreeterContract.Tests
        │   ├── AElf.Contracts.GreeterContract.Tests.csproj // xUnit test project
        │   ├── GreeterContractTestBase.cs
        │   ├── GreeterContractTestModule.cs
        │   └── GreeterContractTests.cs
        └── ...
```

从上面可以看到，测试位于 test 文件夹中。每个 test 文件夹通常包含一个工程文件（.csproj）和至少三个“.cs”文件。这个工程文件是基本的 C# xUnit 测试项目文件。下面看一下这个工程文件的代码片断。

AElf.Contracts.GreeterContract.Tests.csproj:

```
<Project Sdk="Microsoft.NET.Sdk">

    <PropertyGroup>
        <!-- The same root namespace as the implementation project -->
        <RootNamespace>AElf.Contracts.GreeterContract</RootNamespace>
    </PropertyGroup>
```

```
    <ItemGroup>
        <!-- ... -->
        <PackageReference Include="xunit" Version="2.4.1" />
        <PackageReference Include="xunit.runner.console" Version="2.4.1" />
        <PackageReference Include="xunit.runner.visualstudio" Version="2.4.1" />
    </ItemGroup>

    <!-- Reference AElfTestKit -->
    <ItemGroup>
        <PackageReference Include="AElf.Contracts.TestKit" Version="0.9.0" />
    </ItemGroup>

    <ItemGroup>

        <!-- Need ACS0 for deployment-->
        <ContractStub Include="..\..\protobuf\acs0.proto">
            <Link>Protobuf\Proto\acs0.proto</Link>
        </ContractStub>

        <!-- Reference the contract proto definition -->
        <ContractStub Include="..\..\protobuf\greeter_contract.proto">
            <Link>Protobuf\Proto\greeter_contract.proto</Link>
        </ContractStub>

    </ItemGroup>

    <ItemGroup>
        <!-- Reference the contract implementation -->
        <ProjectReference Include="..\..\contract\AElf.Contracts.GreeterContract\AElf.Contracts.
GreeterContract.csproj" />
    </ItemGroup>

</Project>
```

在上述代码片段中，应注意以下几点：

1）root 命名空间对应合约实现中的根命名空间（在.csproj 中）。

2）这是一个引用了 xUnit 包的一般 C#项目。

3）它包含了对 TestKit 的引用，注意一定要使用最新的版本。

4）添加了对 ACS0（创世合约）Stub 的引用。因为在初始化测试环境时，需要部署 Greeter 合约，而这需要对 ACS0 的引用。

5）同时也需要一个对 Greeter 合约的 Stub 的引用。

模块是用于 ABP 框架对代码进行模块化管理的单元。aelf 主要遵循相同的代码原理，大多数模块仅包含最少的逻辑。

GreeterContractTestModule.cs:

```
// depend on the test module included in TestKit
[DependsOn(typeof(ContractTestModule))]
public class GreeterContractTestModule : ContractTestModule
{
    public override void ConfigureServices(ServiceConfigurationContext context)
    {
        // disable authority for deployment
        Configure<ContractOptions>(o => o.ContractDeploymentAuthority Required = false);
    }
}
```

在上述代码片段中，应注意以下几点：

1）该模块非常基础，仅取决于 TestKits 合约测试模块。

2）该模块唯一要做的就是禁用一些仅在实际运行链时才需要的合约部署检查。

2. 测试基础

测试库用于初始化测试用例中使用的变量（例如，合约 Stub 和合约地址等），并部署要测试的合约。

GreeterContractTestBase.cs:

```
public class GreeterContractTestBase : ContractTestBase<GreeterContract TestModule>
    {
        private Address GreeterContractAddress { get; set; }
        private ACS0Container.ACS0Stub ZeroContractStub { get; set; }
        internal GreeterContractContainer.GreeterContractStubGreeter ContractStub{ get; set; }

        protected GreeterContractTestBase()
        {
            InitializeContracts();
        }
```

```
        private void InitializeContracts()
        {
            ZeroContractStub = GetZeroContractStub(SampleECKeyPairs.KeyPairs.First());

            GreeterContractAddress = AsyncHelper.RunSync(() =>
                ZeroContractStub.DeploySystemSmartContract.SendAsync(
                    new SystemContractDeploymentInput
                    {
                        Category = KernelConstants.CodeCoverage RunnerCategory,
                        Code = ByteString.CopyFrom(File.ReadAllBytes (typeof(GreeterContract).
Assembly.Location)),
                        Name= Name = Hash.FromString("AElf.Contract Names.GreeterContract"),
                        TransactionMethodCallList = new System ContractDeploymentInput.
Types.SystemTransactionMethodCallList()
                    })).Output;

            GreeterContractStub = GetGreeterContractStub(SampleECKeyPairs.KeyPairs.First());
        }

        private ACS0Container.ACS0Stub GetZeroContractStub(ECKey PairkeyPair)
        {
            return GetTester<ACS0Container.ACS0Stub>(ContractZero Address, keyPair);
        }

        private GreeterContractContainer.GreeterContractStub GetGreeter ContractStub(ECKeyPairkeyPair
        {
            return GetTester<GreeterContractContainer.GreeterContractStub>(GreeterContractAddress,
keyPair);
        }
    }
```

3. 测试文件

为简单起见，测试类仅需要从测试库继承即可。然后创建所需的测试用例。

GreeterContractTests.cs

```
public class GreeterContractTests : GreeterContractTestBase
{
    // declare the method as a xUnit test method
    [Fact]
```

```
    public async Task GreetTest()
    {
        // Use the contracts stub to call the 'Greet' method and get a reference to
        // the transaction result.
        var txResult = await GreeterContractStub.Greet.SendAsync(new Empty());

        // check that the transaction was mined
        txResult.TransactionResult.Status.ShouldBe(TransactionResultStatus.Mined);

        // parse the result (return from the contract)
        var text = StringValue.Parser.ParseFrom(txResult.TransactionResult. ReturnValue);

        // check that the value is correct
        text.Value.ShouldBe("Hello World!");
    }

    // ...
}
```

在上述代码片段中，应注意以下几点：

1）测试用例是经典的 xUnit 测试类。

2）可以通过合约的 Stub 调用合约方法并检查返回值。

5.3.4　第一个合约：部署

通过上一小节内容读者已经了解了如何为一个合约添加测试。接下来将介绍如何将合约添加到部署机制中，以便能够与外部合约进行互动。

1．增加索引

在 AElf.builerplate.Mainchain 中，需要将实现合约的项目关联在对应的 proto 文件中。具体代码如下。

AElf.Boilerplate.Mainchain.csproj：

```
<ProjectReference Include = "..\..\contract\AElf.Contracts.GreeterContract\ AElf.Contracts.Greeter
Contract.csproj">
    <ReferenceOutputAssembly>false</ReferenceOutputAssembly>
    <OutputItemType>Contract</OutputItemType>
    <CopyToOutputDirectory>PreserveNewest</CopyToOutputDirectory>
</ProjectReference>
```

```
...
<ContractStub Include="..\..\protobuf\greeter_contract.proto">
    <Link>Protobuf\Proto\greeter_contract.proto</Link>
</ContractStub>
```

AElf.Boilerplate.Launcher.csproj：

```
<ProjectReference Include = "..\..\contract\AElf.Contracts.GreeterContract\AElf.Contracts.Greeter
Contract.csproj">
    <ReferenceOutputAssembly>false</ReferenceOutputAssembly>
    <OutputItemType>Contract</OutputItemType>
    <CopyToOutputDirectory>PreserveNewest</CopyToOutputDirectory>
</ProjectReference>
```

2．增加 DTO Provider

创建一个 C#分部类，用来添加创世智能合约。

GenesisSmartContractDtoProvider_Greeter.cs：

```
public partial class GenesisSmartContractDtoProvider
{
    public IEnumerable<GenesisSmartContractDto> GetGenesisSmartContract DtosForGreeter()
    {
        var dto = new List<GenesisSmartContractDto>();
        dto.AddGenesisSmartContract(
            _codes.Single(kv => kv.Key.Contains("Greeter")).Value,
            Hash.FromString("AElf.ContractNames.Greeter"),new System ContractDeploymentInput.
Types.SystemTransactionMethodCallList());
        return dto;
    }
}
```

GenesisSmartContractDtoProvider.cs：

```
public partial class GenesisSmartContractDtoProvider : IgenesisSmart ContractDtoProvider
{
    // ...

    public IEnumerable<GenesisSmartContractDto> GetGenesisSmart ContractDtos(Address zero
ContractAddress)
    {
        // The order matters !!!
```

```
            return new[]
            {
                GetGenesisSmartContractDtosForVote(zeroContractAddress),
                GetGenesisSmartContractDtosForProfit(zeroContractAddress),
                GetGenesisSmartContractDtosForElection(zeroContractAddress),
                GetGenesisSmartContractDtosForToken(zeroContractAddress),
                // ...
                // Add the call to the previously defined method
                GetGenesisSmartContractDtosForGreeter()
            }.SelectMany(x => x);
        }
    }
```

增加上述元素后，脚手架会在节点启动的时候将智能合约部署好。读者可以通过命令行/终端调用如下的脚手架节点 API：

```
aelf-command get-chain-status
? Enter the the URI of an AElf node: http://127.0.0.1:1235
✔ Succeed
{
  "ChainId": "AELF",
  "Branches": {
    "6032b553ec9a5c81713cf8410f426dfc1ca0f43e64d56f527fc7a9c60b90e694":3073
  },
  "NotLinkedBlocks": {},
  "LongestChainHeight": 3073,
  "LongestChainHash": "6032b553ec9a5c81713cf8410f426dfc1ca0f43e64d56 f527fc7a9c60b90e694",
  "GenesisBlockHash": "c3bddca1909ebf37b95be7f26b990e07916790913e0f48 da1a831b3c777d59ff",
  "GenesisContractAddress": "2gaQh4uxg6tzyH1ADLoDxvHA14FmpzEiMqs Q6sDG5iHT8cmjp8",
  "LastIrreversibleBlockHash":
"85fee024d156de3be665c296c567423026e0e3369ad7dc5ee81dbb2a15dfe2f2",
  "LastIrreversibleBlockHeight": 3042,
  "BestChainHash": "6032b553ec9a5c81713cf8410f426dfc1ca0f43e64d56 f527fc7a9c60b90e694",
  "BestChainHeight": 3073
}
```

这些工作为后续合约测试，包括 DApp 分布式应用测试提供了支撑。

5.3.5　第一个合约：前端

前面内容讲述了如何使用脚手架进行智能合约的开发、测试和部署，但这些仅是智能合约实现方式的子集，并不是唯一路径。

本小节将讲述如何使用 JavaScript 开发一个轻量级的前端，以及演示如何与通过脚手架开发的合约进行交互。

脚手架顶层包括两个目录：

1）chain：用来开发合约。

2）web：用来开发前端。

web 目录包含了一些能够用作样例的项目，下面将讲述与前文开发的 Greeter 合约进行交互的开发过程。

1. 运行节点

首先要运行脚手架及其内部节点，运行节点将自动地部署 Greeter 合约。打开一个命令行/终端，进入脚手架根目录并运行项目：

```
cd chain/src/AElf.Boilerplate.Launcher
```

接下来运行节点：

```
dotnet run bin/Debug/netcoreapp3.1/AElf.Launcher.dll
```

此时将显示项目构建与最终运行的一些日志。

2. 运行前端

打开另一个终端，进入 greeter 项目版本库根目录：

```
cd web/greeter
```

此时能够安装并运行前端项目：

```
npm i
npm start
```

接下来，系统默认的浏览器将被 webpack 打开。

3. 前端节点源代码说明

本书给出的前端节点例程源代码直接调用并依赖了 aelf-js-sdk 及 webpack，更多信息可参考链接 https://github.com/AElfProject/aelf-sdk.js。需要注意的是：以下源代码不适合用于生产环境，仅用于开发演示。

例程主要涉及 SDK 的以下能力：

1）获取链的状态。

2）获取合约对象。

3）调用合约方法。

4）调用视图方法。

4．获取链的状态

以下例程代码展示了如何通过节点 API 获取链的运行状态（关于节点 API 请参考本书其他章节中的系统描述）：

```
aelf.chain.getChainStatus()
    .then(res => {
        if (!res) {
            throw new Error('Error occurred when getting chain status');
        }
        // use the chain status
    })
    .catch(err => {
        console.log(err);
});
```

链的信息对于获取创世合约非常有用。

5．获取合约对象

以下例程代码展示了如何通过 JS-SDK 获取合约对象：

```
async function getContract(name, walletInstance) {

    // if not loaded, load the genesis
    if (!genesisContract) {
        const chainStatus = await aelf.chain.getChainStatus();
        if (!chainStatus) {
            throw new Error('Error occurred when getting chain status');
        }
        genesisContract = await aelf.chain.contractAt(chainStatus.GenesisContract Address,
walletInstance);
    }

    // if the contract is not already loaded, get it by name.
    if (!contract[name]) {
```

```
            const address = await genesisContract.GetContractAddressBy Name.call(sha256(name));
            contract = {
                ...contract,
                [name]: await aelf.chain.contractAt(address, walletInstance)
            };
        }
        return contract[name];
    }
```

通过上述代码，发现通过以下逻辑步骤能够帮助读者构建一个合约对象：

1）使用 getChainStatus 方法获取创世合约地址。

2）使用 contractAt 函数构建一个创世合约的实例。

3）使用创世合约通过调用 getContractAddressByName 函数获取 Greeter 合约的地址。

4）再次用获取的地址调用 contractAt 函数以获取 Greeter 合约对象。

一旦获取了 Greeter 合约的索引，就可以进一步调用合约函数了。

6. 调用合约方法

以下例程代码展示了如何获取合约实例：

```
    greetToButton.onclick = () => {

        getContract('AElf.ContractNames.Greeter', wallet)
            .then(greeterContract =>greeterContract.GreetTo({
                value: "SomeName"
            }))
            .then(tx =>pollMining(tx.TransactionId))
            .then(ret => {
                greetToResponse.innerHTML = ret.ReadableReturnValue;
            })
            .catch(err => {
                console.log(err);
            });
};
```

此处通过 getContract 函数获取了 Greeter 合约实例。在该实例中调用 GreetTo 方法将会给节点发送一个交易；pollMining 函数是一个帮助函数，能够等待该交易被矿工确认；矿工确认该交易后通过调用 ReadableReturnValue 函数获取交易执行结果。

7. 调用视图方法

以下例程代码展示了如何在合约上调用视图方法：

```
getGreeted.onclick = () => {
        getContract('AElf.ContractNames.Greeter', wallet)
            .then(greeterContract =>greeterContract.GetGreetedList.call())
            .then(ret => {
                greeted.innerHTML = JSON.stringify(ret, null, 2);
            })
            .catch(err => {
                console.log(err);
            });
    };
```

此处通过 getContract 函数获取了 Greeter 合约实例。在该实例中调用添加了“.call”后缀的 GetGreetedList 方法能够获得一个预期的只读的执行结果（包含未广播的交易）。

本节上述内容展示了一个基于脚手架实现的端到端的 DApp 分布式应用项目例程，后文将给出围绕合约执行的较深维度的描述。

5.3.6 合约上下文

本节将介绍一些能够用于帮助智能合约开发者实现通用应用场景的合约功能。

当合约执行时，交易触发器的逻辑中也包含了内部智能合约。智能合约的执行通常以独立环境中的沙盒模式（Sand Box Model）进行，但合约执行涉及的部分属性同样能够被智能合约开发者通过合约执行上下文（Execution Context）访问到。

在前文用于引导开发者起步的例子中，很重要的一点就是开发者对于交易执行模型的了解，这将在很大程度上帮助读者理解本节涉及的一些概念。我们先回顾一下 aelf 中的一个交易的“简化版”定义：

```
message Transaction {
    Address from;          // the address of the signer
    Address to;            // the address of the target contract
    string method_name;    // the method to execute
```

```
    bytes params;           // the parameters to pass to the method
    bytes signature;        // the signature of this transaction (by the Sender)
}
```

当用户向节点发送一个交易时，在正常情况下，该交易最终将被打包到一个区块中。当区块被确认时，区块内的交易将依次被执行。

每个交易都能生成数个内联交易（Inline Transaction），本节后文将深入介绍。当区块内的交易被依次执行时，这些内联交易会紧接着被创建。例如，设想以下场景：一个区块包含两个交易 tx1 和 tx2，且 tx1 包含两个内联调用。在这个场景下，交易的调用顺序如下：

```
1.execute tx1
2.- Execute first Inline
3.- Execute second Inline
4.execute tx2
```

接下来，将要描述的合约执行上下文中各种参数的变化都将基于读者对上述调用步骤的理解而展开。

1. Origin、Self 和 Sender 概念

合约执行上下文包括以下三个重要概念：

（1）Origin

Origin 是交易被执行时交易发送方（即签名方）的地址，其数据类型是 ael中的 Address 类型。该属性与交易的 From 字段相关，该变量永远不会变化（即使调用内联交易时）。这意味着，在合约开发中访问该属性时，该属性的值为对应交易的创建者实体，无论该交易是实体直接发起的或通过合约内联调用的。

（2）Self

Self 是合约当前被执行的地址，该属性会随每个不同的交易或内联交易而变化。

（3）Sender

Sender 是发布/广播该交易的地址，如果交易的执行没有产生任何内联交易，则该属性始终相同。但是，如果合约调用了另一个内联交易，那么该属性的值会与新的被调用的合约一致。

因此，使用 aelf 框架中已定义的以下属性值能够获取合约执行上下文信息：

```
Context.Origin
```

```
Context.Sender
Context.Self
```

2. 一些有用的属性

以下合约的执行上下文属性可能会对合约开发者的工作提供支撑：

（1）transactionID

transactionID 是当前正在被执行的交易的 ID，需要注意内联交易有其独立的 ID。

（2）chainID

chainID 是当前所在区块链的 ID，该属性能够被用于跨链场景下的合约交易中。

（3）current height

current height 是当前正在执行的交易的区块高度。

（4）current block time

current block time 是当前正在执行的交易所在的区块头中记录的时戳。

（5）previous block hash

previous block hash 是当前正在执行的交易所在的区块的前一区块哈希。

3. 一些有用的方法

（1）日志与事件方法

Fire 日志事件：该日志能够在交易执行后的结果中被更新。

```
public override Empty Vote(VoteMinerInput input)
{
    // for example the election system contract will fire a 'voted' event
    // when a user calls vote.
    Context.Fire(new Voted
    {
        VoteId = input.VoteId,
        VotingItemId = votingRecord.VotingItemId,
        Voter = votingRecord.Voter,
        ...
    });
}
```

应用日志，当编写合约时能够用于记录应用程序执行细节并生成日志文件以支撑开发调试。需要注意的是这些日志仅在节点以 debug 模式执行交易时可见。

```
private Hash AssertValidNewVotingItem(VotingRegisterInput input)
{
    // this is a method in the voting contract that will log to the applications log file
    // when a 'voting item' is created.
    Context.LogDebug(() => $"Voting item created by {Context.Sender}: {votingItemId.ToHex()}");
    // ...
}
```

（2）获取合约地址方法

该方法可用于获取系统合约的地址，代码如下：

```
public override Empty AddBeneficiary(AddBeneficiaryInput input)
    {
        // In the profit contract, when adding a 'beneficiary', the method will get the address of the
token holder
        // contract from its name, to perform an assert.

Assert(Context.Sender == Context.GetContractAddressByName(SmartContract Constants.Token
HolderContractSystemName),
        "Only manager can add beneficiary.");
    }
```

（3）公钥复原方法

复原公钥能够用于获取交易 Sender 的公钥信息，代码如下：

```
public override Empty Vote(VoteMinerInput input)
{
    // for example the election system contract will use the public key of the sender
    // to keep track of votes.
    var recoveredPublicKey = Context.RecoverPublicKey();
}
```

此外，合约执行上下文也暴露出了发布内联交易的功能，后文将阐述更多关于生成内联调用的策略。

5.3.7 内联合约调用

合约间的内联调用有两个重要内涵：获取外部合约状态；创建内联交易。因而，当原始交易被执行，新建内联交易的执行紧随其后。

内联合约调用能够以下述两种方式运行：

1）使用交易执行上下文。

2）在合约中增加一个合约索引状态（Contract Reference State），并使用 CSharpSmartContract.State 调用相关方法。

1. 使用交易执行上下文

（1）查询其他合约的状态

以下例程代码展示了在任意一个智能合约开发中，如何调用 Election 合约提供的 GetCandidate 方法，并将返回值直接输出到当前开发代码的 Context 上下文属性中：

```
using AElf.Sdk.CSharp;
using AElf.Contracts.Election;
...
// your contract code needs the candidates
var electionContractAddress =
    Context.GetContractAddressByName(SmartContractConstants.Election ContractSystemName);

// call the method
var candidates = Context.Call<PubkeyList>(electionContractAddress, "GetCandidates", new Empty());

// use **candidates** to do other stuff...
```

在编写上述代码前需要了解的是：因本代码索引了最初在 Election 合约中被定义的 PubkeyList 类型（定义该类型的文件是一个 Proto 原型文件，在本例中该文件是 election_contract.proto），所以至少需要将该文件作为已定义信息索引到目前开发的智能合约项目中。可在项目 csproj 文件中增加以下内容：

```
<ItemGroup>
        <ContractMessage Include="..\..\protobuf\election_contract.proto">
            <Link>Protobuf\Proto\reference\election_contract.proto</Link>
        </ContractMessage>
</ItemGroup>
```

代码中 ContractMessage 标签意味着需要将一些已定义的信息索引到本项目特定的 Proto 文件中。同时作为开发者需要了解 Call 方法需要以下三个参数：

1）address：希望执行交互的外部合约地址。

2）methodName：希望调用的外部合约提供的方法。

3）message：希望调用的外部合约方法用到的参数。

同时，Election 合约是一个已部署到 aelf 区块链起步阶段的系统合约，开发者能够通过上下文属性直接获取其地址。如果希望调用被其他用户开发的合约，可能需要以其他形式获取对应合约的地址（如在代码中硬编码）。

（2）发布一个内联交易

假设读者希望从所编写的合约中流转一定数量的数字资产，一个必要的内联交易发送合约为 MultiToken 合约，该交易需要被执行的外部合约方法为 Transfer。代码如下。

```
var tokenContractAddress = Context.GetContractAddressByName(Smart ContractConstants.Token ContractSystemName);
Context.SendInline(tokenContractAddress, "Transfer", new TransferInput
{
    To = /* The address you wanna transfer to*/,
    Symbol = Context.Variables.NativeSymbol,// You will get "ELF" if this contract is deployed in AElf main chain.
    Amount = 100_000_00000000,// 100000 ELF tokens.
    Memo = "Gift."// Optional
});
```

再次强调，因为需要索引被 MultiToken 合约定义的 Proto 文件，因此需要增加以下信息到合约项目的 csproj 文件中：

```
<ItemGroup>
        <ContractMessage Include="..\..\protobuf\token_contract.proto">
            <Link>Protobuf\Proto\reference\token_contract.proto</Link>
        </ContractMessage>
</ItemGroup>
```

据此，该内联合约才能紧随原始合约的执行而执行。

2. 使用合约索引状态

使用合约索引状态与其他合约交互在一定程度上比使用交易执行上下文要方便一些，其调用步骤概要说明如下：

1）为合约增加关联的 proto 文件定义，该文件与希望调用并发布的内联交易相关，并重新构建合约项目（可能需要修改 MSBUILD 标签名）。

2）增加一个名为 XXXContractReferenceState 的内部属性类型定义类，以表示被交互合约的索引状态。

3）在上一步骤增加的类型定义类中增加 value 属性用于存储合约地址。

下面的例程代码中实现了该业务逻辑：检查当前合约中名为 ELF 的数字资产余额，当余额高于 100000 时，向 AEDPoS 合约请求一个随机数。

首先向 Proto 文件中增加 MultiToken 合约与 acs6.proto 文件索引（后者用于生成随机数）。

```
<ItemGroup>
    <ContractReference Include="..\..\protobuf\acs6.proto">
        <Link>Protobuf\Proto\reference\acs6.proto</Link>
    </ContractReference>
    <ContractReference Include="..\..\protobuf\token_contract.proto">
        <Link>Protobuf\Proto\reference\token_contract.proto</Link>
    </ContractReference>
</ItemGroup>
```

重新构建合约项目后，能够发现以下文件在 Proto/Generated 目录中生成：

1）acs6.c.cs。

2）acs6.g.cs。

3）TokenContract.c.cs。

4）TokenContract.g.cs。

也许有些读者已经猜到，需要用到的实体已经在这些文件中被定义好了。

下面定义了两个合约索引状态：一个用于数字资产合约，另一个用于随机数生成器合约。

```
using AElf.Contracts.MultiToken;
using Acs6;
...
// Define these properties in the State file of current contract.
internal TokenContractContainer.TokenContractReferenceState TokenContract { get; set; }
internal RandomNumberProviderContractContainer.RandomNumberProviderContractReferenceState
ACS6Contract { get; set }
```

此后，通过调用 XXXContractReferenceState 实例获取合约状态将变得非常轻松，例程代码如下：

```
// Set the Contract Reference States address before using it (again here, we already have the system
addresses for the token and ac6 contracts).
if (State.TokenContract.Value == null)
```

```
{
    State.TokenContract.Value =
        Context.GetContractAddressByName(SmartContractConstants.TokenContractSystemName);
}
if (State.ACS6Contract.Value == null)
{
    // This means we use the random number generation service provided by `AEDPoS Contract`.
    State.ACS6Contract.Value =
        Context.GetContractAddressByName(SmartContractConstants.ConsensusContractSystemName);
}

// Use `Call` method to query states from multi-token contract.
var balance = State.TokenContract.GetBalance.Call(new GetBalanceInput
{
    Owner = Context.Self,// The address of current contract.
    Symbol = "ELF"// Also, you can use Context.Variables.NativeSymbol if this contract wi
deployed in AElf main chain.
});
if (balance.Balance > 100_000)
{
    // Use `Send` method to generate an inline transaction.
    State.ACS6Contract.RequestRandomNumber.Send(new RequestRandom NumberInput());
}
```

进而，读者会发现通过合约索引状态调用外部方法的代码将变得非常简单，大致如 State.Contract.method.Call(input)。

5.4 aelf 合约标准（ACS）：多业务域资源隔离

首先需要简单介绍一下接口隔离原则（Interface Segregation Principle）。接口隔离原则可以简化为以下定义：client 不应该依赖它不需要的接口；一个类对另一个类的依赖应该建立在最小的接口上。这其中隐含了三层意思：

1）一个类对另一个类的依赖应该建立在最小的接口上。

2）一个接口代表一个角色，不应该将不同的角色都交给一个接口，因为这样可能会形成一个臃肿的大接口。

3）不应该强迫 client 依赖它们从来不用的方法。

使用接口隔离原则，可以设计一个短而小的接口和类，符合我们常说的高聚低耦合的设计思想，从而使得类具有很好的可读性、可扩展性和可维护性。关于接口隔离原则，笔者就不做进一步展开的讨论了，感兴趣的读者可以自行查阅资料做深入的了解。在这里想要提醒读者的是，保持对设计模式探讨的热情是一件非常有益的事情。

基于接口隔离的原则，笔者推荐在编写 aelf 智能合约时，采用多重继承（Multiple Inheritance）的方法。在 aelf 中，智能合约可以继承一个或多个 ACS（AELF Contract Standard，即 AELF 合约标准）。ACS 是 aelf 中定义的一些与区块操作相关的最小基本接口，借助 ACS 编写智能合约可以实现更快的编写效率与更高的可重用性，以及更好的可读性。要实现一个 ACS，合约必须指定这个 ACS 作为基础，例如：

```
import "acs1.proto";

service EconomicContract {

    option (aelf.base) = "acs1.proto";

    // Actions, views...

}
```

这样做时，可以在 C# 的合约中 override（实现）ACS 的方法。接下来会介绍一些常见的 ACS。

5.4.1　ACS0：创世合约

描述：部署 ACS0，更新和维护其他合约。这是通过 aelf 的创世合约（BasicContractZero）实现的。

```
rpc DeploySmartContract (ContractDeploymentInput) returns (aelf.Address) { }
rpc UpdateSmartContract (ContractUpdateInput) returns (aelf.Address) { }
rpc ChangeContractAuthor (ChangeContractAuthorInput) returns (google. protobuf.Empty { }
    ...
```

正如读者所见，它主要用于管理智能合约。ACS0 定义了部署合约、升级合约和转移合约所有者的方法。ACS0 非常重要，一般来说，任意一条基于 aelf 的链都需要实现 ACS0，否则这条链上不能部署合约，没有任何实际功能。通常 ACS0 实现在区块链的创世块中，用于创建管理其他合约，因此又被称为 0 号合约（Contract Zero）、创世合约等。

5.4.2 ACS1：手续费信息

描述：智能合约使用此方法设置和提供手续费信息。aelf 中的大多数创世合约都以此为基础。

```
rpc SetMethodFee (MethodFees) returns (google.protobuf.Empty) { }
rpc GetMethodFee (google.protobuf.StringValue) returns (MethodFees) { }
```

ACS1 对经济系统是必需的。它定义了收取手续费的方法，分别是设置手续费和获取手续费。GetMethodFee 这个方法将在执行相关交易前生效。通常来说，任何公链或者联盟链上的 aelf 合约都需要实现 ACS1。手续费是经济系统的根基之一，除此之外，它还承担着抵抗拒绝服务攻击的角色，因此即使在没有经济系统的小型联盟链上，也应当实现 ACS1 以抵抗可能的拒绝服务攻击。

5.4.3 ACS2：并行资源信息

描述：智能合约使用此方法提供并行执行的相关信息。

```
rpc GetResourceInfo (aelf.Transaction) returns (ResourceInfo) { }
```

在之前的小节中提到，aelf 的合约执行器可以对合约进行并行执行。某些执行器的实现依赖于并行资源信息，执行器需要通过 ACS2 知晓某个合约的资源竞争情况，才能并行执行这个合约。

具体来说，通过 ACS2 向执行器提供资源并行、数据竞争的相关信息，执行器将同一个合约的不存在资源竞争的交易进行分组，对分组进行并行执行。默认情况下，如果合约没有实现 ACS2，出于安全考虑，执行器会认为这个合约的全部资源都存在竞争，该合约的所有交易将被划分到同一组内进行串行执行。

如果编写的是一个小型的、不会被频繁调用的合约，可以暂时忽略 ACS2。但如果想要开发一个大型的、许多用户同时调用的合约，例如一个火爆的 DApp，则强烈推荐读者实现 ACS2，以提高合约性能与用户体验。

5.4.4 ACS3：提案与审批

描述：ACS3 提供了提案与审批的相关功能。通过 ACS3，合约可以实现多重签名算法。

```
rpc CreateProposal (CreateProposalInput) returns (aelf.Hash) { }
rpc Approve (ApproveInput) returns (google.protobuf.BoolValue) { }
rpc Release(aelf.Hash) returns (google.protobuf.Empty){ }
rpc GetProposal(aelf.Hash) returns (ProposalOutput) { }
```

上述代码片段中可以看到，该标准定义了创建、审批和发布功能。在 aelf 公链中，有三个合约实现了这个功能，即全体投票、协会和议会合约。这三个合约实现了 aelf 公链的社区治理，通过社区治理决定了 aelf 公链的发展方向。ACS3 的应用场景主要在于分布式治理，如果要基于 aelf 开发一条联盟链，尤其要注意对 ACS3 的使用。

5.4.5 ACS4：共识机制

描述：任何需要定制一条新链或实现一种新的共识机制，可以使用 ACS4。

```
rpc GetConsensusCommand (google.protobuf.BytesValue) returns (Consensus Command) { }
rpc GetConsensusExtraData (google.protobuf.BytesValue) returns (google.protobuf.BytesValue) { }
rpc GenerateConsensusTransactions (google.protobuf.BytesValue) returns (TransactionList) { }
rpc ValidateConsensusBeforeExecution (google.protobuf.BytesValue) returns (ValidationResult) { }
rpc ValidateConsensusAfterExecution (google.protobuf.BytesValue) returns (ValidationResult) { }
```

目前只有 aelf 的 AEDPoSContract 实现了这个接口。如果一个系统可以将合约地址绑定到 ConsensusContractSystemName（在 Contract Zero 中），那么合约中的共识将会成为这个系统的共识机制。

aelf 系统与其他区块链系统的一个重要区别是：在 aelf 中，共识机制也是由智能合约定义的。这样做带来的好处是可以通过提案/投票等社区治理的方式升级合约，从而修改链的共识机制，所有的操作在区块链上就可以完成，整个升级过程平滑、无感知，不会产生硬分叉风险。而以太坊等其他许多区块链系统的共识机制定义在节点代码中，升级共识机制需要全网节点同时更换区块链节点软件，其实质上属于硬分叉。

ACS4 定义了共识机制所需的各种方法，具有较强的通用性，可兼容目前市面上所有常见的共识机制。如果在自己的侧链或者联盟链中，不希望使用 DPoS 共识机制，可以自行实现这些定义，采用不同的机制——例如 PoW 或 PoA。在创世合约（Contract Zero）中重新实现 ACS4，即可在这条链上使用自己的共识机制。

5.4.6 ACS5：方法调用阈值

描述：通过这个接口，一个合约可以检查其他方调用自己的阈值，即发送者对该合约设置的余额或授权额。

```
rpc SetMethodCallingThreshold (SetMethodCallingThresholdInput) returns (google.protobuf.Empty) { }
rpc GetMethodCallingThreshold (google.protobuf.StringValue) returns (MethodCallingThreshold) { }
```

ACS5 进一步地丰富了 aelf 的生态系统。通过 ACS5 可以扩展更多的手续费模型。

5.4.7 ACS6：随机数生成器

描述：ACS6 旨在提供两个标准接口来请求和获取随机数。尽管其他解决方案也可以通过这两个接口提供服务，但该方案通过 commit-reveal 提供随机数的生成与验证。目前，aelf 中只有 AEDPoSContract 实现了这个接口。

```
rpc RequestRandomNumber (google.protobuf.Empty) returns (Random NumberOrder) { }
rpc GetRandomNumber (aelf.Hash) returns (aelf.Hash) { }
```

在 commit-reveal 中，用户需要提供一个最小块高度调用 RequestRandom NumberInput 方法，以启用对随机数的获取。之后，实现 ACS6 的合约需要返回：

1）一个哈希令牌，用于获取随机数。

2）一个协商高度，用于启用查询。

当区块链到达了这个高度，用户可以使用哈希令牌，调用 GetRandomNumber 方法获取随机数。

AEDPoSContract 是 ACS6 的一个实现，展示了 commit-reveal 的工作方式。关于 commit-reveal 算法的更多细节，可自行查阅相关资料。

在此希望重点介绍的是 ACS6 的应用场景。比特币或以太坊的传统随机数获取方式，获得的是弱随机数，该随机数可能被矿工团体操纵。而基于 commit-reveal 的 ACS6，从算法上避免了对出块节点的操纵，获得的随机数有更强的安全性与公平性。

5.4.8 ACS7：跨链

描述：ACS7 定义了合约跨链的方法，具体来说是跨链数据索引的功能。

前在 aelf 的 CrossChainContract 中使用。

```
rpc RecordCrossChainData (CrossChainBlockData) returns (google.protobuf. Empty) { }
rpc CreateSideChain (SideChainCreationRequest) returns (aelf.SInt32Value) { }
rpc Recharge (RechargeInput) returns (google.protobuf.Empty) { }
rpc DisposeSideChain (aelf.SInt32Value) returns (aelf.SInt64Value) { }
```

跨链的 ACS7 通常用来管理侧链。通过 ACS7，可以打通主侧链之间交易的有效性验证。

5.4.9　ACS8：合约费用

描述：如果一个合约选择继承 ACS8，则所有调用该合约的交易，都会花费这个合约自身拥有的资源代币。

```
rpc BuyResourceToken (BuyResourceTokenInput) returns (google.protobuf. Empty) { }
```

该方法同样扩展了 aelf 中合约的手续费模型。具体来说，通常一个合约的调用者需要支付系统手续费，而如果一个合约实现了 ACS8，则对该合约的调用产生的手续费由这个合约支付。

下面介绍一下 ACS8 所适用的用户场景。在 EOS 这类区块链系统中，用户调用合约时需要支付 CPU、RAM 等多种资源代币。这对区块链用户来说，特别是入门的 DApp 用户，是十分不友好的，他需要学习账户、地址等概念，还要分别购买多种资源代币，才能够使用这个 DApp。

而在 aelf 中，DApp 开发者可以发行一种隶属于该合约的单一代币，并在合约中实现 ACS8。当用户调用这个合约时，只需要向合约支付一定的合约代币，而由合约本身向系统支付各类资源代币。这样，DApp 的用户，只需要购买该合约的单一代币，即可使用 DApp，不需要经历复杂的学习过程，大大提升了入门用户的体验。

5.5　C# 合约 SDK

本节将介绍使用 C# 语言的合约开发 SDK。SDK 提供了使用 C# 开发合约所需的基本组件。它暴露了 C# 合约的基类，使合约能够与节点和交易执行环境进行交互。

5.5.1　CSharpSmartContractContext

CSharpSmartContractContext 这个类提供了智能合约中的交易执行上下文。

智能合约的基本类（Context 属性）中存在此类的实例。本章中链交互的小节已经提及了上下文的有关内容，现在对 C# 语言 SDK 中这个类实现做具体介绍。

首先介绍这个类中的属性。

（1）StateProvider

```
public IstateProvider StateProvider
```

提供对底层状态的访问。

（2）ChainId

```
public int ChainId
```

执行当前合约的那条链的链 ID。

（3）TransactionId

```
public Hash TransactionId
```

当前正在执行的那条交易的交易 ID。

（4）Sender

```
public Address Sender
```

当前正在执行的那条交易的发送者。

（5）Self

```
public Address Self
```

当前正在执行的合约的地址。

（6）Origin

```
public Address Origin
```

正在执行的交易的发送者（签名者）的地址。它是 aelf 地址，它对应于事务的"发件人"字段。即使嵌套内联调用，此值也不会改变。这意味着，在合约中访问此属性时，其值将是创建交易的实体（通过内联调用的用户合约或智能合约）。

（7）CurrentHeight

```
public long CurrentHeight
```

当前正在执行交易的区块的块高度。

（8）CurrentBlockTime

```
public Timestamp CurrentBlockTime
```

当前区块的区块头中的时间属性。

（9）PreviousBlockHash

```
public Hash PreviousBlockHash
```

当前区块的上一个区块的哈希。

（10）Variables

```
public ContextVariableDictionary Variables
```

提供对桥中的变量的访问。

下面介绍这个类中的方法。

（1）LogDebug

```
public void LogDebug(Func<string>func)
```

应用日志。当开发智能合约时，能够记录一些关键信息以简化调试。请注意，只有在调试模式下，这些日志才是可见的。

（2）FireLogEvent

```
public void FireLogEvent(LogEvent logEvent)
```

这个方法用于生成执行后保存在交易结果里的那些日志。

（3）RecoverPublicKey

```
public byte[] RecoverPublicKey()
```

恢复交易发送人的公钥。

（4）GetPreviousBlockTransactions

```
public List<Transaction> GetPreviousBlockTransactions()
```

返回包含在上一个区块中的交易。

（5）VerifySignature

```
public bool VerifySignature(Transaction tx)
```

检查交易签名的合法性。

（6）Call T

```
public T Call<T>(Address address, string methodName, ByteString args) where T : IMessage<T>,
ew()
```

调用另一个合约中的方法。这个方法需要三个参数：

1）address：需要调用的合约的地址。

2）methodName：需要调用的合约方法名。

3）args：调用方法时传递的参数。这个字段通常使用 ProtoBuf 构建。

（7）SendInline

```
public void SendInline(Address toAddress, string methodName, ByteString args)
```

向另一个合约发送一条内联交易。这个方法需要三个参数：

1）toAddress：需要调用的合约的地址。

2）methodName：需要调用的合约方法名。

3）args：调用方法时传递的参数。这个字段通常使用ProtoBuf构建。

（8）SendVirtualInline

```
public void SendVirtualInline(Hash fromVirtualAddress, Address toAddress, string methodName
ByteString args)
```

向另一个合约发送一条虚拟内联交易。这个方法需要四个参数

1）fromVirtualAddress：发送者的虚拟地址。

2）toaddress：需要调用的合约的地址。

3）methodName：需要调用的合约方法名。

4）args：调用方法时传递的参数。这个字段通常使用ProtoBuf构建。

（9）SendVirtualInlineBySystemContract

```
public void SendVirtualInlineBySystemContract(Hash fromVirtualAddress, Address toAddres
string methodName, ByteString args)
```

发送一条来自系统合约的内联交易。这个方法需要四个参数。

1）fromVirtualAddress：发送者的虚拟地址。

2）toAddress：需要调用的合约的地址。

3）methodName：需要调用的合约方法名。

4）调用方法时传递的参数。这个字数通常使用ProtoBuf构建。

（10）ConvertVirtualAddressToContractAddress

```
public Address ConvertVirtualAddressToContractAddress(Hash virtualAddress)
```

将一个虚拟地址转换为合约地址。这个方法需要一个参数。

VirtualAddress：将被转换的虚拟地址。

（11）ConvertVirtualAddressToContractAddressWithContractHashName

```
public Address ConvertVirtualAddressToContractAddressWithContractHash Name(Hash virtualAddres
```

借助哈希名称，将一个虚拟地址转换为合约地址。这个方法需要一个参数

VirtualAddress：将被转换的虚拟地址。

（12）GetZeroSmartContractAddress

```
public Address GetZeroSmartContractAddress()
```

这个方法会返回当前这条链的创世合约的地址。

（13）GetContractAddressByName

```
public Address GetContractAddressByName(Hash hash)
```

在一些情况下，需要使用这个方法获取一些系统合约的地址。这个方法的参数是系统合约的哈希名称。这些哈希可以很容易地通过 C# 语言 SDK 的 SmartContractConstants.cs 文件获取。

hash：合约名称的哈希。

（14）GetSystemContractNameToAddressMapping

```
public IReadOnlyDictionary<Hash, Address> GetSystemContractName ToAddressMapping()
```

获取系统合约名称与地址的映射关系。

（15）EncryptMessage

```
public byte[] EncryptMessage(byte[] receiverPublicKey, byte[] plainMessage)
```

使用给出的公钥加密一条消息。这个方法有两个参数。

1）receiverPublicKey：接收者的公钥。

2）plainMessage：未加密的原始消息。

（16）DecryptMessage

```
public byte[] DecryptMessage(byte[] senderPublicKey, byte[] cipherMessage)
```

使用给出的公钥解密一条消息。这个方法有两个参数。

1）senderPublicKey：加密这条消息的公钥

2）cipherMessage：加密后的消息密文

5.5.2 CSharpSmartContract

CSharpSmartContract 这个类表示 C# 语言编写的合约基类。从 ProtoBuf 定义生成的代码将从该类继承。

（1）StateProvider

```
public CSharpSmartContractContext Context { get; private set; }
```

表示合约中交易执行的上下文。它提供了在合约内部访问实现合约业务逻辑所需的属性和方法。

（2）State

```
public TContractState State { get; internal set; }
```

提供对状态类实例的访问。TContractState 是合约开发者定义的状态类型。

5.6 要求和限制

在 aelf 上部署智能合约，从技术角度上讲有以下几个要求和限制。

5.6.1 项目要求

需要在合约项目中，加入 IsContract 的属性。这样 aelf 框架中相关组件就会对合约进行后续的处理，以执行部署期间代码检查所需的必要注入。否则，部署会失败。

```
<PropertyGroup>
  <TargetFramework>netstandard2.0</TargetFramework>
  <RootNamespace>AElf.Contracts.MyContract</RootNamespace>
  <GeneratePackageOnBuild>true</GeneratePackageOnBuild>
  <IsContract>true</IsContract>
</PropertyGroup>
```

在调试模式和发布模式下，都需要启用 CheckForOverflowUnderflow，这样在合约发生溢出时，相关的算数运算符会引发 OverflowException。这样做可以确保在合约代码发生不可预测的溢出时，及时终止执行。笔者强烈建议读者这样做，这是无数的惨痛教训换取的宝贵经验——在区块链的历史上，以太坊智能合约发生过多次重大的安全危机，其中多数与合约中的溢出漏洞有关。

```
<PropertyGroup Condition=" '$(Configuration)' == 'Debug' ">
  <CheckForOverflowUnderflow>true</CheckForOverflowUnderflow>
</PropertyGroup>

<PropertyGroup Condition=" '$(Configuration)' == 'Release' ">
  <CheckForOverflowUnderflow>true</CheckForOverflowUnderflow>
</PropertyGroup>
```

如果合约中包含任何未经检查的算术运算符，合约部署将会失败。

5.6.2　架构限制与要求

首先是合约类的架构，需要遵守以下限制，以简化部署期间的代码检查工作。图 5-9 所示为合约架构继承关系示意图。

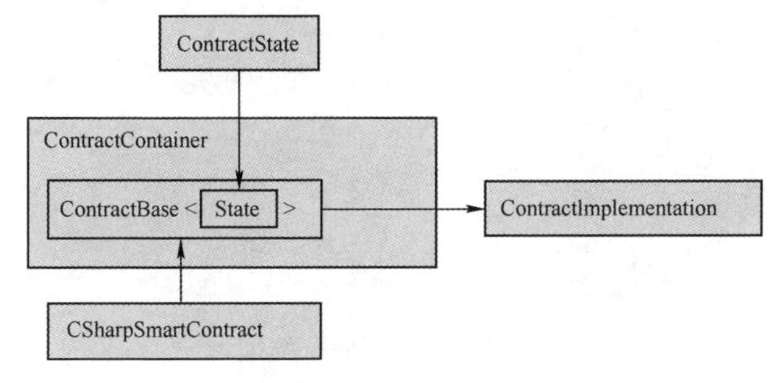

图 5-9　合约架构继承关系示意图

1）由 Contract 插件在 ContractContainer 中作为嵌套类型生成的 ContractBase 只允许 1 个继承，CSharpSmartContract 也只允许 1 个继承。如果从 ContractBase 或 CSharpSmartContract 有多个继承，则代码部署将失败。

2）ContractState 仅允许 1 个继承。与上面类似，如果从 AElf.Sdk.ContractState 有多个继承，则代码部署将失败。

3）从 ContractState 继承的类型应该是 CSharpSmartContract 通用实例类型的元素类型，否则代码部署将失败。

接下来将介绍字段的使用限制。

首先是合约的实现类。

不允许非只读，非常量字段的初始值（适用于所有静态/非静态字段）。原因很简单，它们的值将在首次执行后重置为 0 或为 null，并且其初始值将丢失。

以下代码是被允许的：

```
class MyContract : MyContractBase
{
  int test;
  static const int test = 2;
}
```

以下代码是不被允许的：

```
class MyContract : MyContractBase
```

```
{
!   int test = 2;
}

class MyContract : MyContractBase
{
  int test;

  public MyContract
  {
!     test = 2;
  }
}
```

只读/常量字段仅允许使用基本类型或以下类型之一：

1）所有的原始类型。

2）Marshaller<T>。

3）Method<T, T>。

4）MessageParser<T>。

5）FieldCodec<T>。

6）MapField<T, T>。

7）ReadonlyCollection<T> *。

8）ReadonlyDictionary<T, T> *。

* T只能使用原始类型。

接下来将介绍非合约实现类。非合约实现类指的是那些没有继承自ContractBase<T> 的类。

（1）静态字段不允许使用非只读，非常量字段的初始值。原因是：第一次执行后，它们的值将重置为0或为null，并且它们的初始值将丢失。

以下代码是被允许的：

```
class AnyClass
{
  static int test;
}
```

以下代码是不被允许的：

```
class AnyClass
```

```
{
!  static int test = 2;
}

class AnyClass
{
  static int test;

  public AnyClass
  {
!     test = 2;
  }
}
```

例外的情况：具有 FileDescriptor 类型的字段。这是通过 ProtoBuf 生成的代码，并且这些字段没有 readonly 修饰符。仅当这些字段为 FileDescriptor 类型时才允许访问，并且仅允许从声明类型的构造函数中访问这些字段。

以下代码是被允许的：

```
public class TestType
{
  private static FileDescriptor test;

  public class TestType
  {
    test = ...
  }
}
```

以下代码是不被允许的：

```
public class TestType
{
  private static FileDescriptor test;

  public TestType
  {
    test = ...
  }

!  public void SetFromSomeWhereElse(FileDescriptor input)
!  {
```

```
!     test = input;
!   }
}
```

只能在声明类型的构造函数中访问设置测试字段。

（2）只读/常量静态字段仅允许以下类型：

1）所有的原始类型。

2）Marshaller<T>。

3）Method<T, T>。

4）MessageParser<T>。

5）FieldCodec<T>。

6）MapField<T, T>。

7）ReadonlyCollection<T> *。

8）ReadonlyDictionary<T, T> *。

*T 只能使用原始类型。

例外的情况：如果类型具有与其自身相同的只读字段，则仅当该类型没有实例字段时才允许使用。这是为了支持与 Linq 相关的生成类型。

以下代码是被允许的：

```
public class TestType
{
  private static readonly TestType test;

  private static int i;
}
```

以下代码是不被允许的：

```
public class TestType
{
  private static readonly TestType test;

!   private int i;
}
```

最后讨论合约状态。在合约状态中，只有以下类型是被允许的：

（1）原始类型

1）BoolState。

2）Int32State。

3）UInt32State。

4）Int64State。

5）UInt64State。

6）StringState。

7）BytesState。

2．复合类型

1）SingletonState<T>。

2）ReadonlyState<T>。

3）MappedState<T, T>。

4）MappedState<T, T, T>。

5）MappedState<T, T, T, T>。

6）MappedState<T, T, T, T, T>。

7）MethodReference<T, T>。

8）ProtobufState<T>。

9）ContractReferenceState。

5.6.3　命名空间与类型限制

在合约部署时，会根据本节之后的白名单检查合约代码。如果合约中引用了任何不包含在白名单中的类型、方法，合约的部署将被拒绝。

表 5-3 为合约中允许的组件依赖。

表 5-3　合约中允许的组件依赖

组件	信任
netstandard.dll	部分
System.Runtime.dll	部分
System.Runtime.Extensions.dll	部分
System.Private.CoreLib.dll	部分
System.ObjectModel.dll	部分
System.Linq.dll	完整
System.Collections	完整
Google.Protobuf.dll	完整
AElf.Sdk.CSharp.dll	完整

（续）

组件	信任
AElf.Types.dll	完整
AElf.CSharp.Core.dll	完整
AElf.Cryptography.dll	完整

表 5-4 为系统命名空间（System Namespace）中类型与成员的白名单。

表 5-4　系统命名空间（System Namespace）中类型与成员的白名单

类型	成员（字段/方法）	许可
Array	AsReadOnly	允许
Func<T>	ALL	允许
Func<T,T>	ALL	允许
Func<T,T,T>	ALL	允许
Nullable<T>	ALL	允许
Environment	CurrentManagedThreadId	允许
BitConverter	GetBytes	允许
NotImplementedException	ALL	允许
NotSupportedException	ALL	允许
ArgumentOutOfRangeException	ALL	允许
DateTime	Partially	允许
DateTime	Now, UtcNow, Today	拒绝
void	ALL	允许
object	ALL	允许
Type	ALL	允许
IDisposable	ALL	允许
Convert	ALL	允许
Math	ALL	允许
bool	ALL	允许
Byte	ALL	允许
sbyte	ALL	允许
char	ALL	允许
int	ALL	允许
uint	ALL	允许
long	ALL	允许
ulong	ALL	允许
decimal	ALL	允许
string	ALL	允许
string	Constructor	拒绝
Byte[]	ALL	允许

表 5-5 为系统命名空间（System.Reflection　Namespace）中类型与成员的白

名单。

表 5-5　系统命名空间（System.Reflection　Namespace）中类型与成员的白名单

类型	成员（字段/方法）	许可
AssemblyCompanyAttribute	ALL	允许
AssemblyConfigurationAttribute	ALL	允许
AssemblyFileVersionAttribute	ALL	允许
AssemblyInformationalVersionAttribute	ALL	允许
AssemblyProductAttribute	ALL	允许
AssemblyTitleAttribute	ALL	允许

表 5-6 为其他被允许使用的白名单。

表 5-6　其他被允许使用的白名单

命名空间	类型	成员
System.Linq	ALL	ALL
System.Collections	ALL	ALL
System.Collections.Generic	ALL	ALL
System.Collections.ObjectModel	ALL	ALL
System.Globalization	CultureInfo	InvariantCulture
System.Runtime.CompilerServices	RuntimeHelpers	InitializeArray
System.Text	Encoding	UTF8, GetByteCount

表 5-7 为对数组类型的限制。

表 5-7　对数组类型的限制

类型	单位	数组长度限制
byte	By Size	40960
short	By Size	20480
int	By Size	10240
long	By Size	5120
ushort	By Size	20480
uint	By Size	10240
ulong	By Size	5120
decimal	By Size	2560
char	By Size	20480
string	By Size	320
Type	By Size	5
Object	By Size	5
FileDescriptor	By Count	10
GeneratedClrTypeInfo	By Count	100

5.6.4 其他限制

GetHashCode 方法只允许在 GetHashCode 方法内部调用。在其他方法中调用 GetHashCode 是不被允许的。这个设计允许开发人员在需要时实现自己的 GetHashCode 方法，同时还允许通过 ProtoBuf 生成消息类型。同时需要注意不允许在 GetHashCode 方法中设置任何字段。

第 6 章 aelf 跨链资源体系【高级：领域架构】

跨链交互一直是现代区块链系统追求的一个目标。跨链交互可以实现不同区块链之间的互操作性，可以解决区块链的容量与性能问题。优秀的跨链设计，有助于加速区块链在未来的应用落地与生态发展。

本章将介绍有关跨链的内容。首先会简单介绍目前常见跨链方案的原理和发展历史，包括基于比特币体系的 HTLC 方案，以太坊上的 BTC Relay 方案，Cosmos、Polkadot 等跨链系统采用的默克尔树证明方案。

本章的重点是 aelf 的跨链系统。包括理论和实践两个部分。理论部分将介绍 aelf 的跨链原理及实现方案；实践部分包括如何部署和配置带有侧链的 aelf 系统、如何配置跨链，以及如何进行跨链操作。在这其中，会穿插一些简单的例子。

6.1 跨链交互：组织级价值分配

本节将讨论区块链系统目前面临的互操作、扩展、性能、容量等问题，以及如何使用跨链的方法解决这些问题。

6.1.1 为什么需要跨链

1. 跨链技术可以实现不同区块链系统之间的去中心可信交互

在区块链发展的早期，实现不同链之间的互通就是一个强烈的需求。典型的例子就是不同数字货币之间的兑换，比如比特币兑换莱特币。早期的解决方案是采用中心化的连接中介，比如借助中心化的交易所实现不同数字货币间的兑换。之后出现了诸如 Ripple 的部分中心化网络，但核心的业务逻辑还是依赖于中心化的 gate（网关）执行。

在这个阶段，跨链互通的需求主要通过中心化的方案解决，虽然面临中心化带来的种种风险，但中心化中介从功能上基本满足了跨链交互的需求。同时也应注意到，中心化的方案是一种迫不得已的选择，面临巨大的风险，并且已经有很多人因此付出了代价，比如 2014 年造成巨大损失的 MTGOX 事件。

图 6-1 所示为传统的借助交易所跨链交互。

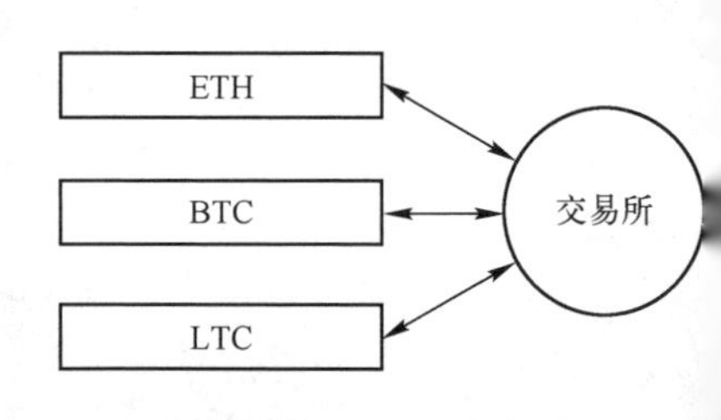

图 6-1 传统的借助交易所跨链交互

随着区块链的进一步发展，特别是智能合约的出现和应用，中心化方案从功能上也无法满足跨链交互的需求。在智能合约出现之前，区块链的应用领域主要集中在数字货币，业务范围非常单一，交易所这类中心化方案可以基本覆盖用户的需求。而在智能合约和 DApp 出现之后，跨链交互的业务范围变得非常广泛，例如跨链传递消息、跨链验证交易、跨链支付等，无法使用一个成熟的系统覆盖这些基本需求。

另一方面，智能合约和 DApp 的最重要的价值在于去中心化的自动运行核心业务逻辑，如果核心业务的执行依赖于一个不可靠的、外部的中心化系统，系统便失去了它的自洽性，智能合约和区块链的价值也会大大减少。在这个阶段，也提出了一些诸如预言机（oracle machine）、中继器的方案，但无法从功能上完全满足需求。因此，亟需一个去中心化的、可信的通用解决方案，解决不同链之间交互的问题，才能打通不同链上的生态，推动区块链系统作为一个整体进行发展。

2．跨链技术可以解决目前区块链面临的容量与性能瓶颈。

目前，区块链性能和容量的瓶颈是制约区块链应用进一步落地的重要原因。提升单链容量和性能的手段主要有两个：一个是提升单个区块的大小，以容纳更多交易；另一个是缩短出块间隔，并提升出块稳定性，在单位时间内打包更多区块。

然而，这两种手段带来的提升都是有限的，由于网络延迟和带宽限制，过大的区块体积和过短的出块间隔将导致节点之间数据不同步，会造成频繁分叉等后果，反而降低了性能。并且，越大的网络越容易到达瓶颈，像比特币这样的全球网络，为了保证全球不同网络环境下的不同节点间数据同步，区块体积和出块间隔的提升受到很大的限制。

另一方面，一条区块链容量越大，存储的数据就会越多，运行一个全节点的成本就越高。早在数年前，运行一个比特币全节点就需要超过 100GB 的 SSD 存储，并且部署后要等待数天至数周的数据同步时间。这给开发者、使用者、节点用户等带来了很高的成本，愿意维护一个全节点的参与者越来越少，也降低了网络的去中心化。

图 6-2 所示为过去 10 年比特币区块数据统计图，纵坐标单位为 MB，横坐标的 Q 表示季度。截至 2019 年，比特币区块数据已经突破 250GB，维护成本高昂。（数据来源：statista.com）

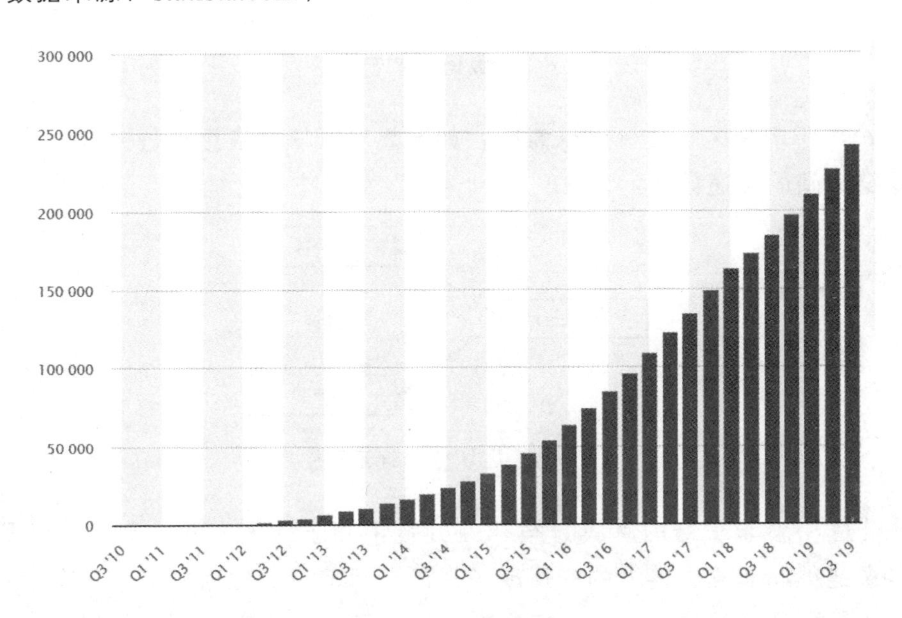

图 6-2　过去 10 年比特币区块数据统计图

因此，单纯提升单链性能和容量是一条死胡同，必须寻找其他的改进方案。分治可以说是一个贯穿人类历史的方法论，具体到计算机领域，对于高负荷的业务系统，分库、分表都已经是非常成熟的方案了。因此，对于区块链的性能瓶颈，分链是一个很好的解决方案。

将不同业务分配到不同的区块链上，当某条链负载过高时，还可以对这条链进行进一步分链。除了能解决性能和容量的问题，分链也起到了资源隔离的效果。即使某条链上的某个应用突然成为热点，带来大量访问，也不会影响其他链上的应用，不会造成整个系统的雪崩，可以避免像 2017 年以太猫堵塞以太坊这样的问题。

图 6-3 所示为数据分库示意图，数据分库是工程领域非常成熟的方法。

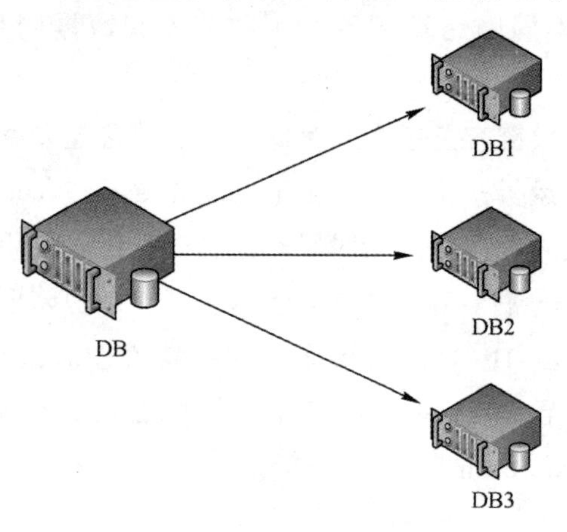

图 6-3 数据分库示意图

图 6-4 所示为区块链分链示意图，如果想对区块链应用进行分链，则必须解决不同链之间的互通问题。

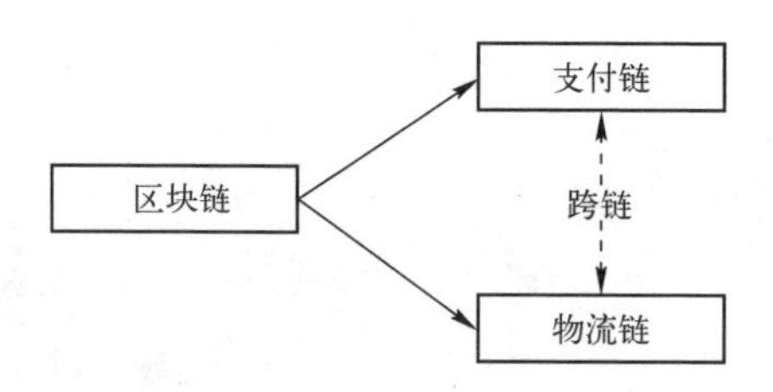

图 6-4 区块链分链示意图

分链是一个非常好的解决方案，但分链依赖于跨链交互。如果没有跨链交互，各条链彼此孤立，链上的应用成了孤岛，那就没有任何意义。只有当不同链之间可以无障碍互相访问时，分链方案才能真正得到应用。

6.1.2　跨链面临的问题

跨链面临的首要问题是如何实现跨链的通用性。

首先是业务的通用性。单一的代币互转或者消息互通，只能满足某一类的业务场景，而跨链系统作为底层区块链的一部分，应当对上层业务透明，即不针对某类业务，可以实现任意业务的跨链互通。从技术实现的角度讲，应当可以跨链证明任意交易的有效性。

其次是区块链架构的通用性。不同的区块链系统，采用了不同的区块结构、交易结构、签名方法、确认方法、共识机制等，一个良好的跨链设计，应当可以妥善处理这些异构问题。

跨链面临的另一个问题是如何处理分叉或回滚，以及带来的潜在的双花、交易失效等问题。

在单链系统中，对于分叉和回滚引发的问题，已经有很成熟的处理机制。例如，区块严格的线性关系、交易有效性校验等。而在跨链系统中，如何处理分叉是一个需要深入思考的问题。图 6-5 所示为跨链系统中分叉带来的问题，当具有索引关系的跨链系统，一条链发生分叉，该如何处理？

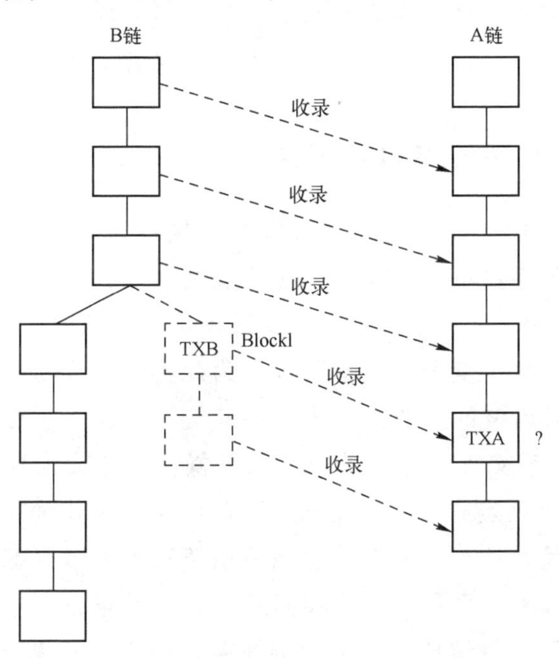

图 6-5　跨链系统中分叉带来的问题

假设图 6-5 中的 A 链跨链收录了 B 链中的一个区块 Block1，A 链之后的某个交易 TXA 依赖于 Block1 中的某个交易 TXB。当 TXA 已经被打包后，B 链发生了回滚或者分叉，Block1 变为了无效块，而此时 Block1 已经被 A 链收录，A 链上已经有交易依赖于 Block1，那此时 A 链应当如何处理？区块分叉是区块链系统中的常态，特别是在涉及许多条链的跨链系统中，分叉将会频繁发生，因此跨链在设计时必须要考虑好如何处理这些问题。

6.2 跨链原理与方案：分配设计

本节将讲述区块链发展历史上非常重要的三个跨链方案，让读者进一步了解目前主流的跨链方案。同时引出 aelf 跨链系统的设计思路，可以帮助读者更好地理解 aelf 的跨链原理。

请注意：本节只介绍基于区块链的去中心化跨链方案，基于中心化中介的跨链系统不在此列。

自比特币诞生以来，加密数字货币的区块链网络越来越多，但是在不同的区块链之间进行价值转移和交换，就会碰到各种各样的问题。因此跨链成了一个亟待解决的问题。不同于传统的中心化系统，区块链系统的业务执行与验证主要依赖于密码学证明，因此区块链系统间的去中心化跨链交互实现更加复杂。

6.2.1 比特币框架的 HTLC 方案

在区块链发展的初期，市面上绝大多数区块链系统都是基于比特币的 fork（分支），采用相同的系统框架与 UTXO（未花费的交易输出）结构，主要区别在于一些算法和参数（例如，哈希算法、共识算法、出块时间等）。莱特币、点点币等绝大多数这个时期的竞争币，都可以归为此类。

在这个时期，对跨链的主要需求体现在跨链资产转移。在数字资产兑换的交易中，“一手交钱一手交货”并不是一个原子操作，总会出现一方已经转账付款而另一方拒绝履约的风险。因此需要一个可信的第三方作为中介：双方将各自的资产交由第三方保管，达成一致交易意向后由第三方划账分配资产。

这个过程也会带来一系列的风险和问题，特别是第三方中介其涉及的用户量和资金量巨大，一旦违约造成的损失会很惨重。因此，亟需一种链上的、去中心化的可靠资产兑换方案。

HTLC 的全称是 Hashed Time Lock Contract，即哈希时间锁合约。顾名思

义，HTLC 会在一定时间内锁定一笔交易，解锁这笔交易的条件为提供一个约定哈希的原文，若在规定时间内该合约未被解锁，则被锁定的交易自动解锁到某个约定账户。

举一个更容易理解的例子。创建一个 HTLC 合约，主要逻辑为：协议将锁定 Alice 的 0.1 BTC，在时刻 T 到来之前（T 以未来的某个区块链高度表述），如果 Bob 能够向合约出示一个适当的 R（称为秘密），使得 R 的哈希值等于事先约定的值 Hash(R)，Bob 就能获得这 0.1 BTC；如果直到时刻 T 过去，Bob 仍然未能提供一个正确的 R，则这 0.1 BTC 将自动解冻并归还 Alice。

以上就是 HTLC 业务逻辑的简单概述。这里请读者停下来思考一下，如何利用 HTLC 的特性，设计一种原子跨链交易方案？

下面给出答案：双方使用相同的 Hash(R)在不同的链上锁定要交换的资产，只要其中一方在某条链上解锁了资产，另一方则自动获知了 R，可在另一条链上解锁资产。

这里用一个简单的例子进一步解释这个方案。假设，甲在 A 链上拥有一些 tokenA，乙在 B 链上拥有一些 tokenB，现在甲乙达成交易意向：甲向乙支付 10 个 tokenA，兑换乙的 50 个 tokenB。

如果双方同意采用 HTLC 的方式无风险地完成这笔兑换交易，那么接下来甲应当做的是生成一个秘密 R，同时对这个秘密 R 做哈希得到 Hash（R）。这时甲会在 A 链上发布一个 HTLC1，内容为锁定 10 个 tokenA。如果在 72 小时内，有人能提供一个 P，使得 Hash（P）=Hash（R），则这 10 个 tokenA 会解锁到乙事先提供的地址 addrA2。如果超过 72 小时仍没有人能提供，则 10 个 tokenA 解锁到甲自己的地址 addrA1 上。

当乙在 A 链上看到这个 HTLC1 后，会在 B 链上发布 HTLC2，内容为锁定 50 个 tokenB。如果在 48 小时内，有人能提供一个 P，使得 Hash（P）=Hash（R），则这 50 个 tokenB 会解锁到甲事先提供的地址 addrB1。如果超过 48 小时仍没有人能提供，则 50 个 tokenB 解锁到乙自己的地址 addrB2 上。

请注意：在以上这些过程中，只有甲知道 R 的值，乙自始至终不知道 R 的值，乙在发布 HTLC2 时，使用的 Hash（R）是从 HTLC1 中照搬过来的 Hash（R）。

接下来，想要完成这个交易，甲需要在 48 小时内在 B 链上提供 R 到 HTLC2，这样就能在地址 addrB1 上获得 50 个 tokenB。甲在 B 链上提供 R 到 HTLC2 的这个行为，导致 R 被公布在了区块链上，换句话说 R 已经不是秘密，乙自然可以在区块链上看到 R 的值。此时，乙使用这个 R 到 A 链上解锁 HTLC1，可以在 addrA2 上获取到 10 个 tokenA。

以上是一个正常的交易流程，这个流程保证了交易的原子性，避免了欺诈。读者也可以自行推演一下，当其中一方发生违约行为的时候，这些交易和 HTLC 是怎样的执行逻辑，又是如何保证双方各自的应得利益的?

这里要注意几个问题。两条链上的 HTLC 必须使用完全一致的哈希算法。秘密 R 一定不可以私下传递，一定是通过区块链公布的。这是这个机制工作的关键，将 R 公布到区块链上的这个操作决定了甲乙同时原子化地拿到属于自己的资产。知道 R 的一方，资产解锁时间一定要晚于不知道 R 的一方，否则前者可以利用时间差“绝杀”交易。合约中除了规定好解锁条件 Hash（R）之外，一定要约定好解锁地址，否则有可能被冒领。

HTLC 跨链方案是一种成熟的跨链资产交互方式，解决了早期去中心化资产互换的问题。但其本身存在多种限制，比如：进行资产互换的链均需要支持 HTLC 合约、效率较低、需要双方链外沟通和约定、在智能合约等自动化场景应用难度大、无法用于高频交易等。

6.2.2 BTC Relay 方案与默克尔证明

BTC Relay 是一种在以太坊上验证比特币交易的跨链技术方案，它也是区块链生态系统中公认的第一条侧链。BTC Relay 的实现原理为：在以太坊上部署一个特殊的智能合约，通过这个合约，以太坊上的用户或其他智能合约可以验证某个比特币交易的真实性，即比特币网络中是否实际发生了这个交易。

BTC Relay 在区块链的发展史上有着重要的意义。它让一条链有能力验证另一条链上的任意类型交易——不只是单纯的转账交易，可以是 BTC 链上的任意合法交易。比如，记录了特定信息的 coinbase 交易或记载了某条消息的 OP_RETURN 交易。同时，它实现了在异构链之间的跨链交互——以太坊与比特币采用了完全不同的技术架构。

下面介绍一下 BTC Relay 的技术原理。BTC Relay 的业务关键在于社区中有一个 Relayers 的角色，它会将最近的比特币区块头（BlockHeader）的有关信息发送到 BTC Relay 的智能合约。该合约根据比特币区块规则及以往的数据检查这个区块头的合法性，检查通过后会将这个区块头保存在合约中，这样以太坊区块链上就保存了比特币链的区块头信息。根据这些区块头信息，可以利用比特币

SPV（简化支付验证）的原理验证某个比特币交易的有效性。

SPV 的原理是本节的一个重点，它的核心是默克尔证明（Merkle Proof）。默克尔证明是目前市面上许多正在研发的跨链系统的核心原理，同时默克尔证明也是 aelf 跨链系统的基础之一。

SPV 提供了一种方法，可以证明某个特定交易确实在区块链的某个块中，而不需要整个块链被下载。业务逻辑如下：

1）每个交易都有一个哈希。

2）每个区块都有一个哈希。

3）交易的哈希和区块链的哈希可以使用默克尔证明来链接。

默克尔树是一种数学模型，它是一种二叉树，所有叶子节点是交易的哈希，树的根节点称为默克尔根（Merkle Root），会保存在区块头中。

默克尔证明是从一个叶子节点到根节点之间所有节点的哈希列表。它的特点是：只需要提供一小部分数据即可证明交易位于区块中。

因此，使用 SPV 的钱包，在确认一笔交易前，会检查：

1）存在合法的默克尔证明该交易位于区块中。

2）该区块位于区块链的主链中。

则该交易可被确认。

下面进一步举例解释默克尔树和默克尔证明。

默克尔树是一种基本的二叉树结构。节点值（非叶子节点）是其子节点的哈希的递归计算。图 6-6 所示为默克尔树结构示意图。

图 6-6 所示为一个具有 8 个交易的默克尔树。树的叶子节点是交易的哈希，父节点是两个子节点的值合并后再做哈希，比如，节点 H8 的值是 h（H0，H1）。这样两两分别做哈希，便构成了一棵默克尔树。

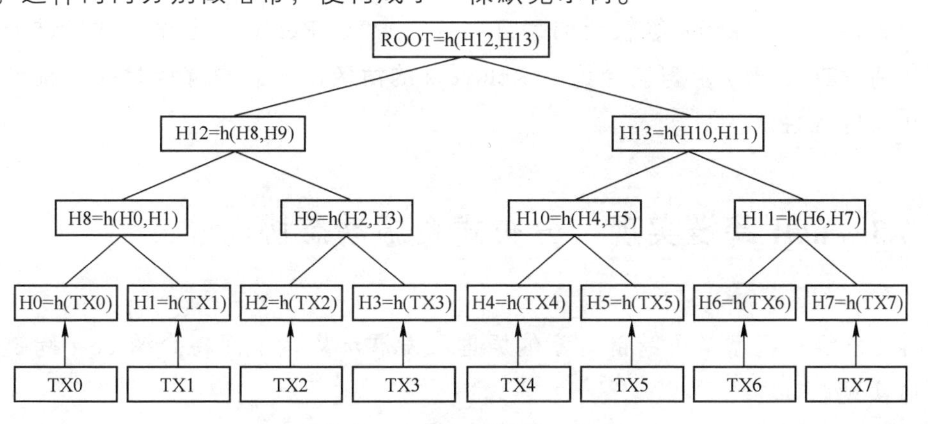

图 6-6　默克尔树结构示意图

图 6-7 所示为默克尔证明示意图。如果希望证明其中一个交易的存在，比如证明 TX2 的存在，不需要提供完整的区块结构或完整的默克尔树，只需要提供从 TX2 到根节点“沿途”的所有哈希，便可证明 TX2 的真实存在。在这个例子中，只需要提供 TX2、H3、H8、H13（不需要提供 H9，因为它可以通过 TX2 和 H3 求得；同样不需要提供 H12，因为它可以通过 H8 和 H9 求得）。根据这些信息，可以求得默克尔根的值，检查默克尔根的值是否对应某个有效区块，即可证明该交易的有效性。

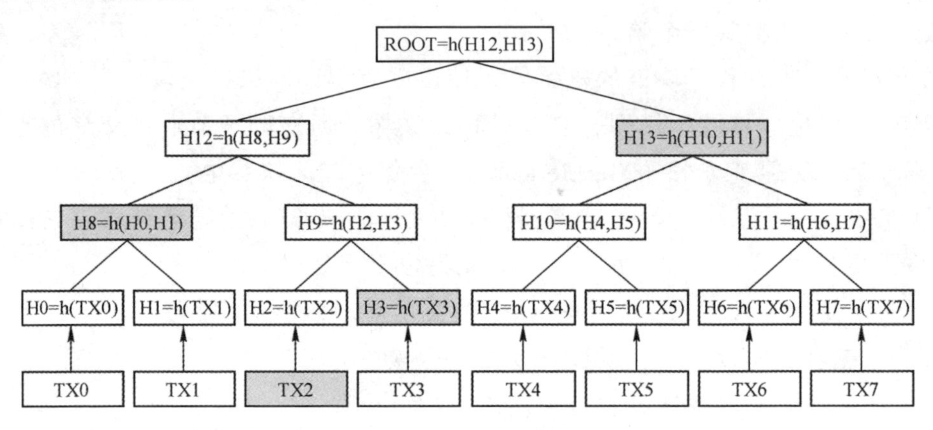

图 6-7 默克尔证明示意图

以上的介绍详细阐述了 SPV 和默克尔证明，它们是 BTC Relay 的核心原理，也是许多跨链系统的核心原理。BTC Relay 的问题在于需要 Relayers 作为第三方相对中心化地向以太坊网络同步区块头数据，存在作恶可能性（虽然难度很高）；同时，在实际中也遇到开销过大、活跃度较低等问题。但必须要承认，BTC Relay 是一个非常积极有意义的尝试，启发了后来大量的项目。

Polkadot 和 Cosmos 等较新的跨链项目在 BTC Relay 的思路上做了进一步的发展，将 BTC Relay 中智能合约与 Relayers 的角色用一条中继链替换，提升了去中心化与健壮性。

6.3 aelf 跨链实现：分布式资源动态协同

前文已经介绍了常见跨链方案的原理和发展历史，下面将介绍 aelf 跨链系统的具体实现。

6.3.1 设计思路

扩展性是当前区块链系统面临的一个主要问题，主要表现为当前区块链的拥堵问题。拥堵问题指的是在一个单链系统排序和处理交易时，如果一个非常热门的 DApp 占用了大量的资源，则会给其他 DApp 带来负面影响。

因此，在 aelf 初始设计的时候便引入了原生的侧链。设想在一条侧链上处理一类相似的业务场景，将不同类型的业务分配到不同的链上，这样便提高了整体的处理效率。

aelf 的主要思想是侧链是独立且特化的，以确保在其上运行的 DApp 可以高效、稳定流畅地执行。主链节点与侧链节点之间存在一个网络连接，但之间的通信是间接地通过默克尔根完成的。

图 6-8 说明了侧链背后的概念。

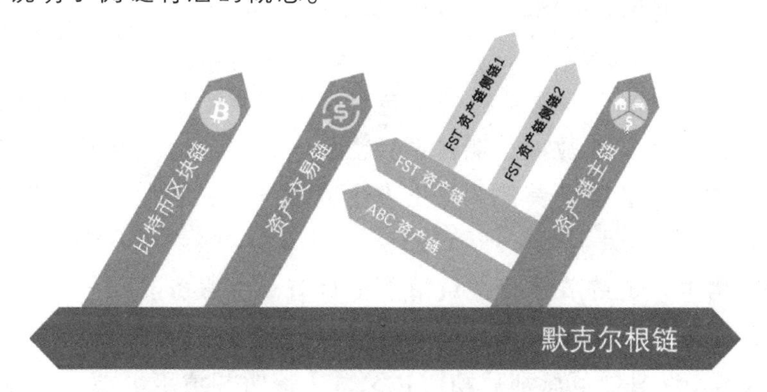

图 6-8　aelf 的侧链理念

侧链之间是隔离的，但仍然需要一种相互交互的方法。为此，aelf 通过默克尔根和索引引入了一种通信机制，以实现跨链验证方案。

6.3.2 架构

从概念上讲，侧链节点和主链节点是相似的，它们都是独立的区块链系统，具有自己的 P2P 网络并可能拥有各自独立的生态系统。这种主-侧链架构甚至可以是多级的。就 P2P 网络而言，所有侧链彼此并行工作，但它们通过跨链通信机制连接到一个主链节点。

通过这个跨链连接，可以交换消息并进行索引，以确保可以在一条侧链中验证来自主链或其他侧链的事务。开发者可以使用 aelf 的相关库和框架来构建侧链。

跨链索引的接口定义如下：

```
public interface ICrossChainIndexingDataService
{
    Task<CrossChainBlockData> GetIndexedCrossChainBlockDataAsync (Hash blockHash, long blockHeight);
    Task<IndexedSideChainBlockData> GetIndexedSideChainBlockDataAsync (Hash blockHash, long blockHeight);
    Task<CrossChainTransactionInput> GetCrossChainTransactionInputForNextMiningAsync(Hash blockHash, long blockHeight);
    Task<bool> CheckExtraDataIsNeededAsync(Hash blockHash, long blockHeight, Timestamp timestamp);
    Task<ByteString> PrepareExtraDataForNextMiningAsync(Hash blockHash, long blockHeight);
    ByteString ExtractCrossChainExtraDataFromCrossChainBlockData (CrossChainBlockDatacrossChainBlockData);
    void UpdateCrossChainDataWithLib(Hash blockHash, long blockHeight);
}
```

主链在这里面扮演了非常关键的角色，因为它索引了其他所有侧链。只有主链会索引其他所有侧链的数据。侧链是独立的，彼此不会知晓其他侧链的情况。这意味着，当它们需要验证其他侧链上发生的事务时，它们需要主链作为桥梁提供跨链验证信息。

在当前架构中，侧链节点和主链节点都具有一个服务器和一个客户端。这是 aelf 主-侧链间双向通信的基础。服务器和客户端均被实现为节点插件（节点具有一个插件集）。当两个节点都启动时，交互（监听和请求）就可以启动了。

图 6-9 所示为 aelf 主-侧链节点示意图，示例了在一个实体运行两个节点：一个主链节点和一个侧链节点。请注意：节点不必位于相同的物理位置。

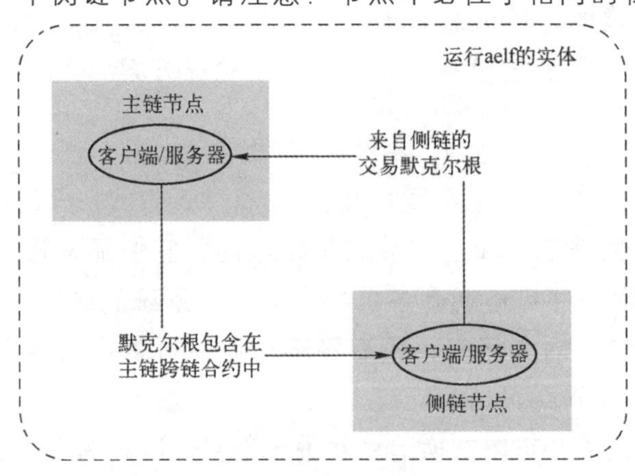

图 6-9 aelf 主-侧链节点示意图

侧链的生命周期包含以下步骤：

1）发起创建侧链的请求。

2）等待该请求被主链接受。

3）启动并初始化侧链，它将自动被主链索引。

4）如果侧链被正确索引，那么就可以进行跨链验证。

下面将描述侧链节点启动后发生的事情。

当侧链节点启动时，它将进行多种不同的通信，以下是通信协议的要点：

1）首次启动侧链节点时，它将向主链节点初始化侧链的上下文。

2）初始化后，侧链将启动，并与主链节点进行握手以表明已准备好索引。

3）在索引过程中，不可逆块的信息将在侧链和主链之间交换。主链将汇总所有侧链的数据，并将最终结果写入到区块链中。侧链也会将来自主链的数据记录到合约中。

6.3.3 数据流

aelf 节点数据流示意图，如图 6-10 所示：

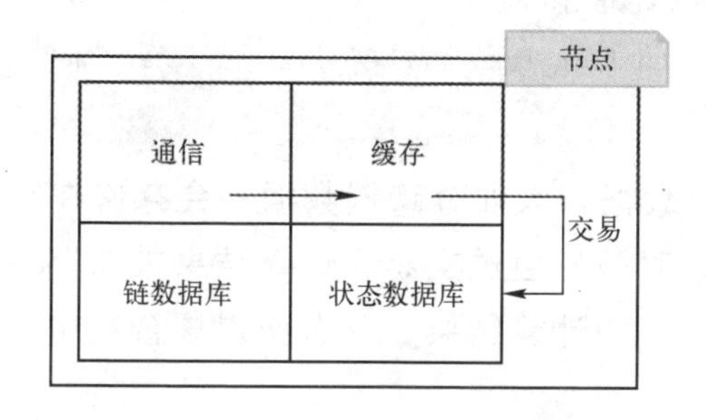

图 6-10 aelf 节点数据流示意图

图 6-10 所示，为了有效地建立索引，一个缓存层将会用于存储从远程节点接收的跨链数据，并保证它的可用性与正确性。跨链数据根据链 ID 和块高度（具有数量限制）进行缓存。如果节点需要，缓存层可以提供数据。因此，缓存层将通信部分与节点运行逻辑解耦。

缓存层有三个重要的概念：区块缓存实体、链缓存实体与跨链缓存实体。

区块缓存实体的接口定义如下：

```
public interface IBlockCacheEntity : IMessage
{
long Height { get; set; }
```

```
    int ChainId { get; set; }
    Hash TransactionStatusMerkleTreeRoot { get; set; }
}
```

链缓存实体的接口定义如下：

```
    public interface IChainCacheEntity
{
    bool TryAdd(IBlockCacheEntityblockCacheEntity);
    long TargetChainHeight();
    bool TryTake(long height, out IBlockCacheEntityblockCacheEntity, bool isCacheSizeLimited);
    void ClearOutOfDateCacheByHeight(long height);
}
```

跨链缓存实体的接口定义如下：

```
    public interface ICrossChainCacheEntityProvider
{
    void AddChainCacheEntity(int remoteChainId, long initialTargetHeight);
    int Size { get; }
    List<int>GetCachedChainIds();
    bool TryGetChainCacheEntity(int remoteChainId, out IchainCache EntitychainCacheEntity);
}
```

除了区块中存储的数据，大部分跨链数据将会存储在跨链合约中。节点中缓存的跨链数据，在挖矿时被打包进交易，计算结果被保存在合约中。实际上，区块中的跨链数据就是合约的计算结果。只有使用该合约中的数据，跨链验证才能正确工作。

6.3.4 跨链验证

验证是启用侧链的关键功能。由于侧链不能直接知晓其他侧链上发生的情况，因此需要一种方法来验证来自其他链的信息。侧链需要一种能力来验证一个交易是否包含在另一条侧链的区块中。

主链节点的作用是索引所有侧链块。这样，它可以精确地知道所有侧链的当前状态。侧链同时也会索引主链的区块，这是它们获取其他侧链交易集的途径。

索引是一个持续的过程。主链从侧链中持续地收集信息，同时侧链也会持续地从主链中收集信息。当一条侧链要验证来自另一条侧链的交易时，它必须等当前的主链区块被索引。

索引侧链交易的证明通过默克尔树进行。当一个交易被包含在一个侧链区块中时，该区块同时也包含了一个默克尔根，这个默克尔根对应该区块链的所有交易。这个默克尔根位于该侧链本地，对其他侧链而言，由于它们可能遵循不同的协议，其价值不高。因此，侧链间的通信以默克尔路径的形式，通过主链进行。在索引过程中，主链将使用来自侧链的数据来计算默克尔根，而侧链将在未来的索引中获取这个根。这个根将用于跨链交易验证的最终检查。

图 6-11 所示为 aelf 跨链验证原理图。这是一棵默克尔树，想要证明深色的节点，只需要提供节点 1、2、3、4 作为默克尔路径即可。关于默克尔路径和默克尔证明的原理，在前文中已经介绍过，在此不做赘述。

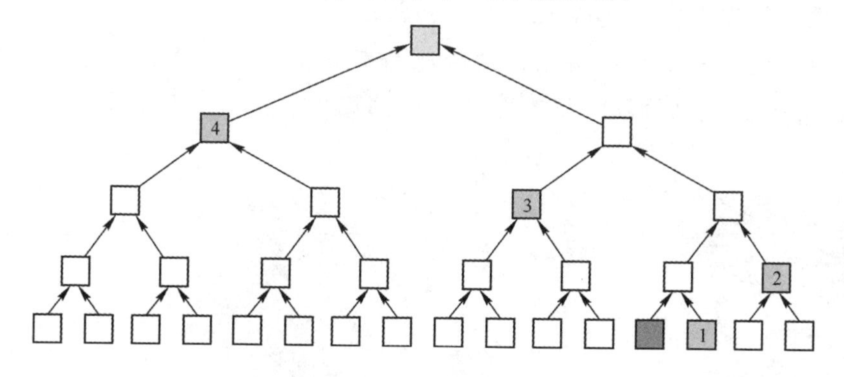

图 6-11　aelf 跨链验证原理图

6.4　部署 aelf 侧链

本节介绍如何在 aelf 上部署侧链。

请注意：本节使用的是本地测试节点。在公链网络环境中，部署侧链的过程是类似的，尤其是在创建侧链提案的链上逻辑部分时。

在本节中，笔者将使用 aelf-js-sdk 创建新的侧链，并给出相关的代码和脚本。请注意：本节假定读者已经知道如何复制 aelf 的代码库、创建账户、搭建运行多个节点。如果不熟悉这些内容，读者可以查看前面的内容。同时，需安装 nodejs 以运行脚本。这里笔者推荐安装使用 aelf-command 与节点间进行互。

接下来，将指导读者配置运行一个侧链节点和一个主链节点。包含以下几个要步骤：

1）创建和编辑配置文件。

2）启动一个主链节点，创建、批准和发布一个侧链创建请求（脚本将在后文提供），并获取一个链 ID。

3）启动侧链节点。

4）验证索引高度在不断增加。

6.4.1 编辑配置文件

侧链节点通常与主链节点非常相似，因为两者均基于 aelf 软件并具有通用模块。主要的区别在于主侧链的配置不同。

读者需要建立两个文件夹用来放置这两套配置文件。这时可以从 aelf 源码 AElf.Launcher project项目中复制配置文件的模板。部署之后，将得到如下的目录结构：

```
Main chain node
appsettings.json
appsettings.MainChain.MainNet.json
    Side chain node
appsettings.json
appsettings.SideChain.MainNet.json
    AElf clone
    AElf build
AElf.Launcher.dll
    ProposalScript
sideChainProposal.js
```

首先介绍主链的配置文件。

以下两个配置文件必须放置在主链的配置文件夹下，这也是启动节点的文件夹：

```
appsettings.json
appsettings.MainChain.MainNet.json
```

笔者将使用“AELF”作为主链的 ID，并连接到 Redis 的 db1。Web API 端口是 1234。为了使讲解的内容更容易理解，节点账户将与矿工账户（在矿工列表中使用）相同。因此，不要忘记更改账户、密码和初始矿工。

在 appsettings.json 中，更改以下配置：

```
"ChainId":"AELF",
"ChainType":"MainChain",
"NetType": "MainNet",
"ConnectionStrings": {
        "BlockchainDb": "redis://localhost:6379?db=1",
        "StateDb": "redis://localhost:6379?db=1"
},
"Account": {
    "NodeAccount": "YOUR ACCOUNT",
    "NodeAccountPassword": "YOUR PASSWORD"
},
"Kestrel": {
    "EndPoints": {
        "Http": {
            "Url": "http://*:1234/"
        }
    }
},
"Consensus": {
    "InitialMinerList": ["THE PUB KEY OF THE ACCOUNT CONFIGURED EARLIER"],
    "MiningInterval": 4000,
    "StartTimestamp": 0
},
```

在 appsettings.MainChain.MainNet.json 中，更改以下配置：

```
{
  "CrossChain": {
      "Grpc": {
          "ListeningPort": 5010
      },
      "MaximalCountForIndexingParentChainBlock" : 32
  }
}
```

其次介绍侧链的配置文件。

以下两个配置文件必须放置在侧链的配置文件夹下，同时这也是启动节点的文件夹：

```
appsettings.json
appsettings.SideChain.MainNet.json
```

笔者将使用“tDVV”（转换为 base58 是 1866392）作为侧链的 ID，并连接到 Redis 的 db2。Web API 端口是 1235。同样为了使讲解的内容更容易理解，节点账户将与矿工账户相同。因此，同样不要忘记更改账户、密码和初始矿工。在本例中，可以在主链和侧链上使用相同的账户。

在 appsettings.json 中，更改以下配置：

```
"ChainId":"tDVV",
"ChainType":"SideChain",
"NetType": "MainNet",
"ConnectionStrings": {
        "BlockchainDb": "redis://localhost:6379?db=2",
        "StateDb": "redis://localhost:6379?db=2"
},
"Account": {
    "NodeAccount": "YOUR ACCOUNT",
    "NodeAccountPassword": "YOUR PASSWORD"
},
"Kestrel": {
    "EndPoints": {
        "Http": {
            "Url": "http://*:1235/"
        }
    }
},
"Consensus": {
    "InitialMinerList": ["THE PUB KEY OF THE ACCOUNT CONFIGURED EARLIER"],
    "MiningInterval": 4000,
    "StartTimestamp": 0
},
```

在 appsettings.SideChain.MainNet.json 中，更改以下配置：

```
{
  "CrossChain": {
    "Grpc": {
      "ParentChainServerPort": 5010,
      "ListeningPort": 5000,
      "ParentChainServerIp": "127.0.0.1"
    },
    "ParentChainId": "AELF",
```

```
        "MaximalCountForIndexingParentChainBlock" : 32
    }
}
```

6.4.2　启动主链节点

打开一个终端并进入到创建配置文件的文件夹。启动主链节点：

```
dotnet ../AElf.Launcher.dll
```

读者可以从另一个终端尝试一些命令来检查启动是否正常，例如：

```
aelf-command get-blk-height -e http://127.0.0.1:1234
```

6.4.3　创建侧链提案

本小节是本节的重点。接下来将介绍创建侧链时的链上逻辑部分，即涉及链上提案的部分。

当一个用户（通常是开发者）需要在 aelf 公链网络上创建新的侧链时，他需要调用跨链合约并请求创建侧链。在请求发布后，生产节点会投票决定是否批准或拒绝这个请求。如果请求被批准，开发者需要随后发布提案合约。

侧链的创建分为四个步骤：

1）开发者必须质押/授权一些 ELF 代币到主链的跨链合约中。

2）开发者调用主链跨链合约，以请求创建侧链。

3）生产节点批准这个请求。

4）最后，开发者发布一个提案完成这个过程。

请注意：这只是侧链创建的链上逻辑流程。要想让侧链成为一个功能齐全的区块链系统，还需要一些其他必要的步骤。例如，运行侧链节点相关的生产节点。

如果要测试创建过程，则需要运行生产节点并执行以下操作：

读者需要创建一个密钥对（账户），用于生产节点账户（在本例中，也使用生产节点账户来创建侧链请求）。

该节点需要配置与脚本中的内容相对应的 API 终端、账户和矿工列表。

以下为脚本和初始化代码：

```
const AElf = require('aelf-sdk');
```

```
const Wallet = AElf.wallet;

const { sha256 } = AElf.utils;

// set the private key of the block producer.
// REPLACE
const defaultPrivateKey = 'e119487fea0658badc42f089fbaa56de23d8c0e8 d999c5f76ac12ad8ae897d76';
const defaultPrivateKeyAddress = 'HEtBQStfqu53cHVC3PxJU6iGP3Rgxi NUfQGvAPTjfrF3ZWH3U';

// load the wallet associated with your block producers account.
const wallet = Wallet.getWalletByPrivateKey(defaultPrivateKey);

// API link to the node
// REPLACE
const aelf = new AElf(new AElf.providers.HttpProvider('http://127.0.0.1: 1234'));

// names of the contracts that will be used.
const tokenContractName = 'AElf.ContractNames.Token';
const parliamentContractName = 'AElf.ContractNames.Parliament';
const crossChainContractName = 'AElf.ContractNames.CrossChain';


...


const createSideChain = async () => {

        console.log('Starting side chain creation script\n');

        // check the chain status to make sure the node is running
        const chainStatus = await aelf.chain.getChainStatus({sync: true});
        const genesisContract = await aelf.chain.contractAt(chainStatus.GenesisContractAddress, wallet)
            .catch((err) => {
            console.log(err);
            });

        // get the addresses of the contracts that we'll need to call
        const tokenContractAddress = await genesisContract.GetContract AddressByName.call(sha25
(tokenContractName));
        const parliamentContractAddress = await genesisContract.GetContract AddressByName.ca
(sha256(parliamentContractName));
        const crossChainContractAddress = await genesisContract.GetContract AddressByName.ca
```

```
(sha256(crossChainContractName));

        // build the aelf-sdk contract instance objects
        const parliamentContract = await aelf.chain.contractAt(parliament ContractAddress, wallet);
        const tokenContract = await aelf.chain.contractAt(tokenContract Address, wallet);
        const crossChainContract = await aelf.chain.contractAt(crossChain ContractAddress, wallet);

        ...
    }
```

当运行脚本时，createSideChain 会被执行，并自动运行整个创建侧链的过程。

接下来，需要设定对跨链合约的授权额度。开发者必须授权一些 ELF 代币供跨链合约使用。

```
var setAllowance = async function(tokenContract, crossChainContractAddress)
{
    console.log('\n>>>> Setting allowance for the cross-chain contract.');

    // set some allowance to the cross-chain contract
    const approvalResult = await tokenContract.Approve({
        symbol:'ELF',
        spender: crossChainContractAddress,
        amount: 20000
        });

    let approveTransactionResult = await pollMining(approvalResult. TransactionId);
}
```

然后，开始正式创建跨链请求。

为了请求创建一个侧链，开发者需要在跨链合约上调用 RequestSideChain-Creation 方法，这将会创建一个侧链提案到议会合约上。调用此方法后，将会产生一个 ProposalCreated 日志，在其中可以找到 proposal_id。这个 ID 就是提案的 ID，生产节点需要使用这个 ID 来批准提案。

```
rpc RequestSideChainCreation(SideChainCreationRequest) returns (google. protobuf.Empty) { }

message SideChainCreationRequest {
    int64 indexing_price = 1;
    int64 locked_token_amount = 2;
    bool is_privilege_preserved = 3;
    string side_chain_token_symbol = 4;
```

```
    string side_chain_token_name = 5;
    sint64 side_chain_token_total_supply = 6;
    sint32 side_chain_token_decimals = 7;
    bool is_side_chain_token_burnable = 8;
    repeated SideChainTokenInitialIssue side_chain_token_initial_issue_ list = 9;
    map<string, sint32> initial_resource_amount = 10;
    bool is_side_chain_token_profitable = 11;
}

message SideChainTokenInitialIssue{
    aelf.Address address = 1;
    int64 amount = 2;
}

message ProposalCreated{
    option (aelf.is_event) = true;
    aelf.Hash proposal_id = 1;
}
```

为了使创建请求可以成功，必须满足以下条件：

1）Sender 账户在任何时间都最多只能有一个待处理的请求，换而言之，如果这个账户上已经有待处理的请求，则该账户不能再创建请求。

2）锁定的代币余额必须大于 0，且需要大于索引费用。

3）代币初始发行列表中至少包含一种代币，并且所有代币的发行量必须大于 0。

4）初始资源代币列表必须包含所有的资源种类，且均大于 0。

5）提案账户对跨链合约的授权额度，必须大于提案账户本身的锁定额度。

```
    console.log('\n>>>> Requesting the side-chain creation.');
const sideChainCreationRequestTx = await crossChainContract.Request SideChainCreation({
    indexingPrice: 1,
    lockedTokenAmount: '20000',
    isPrivilegePreserved: false,
    sideChainTokenDecimals: 8,
    sideChainTokenName: 'SCATokenName',
    sideChainTokenSymbol: 'SCA',
    sideChainTokenTotalSupply: '100000000000000000',
    isSideChainTokenBurnable: true,
    sideChainTokenInitialIssueList: [
```

```
            {
                address: '28Y8JA1i2cN6oHvdv7EraXJr9a1gY6D1PpJXw9 QtRMRwKcBQMK',
                amount: '1000000000000000'
            }
        ],
        initialResourceAmount: { CPU: 2, RAM: 4, DISK: 512, NET: 1024 },
        isSideChainTokenProfitable: true
    });

    let sideChainCreationRequestTxResult = await pollMining(sideChain CreationRequestTx.
TransactionId);

    // deserialize the log to get the proposal's ID.
    let deserializedLogs = parliamentContract.deserializeLog(sideChain CreationRequestTxResult.
Logs, 'ProposalCreated');
  console.log(`>> side-chain creation request proposal id ${JSON.stringify (deserializedLogs[0].
proposalId)}`);
```

最后一行将打印提案 ID，生产节点会使用这个 ID 来批准提案。

下面是生产节点批准提案的代码：

```
  console.log(`\n>>>> Approving the proposal.`);

    var proposalApproveTx = await parliamentContract.Approve(deserialized Logs[0].proposalId);
    await pollMining(proposalApproveTx.TransactionId);
```

注意：当调用 Approve 方法时，批准人是这个调用交易的发送者。在这里，设置为生产节点的账户和密钥，读者可参考最后完整的代码。

最后，需要向网络发布这个提案。

下面是发布提案的脚本：

```
    console.log(`\n>>>> Release the side chain.`);

var releaseResult = await crossChainContract.ReleaseSideChainCreation({
    proposalId: deserializedLogs[0].proposalId
});

let releaseTxResult = await pollMining(releaseResult.TransactionId);

// Parse the logs to get the chain id.
let sideChainCreationEvent = crossChainContract.deserializeLog (releaseTxResult.Logs, 'SideChain
```

```
CreatedEvent');
    console.log('Chain chain created : ');
    console.log(sideChainCreationEvent);
```

这是创建侧链的最后一步。之后，可以在 SideChainCreatedEvent 事件日志中访问新侧链的链 ID。

在本小节的最后，将展示完整的脚本。请注意：为了成功运行，必须运行一个由一个生产节点配置的节点。配置的生产节点必须与脚本的 defaultPrivateKey 和 defaultPrivateKeyAddress 相匹配。

另外，此脚本默认情况下会尝试通过地址 http://127.0.0.1:1234 连接到节点的 API，如果节点正在侦听其他地址，则必须修改该地址。

如果尚未安装 aelf-sdk，则需要运行以下命令进行安装：

```
npm install aelf-sdk
```

可以使用 node 在任何位置运行这个脚本：

```
node sideChainProposal.js
```

完整的 sideChainProposal.js 的代码如下：

```
const AElf = require('aelf-sdk');
const Wallet = AElf.wallet;

const { sha256 } = AElf.utils;

// set the private key of the block producer
const defaultPrivateKey='e119487fea0658badc42f089fbaa56de23d8c0e8d999 c5f76ac12ad8ae897d76'
const defaultPrivateKeyAddress = 'HEtBQStfqu53cHVC3PxJU6iGP3 RGxiNUfQGvAPTjfrF3ZWH3U';
const wallet = Wallet.getWalletByPrivateKey(defaultPrivateKey);

// link to the node
const aelf = new AElf(new AElf.providers.HttpProvider('http://127.0.0.1: 1234'));

if (!aelf.isConnected()) {
    console.log('Could not connect to the node.');
}

const tokenContractName = 'AElf.ContractNames.Token';
const parliamentContractName = 'AElf.ContractNames.Parliament';
const crossChainContractName = 'AElf.ContractNames.CrossChain';
```

```
var pollMining = async function(transactionId) {
  console.log(`>> Waiting for ${transactionId} the transaction to be mined.`);

  for (i = 0; i < 10; i++) {
      const currentResult = await aelf.chain.getTxResult(transactionId);
      // console.log('transaction status: ' + currentResult.Status);

      if (currentResult.Status === 'MINED')
          return currentResult;

      await new Promise(resolve =>setTimeout(resolve, 2000))
      .catch(function () {
          console.log("Promise Rejected");
     });;
  }
}

var setAllowance = async function(tokenContract, crossChainContractAddress)
{
    console.log('\n>>>> Setting allowance for the cross-chain contract.');

    // set some allowance to the cross-chain contract
    const approvalResult = await tokenContract.Approve({
        symbol:'ELF',
        spender: crossChainContractAddress,
        amount: 20000
        });

    let approveTransactionResult = await pollMining(approvalResult. TransactionId);
    //console.log(approveTransactionResult);
}

var checkAllowance = async function(tokenContract, owner, spender)
{
    console.log('\n>>>> Checking the cross-chain contract\'s allowance');

    const checkAllowanceTx = await tokenContract.GetAllowance({
        symbol: 'ELF',
          owner: owner,
```

```
            spender: spender
        });

        let checkAllowanceTxResult = await pollMining(checkAllowanceTx. TransactionId);
        let txReturn = JSON.parse(checkAllowanceTxResult.ReadableReturnValue);

        console.log(`>> allowance to the cross-chain contract: ${txReturn. allowance} ${txReturn.symbol}`);
    }

    const createSideChain = async () => {

        // get the status of the chain in order to get the genesis contract address
        console.log('Starting side chain creation script\n');

        const chainStatus = await aelf.chain.getChainStatus({sync: true});
        const genesisContract = await aelf.chain.contractAt(chainStatus. GenesisContractAddress, wallet)
          .catch((err) => {
            console.log(err);
          });

        // get the addresses of the contracts that we'll need to call
        const tokenContractAddress = await genesisContract.GetContract AddressByName.call(sha256
(tokenContractName));
        const parliamentContractAddress = await genesisContract.GetContract AddressByName.call
(sha256(parliamentContractName));
        const crossChainContractAddress = await genesisContract.GetContract AddressByName.call
(sha256(crossChainContractName));

        console.log('token contract address: ' + tokenContractAddress);
        console.log('parliament contract address: ' + parliamentContractAddress);
        console.log('cross chain contract address: ' + crossChainContractAddress);

        // build the aelf-sdk contract object
        const parliamentContract = await aelf.chain.contractAt(parliament ContractAddress, wallet);
        const tokenContract = await aelf.chain.contractAt(tokenContract Address, wallet);
        const crossChainContract = await aelf.chain.contractAt(crossChain ContractAddress, wallet);

        console.log();

        // 1. set and check the allowance, spender is the cross-chain contract
```

```
await setAllowance(tokenContract, crossChainContractAddress);
await checkAllowance(tokenContract, defaultPrivateKeyAddress, cross ChainContractAddress);

// 2. request the creation of the side-chain with the cross=chain contract
console.log('\n>>>> Requesting the side-chain creation.');
const sideChainCreationRequestTx = await crossChainContract. RequestSideChainCreation({
    indexingPrice: 1,
    lockedTokenAmount: '20000',
    isPrivilegePreserved: false,
    sideChainTokenDecimals: 8,
    sideChainTokenName: 'SCATokenName',
    sideChainTokenSymbol: 'SCA',
    sideChainTokenTotalSupply: '100000000000000000',
    isSideChainTokenBurnable: true,
    sideChainTokenInitialIssueList: [
        {
            address: '28Y8JA1i2cN6oHvdv7EraXJr9a1gY6D1PpJXw9 QtRMRwKcBQMK',
            amount: '1000000000000000'
        }
    ],
    initialResourceAmount: { CPU: 2, RAM: 4, DISK: 512, NET: 1024 },
    isSideChainTokenProfitable: true
});

let sideChainCreationRequestTxResult = await pollMining(sideChain CreationRequestTx.
TransactionId);

// deserialize the log to get the proposal's ID.
let deserializedLogs = parliamentContract.deserializeLog(sideChain CreationRequestTxResult.
Logs, 'ProposalCreated');
console.log(`>> side-chain creation request proposal id ${JSON. stringify(deserializedLogs[0].
proposalId)}`);

// 3. Approve the proposal
console.log(`\n>>>> Approving the proposal.`);

var proposalApproveTx = await parliamentContract.Approve (deserializedLogs[0].proposalId);
await pollMining(proposalApproveTx.TransactionId);

// 3. Release the side chain
```

```
        console.log(`\n>>>> Release the side chain.`);

        var releaseResult = await crossChainContract.ReleaseSideChainCreation({
            proposalId: deserializedLogs[0].proposalId
        });

        let releaseTxResult = await pollMining(releaseResult.TransactionId);

        // Parse the logs to get the chain id.
        let sideChainCreationEvent = crossChainContract.deserializeLog (releaseTxResult.Logs,
'SideChainCreatedEvent');
        console.log('Chain chain created : ');
        console.log(sideChainCreationEvent);
    };

    createSideChain();
```

6.4.4 启动侧链节点

打开一个终端并进入到创建配置文件的文件夹。启动侧链节点：

```
dotnet ../AElf.Launcher.dll
```

读者可以从另一个终端尝试一些命令来检查启动是否正常，例如：

```
aelf-command get-blk-height -e http://127.0.0.1:1235
```

6.5 aelf 跨链价值分配的设计

本节将讲述如何在 aelf 的不同链之间进行跨链操作，包括跨链转账代币和跨链验证交易的有效性。本节的前提是读者已经创建了一条侧链，并且该侧链已经被主链索引。

6.5.1 跨链价值传输

转账总是使用相同的合约方法，分为两个步骤：

1）在源链上创建转账。

2）在目标链上接收数字资产。

6.5.2 创建转账

在代币合约中，使用 CrossChainTransfer 方法触发转账：

```
rpc CrossChainTransfer (CrossChainTransferInput) returns (google.protobuf.Empty) { }

message CrossChainTransferInput {
    aelf.Address to = 1;
    string symbol = 2;
    sint64 amount = 3;
    string memo = 4;
    int32 to_chain_id = 5;
    int32 issue_chain_id = 6;
}
```

下面解释一下输入的字段：

1）to：目标链上将要接收代币的地址。

2）symbol 和 amount：将要转账的代币种类和数量。

3）issue_chain_id 和 to_chain_id：分别是源链（发出代币的链）和目标链（接收代币的链）ID。

6.5.3 在目标链上接收转账

在目标链上接收代币时，需要调用 CrossChainReceiveToken 方法以触发接收：

```
rpc CrossChainReceiveToken(CrossChainReceiveTokenInput)returns (google. protobuf.Empty) { }

message CrossChainReceiveTokenInput {
    int32 from_chain_id = 1;
    int64 parent_chain_height = 2;
    bytes transfer_transaction_bytes = 3;
    aelf.MerklePath merkle_path = 4;
}

rpc GetBoundParentChainHeightAndMerklePathByHeight (aelf.SInt64Value) returns (CrossChain
MerkleProofContext) {
    option (aelf.is_view) = true;
```

```
}

message CrossChainMerkleProofContext {
    int64 bound_parent_chain_height = 1;
    aelf.MerklePath merkle_path_from_parent_chain = 2;
}
```

下面解释一下输入的字段：

（1）from_chain_id

from_chain_id 是源链 ID。

（2）parent_chain_height

1）主链到侧链：源链中，收录 CrossChainTransfer 交易的区块高度，或更精确地说，为该交易建立索引的区块。

2）侧链到主链或侧链到侧链：这个高度是 GetBoundParentChain HeightAnd-MerklePathByHeight 结果，可以在 bound_parent_chain_height 字段中访问。

（3）transfer_transaction_bytes

transfer_transaction_bytes 是序列化形式的 CrossChainTransfer 交易。

（4）merkle_path

merkle_path 是跨链 merkle 路径。此处也需要考虑两种情况：

1）主链到侧链：读者可以使用 GetMerklePathByTransactionIdAsync 方法从源链的 Web API 获取此信息。该方法使用 CrossChainTransfer 交易 ID 作为输入。

2）侧链到主链或侧链到侧链：首先需要在源链（此处为侧链）获取 merkle 路径。此外，还需要使用 GetBoundParentChainHeightAndMerklePathByHeight 和跨链 CrossChainTransfer 交易的区块高度对这个 merkle 路径进行补全。节点位于 CrossChainMerkleProofContext 对象的 merkle_path_from_parent_chain 字段中。

6.5.4 跨链验证交易

首先要发送一笔待验证的交易。任何交易都可以被验证，前提是这个交易已经被索引。

验证跨链交易，分为两种情况：

1）在侧链上验证主链交易。

2）在主链或另一条侧链上验证侧链交易。

```
rpc VerifyTransaction (VerifyTransactionInput) returns (google.protobuf. BoolValue) {
```

```
    option (aelf.is_view) = true;
}

message VerifyTransactionInput {
    aelf.Hash transaction_id = 1;
    aelf.MerklePath path = 2;
    sint64 parent_chain_height = 3;
    int32 verified_chain_id = 4;
}
```

VerifyTransaction 是跨链合约的查看方法，用于验证交易。它会返回一个布尔值，判断交易是否已经被打包，并在目标链上建立了索引。两种情况下都会使用这个方法，区别在于输入值的不同。

（1）在侧链上验证主链交易

想要在侧链上验证一笔主链上的交易，可以在侧链上调用 VerifyTransaction 方法，使用下面的值作为输入：

1）parent_chain_height：交易在主链上被打包的区块高度。

2）transaction_id：想要验证的交易 ID。

3）path：在主链上执行 GetMerklePathByTransactionIdAsync 方法可以获得默克尔路径，传入参数为交易的 ID。

4）verified_chain_id：需要验证的源链，这里是主链。

（2）在主链或另一条侧链上验证侧链交易

```
rpc GetBoundParentChainHeightAndMerklePathByHeight (aelf.SInt64Value) returns (CrossChain
MerkleProofContext) {
    option (aelf.is_view) = true;
}

message CrossChainMerkleProofContext {
    int64 bound_parent_chain_height = 1;
    aelf.MerklePath merkle_path_from_parent_chain = 2;
}
```

如果需要在主链或另一条侧链上验证一个侧链交易，可以在目标链上调用 VerifyTransaction 方法，使用下面的值作为输入：

1）transaction_id：想要验证的交易 ID。

2）parent_chain_height：在源链上，调用 GetBoundParentChainHeightAndMerklePathByHeight，其中，将 bound_parent_chain_height 字段的值设为打包交易的区

块高度。

3）path：这里包含两部分的默克尔路径，依次是：

① 交易的默克尔路径，通过 Web API 的 GetMerklePathByTransactionIdAsync 方法获得。

② 接下来，调用 GetBoundParentChainHeightAndMerklePathByHeight，其中 merkle_path_from_parent_chain 字段的取值来自于对象 CrossChainMerkleProofContext。

4）verified_chain_id：需要验证的源链。这里是那个交易被打包的侧链。

第 7 章

aelf 系统优化与云部署【高级：性能设计】

本章主要面向高级开发者，主要描述 aelf 节点设计背后架构级概念及 aelf 持续发布、测试、测评的相关要求与结果。aelf 项目将整个区块链系统视为一个“操作系统”来设计和构建，因此本章也试图从设计理念的角度达成高级开发者与 aelf 架构现状的“共情”。aelf 测试网上线后，aelf 官方团队与社区开发者持续开展测评与迭代工作，本章第 3 节较为完整地记录了测评的整个过程。

随着开源精神及微服务理念在 aelf 设计研发过程中的深入，aelf 团队提供了开源贡献与 DevOps 实施指引，在欢迎所有开发者参与 aelf 项目技术演进的目标下规范并细化了开源协作标准。

此外，面向企业级部署的前瞻需求，本章也涉及了在云上部署 aelf 节点、配置并使用面向 aelf 区块链平台运维的浏览器扩展插件。为提升 aelf 主网线上应用质量，aelf 官方提供了测试网作为 Staging 环境协助企业级开发者进行业务验证，本章给出了加入 aelf 测试网的一些指引。

7.1 aelf 操作系统与内核：面向底层瓶颈

aelf 区块链系统在开发过程中参考了很多编程领域的最佳实践，尤其是能够在本项目中获得收益的那些最佳实践。aelf 区块链系统主要采用 C# 开发，因此绝大部分最佳实践与面向对象编程（OOP，Object Oriented Programming）有关，包括设计模式 SOLID 原则（SRP 单一责任原则、OCP 开放封闭原则、LSP 里氏替换原则、ISP 接口隔离原则、DIP 依赖倒置原则）、DRY 原则（Don't Repeat Yourself，简称 DRY，即封装复用原则）等。

尽管区块链项目有其自身的特殊性，但 aelf 区块链系统在研发过程中严格依赖了 DDD（Domain Driven Design，简称 DDD，即领域驱动设计）方法作为研发风格。采用该方法的一个重要原因是 aelf 主框架的设计过程使用该方法实现了与需求的良好适配。因此，开发过程遵循 DDD 方法也就成了一个自然而然的选择。

关于 DDD 有以下几项关键点：

1）应用系统的传统架构分层为展现层（Presentation）、应用层（Application）、领域层（Domain）与基础设施层（Infrastructure）。

2）展现层用于处理用户与任意类型 DApp 的交互。

3）应用层主要用于封装由不同领域业务提供的服务接口映射。

4）领域层包括区块链系统的特定事件反馈及领域业务流程、对象。

5）基础设施层主要指第三方依赖库，包括但不限于数据库、网络等。

在 aelf 区块链系统的开发过程中，笔者也梳理了一个严谨的编码规范[㊀]，希望 DApp 开发者严格遵循。

1. 关于基础设施与库

构建 aelf 区块链系统的主要开发语言是 C#，主要框架为“.NET Core”。这个技术决策的主要原因是该框架显著的卓越运行性能，同时“.NET Core”框架在 Windows、macOS 与 Linux 系统间的跨平台优势。作为一个动态的、开源的框架，“.NET Core”的优势也得益于现在开发模式及该生态在 IT 领域庞大的参与者规模。

aelf 项目遇到的更高层次的框架是 ABP（ASP.NET Boilerplate Project，即

㊀ 编码规范下载链接 https://github.com/AElfProject/AElf/issues/1040

ASP.NET 样板项目）。从功能视角来看，一个区块链节点是一组技术架构的终端，如 RPC、P2P 及更高层次的跨链协议等都建立在该节点上。在 DDD 开发方法的引导下，ABP 框架天然地成了集成节点多种技术基础框架的一个优化选择，便于开发者基于 ABP 开发不同类型的应用。

在技术底层视角来看，aelf 采用 gRPC 实现跨链交互，基于 P2P 网络构建内部通信。在 gRPC 中，aelf 开发者使用 ProtoBuf 实现业务数据的序列化。此外，aelf 项目建议选用 XUnit 组件搭建单元测试，aelf 系统本身也自研框架用于开展智能合约的测试工作，读者可通过项目的 Github 页面了解详细信息（http://github.com/AElfProject）。

2．aelf 操作系统

操作系统层实现了应用层与基础设施层的对接，同时控制着网络事件、任务的高级 Handler。如，新区块生成后发出声明时，整条链并发的反馈过程。从通信角度而言，操作系统层也控制着 RPC 的 API 实现。

3．aelf 内核

aelf 内核层主要包括智能合约执行的原语及一系列定义。内核定义了解析处理区块链数据的必要组件，不同的管理器能够通过存储层与其下层的数据库建立交互。同时，内核定义了插件的规约，侧链模块都是以插件的形式集成到 aelf 系统中的。此外，基础设施层（如服务端）在操作系统核心中被定义，但是在另一个依赖了第三方库的项目中被实现的（如 gRPC 作为第三方依赖库）。

7.2　基于 aelf 的业务设计思路

本节旨在为开发者建立 aelf 项目解决方案的一个全貌，以便开发者能够更好地理解 DApp 的构建基石。

从概念上来说，aelf 系统基于操作系统、内核两个重要的层实现。操作系统层包含节点作为 RPC、P2P 终端的高级接口定义，内核层主要包含关键的领域业务逻辑及智能合约、共识算法的定义。

aelf 有一套本地的智能合约运行时环境，该环境与智能合约均通过 C# 语言编写，具体的实现在 AElf.Runtime.CSharp.*projects（*表示所有以 projects 结尾的代码包）中。

AElf.Test 解决方案目录包含了主要功能分支的测试代码，测试覆盖率须足够大以确保项目的实施质量。

aelf 代码中除了上述内容，还有一些在项目实现过程中用到的外部依赖库。如，加密依赖库或数据库基础设施依赖库，这些库虽不重要但也值得深入关注。

1. 任务与事件 Handler

事件 Handler 实现了系统对内外部事件的响应逻辑。Handler 是应用程序的重要“感官”，通常被框架以纯领域业务无关的形式调用。一个事件 Handler 主要通过调用其他服务来影响链的状态。

2. 模块

目前 aelf 架构的基础是建立在模块互相实时连接的基础上的。任何新的模块都应当继承 AElfModule 来实现。

创建一个新的模块通常需要遵循以下四个步骤：

1）编写一个事件 Handler 或任务。

2）实现服务接口或为基础设施层接口封装一个管理器。

3）在不引入新的外部依赖的同一项目前提下实现基础设施层接口。

4）在一个新项目中实现基础设施层接口，如果需要的话可增加第三方外部依赖，如 gRPC/MongoDB/MySQL 等。

具体可参考 P2P Network Module 在 aelf 项目中的实现：

P2P 网络编码的定义在 CoreOSAElfModule 和 GrpcNetworkModule 中。操作系统核心定义了可被该节点其他组件调用的服务，同时实现了应用程序的领域业务逻辑。

3. 测试

当新编写一个组件、事件 Handler 或函数时，通过单元测试的严格实施以确保与 aelf 项目相同的质量要求是尤为重要的。正如前文所说，aelf 项目提供了一个覆盖整个解决方案的测试目录，可参考 aelf 的质量保证策略测试开发的代码。

7.3 aelf 集群化测评：打造高性能分布式系统

区块链的技术概念在传统 IT 圈逐渐升温，成为许多遗产系统升级重构方案的备选技术路线。项目组多年从事应用系统研发，目前所维护的系统性能渐露瓶颈，分片扩容难度较大且面临分布式改进的潜在需求，因而亟须区块链架构技术储备。

应用系统性能提升的关键在于运维端的接入管理模型（AAA，认证 Authentication、授权 Authorization、计费 Accounting）及业务端的并发（Concurrency）/吞吐量（Throughput）模型。

区块链是典型的“运维友好型”系统，天然的自我治理能力极大程度上优化了接入管理模型，但现有区块链系统的并发/吞吐量模型指标却饱受诟病。无论是 BTC 的 7TPS（吞吐量性能指标），还是 ETH 的 40TPS 在传统业务系统动辄万级甚至十万级 TPS 面前都难以保持自信。

本着不重复造轮子的宗旨，首先梳理了一下区块链项目对底层技术的需求：

1）聚焦底层基础设施，项目自身行业或领域特征不明显，易引入本行业业务。

2）能够实现微服务级部署，扩容友好，易迁移部署。

3）并发吞吐量 5k+，稳定支撑十万级 DAU（Daily Active user，简称 DAU，日活跃用户数），可靠性强。

选定 aelf 作为调研对象的原因：一方面是开发指南新近发布，与最新代码版本的可操作性强；另一方面 aelf 采用的 Akka 并发框架应用范围较广。

7.3.1 测评设计

现有的区块链系统业务处理能力普遍面向价值传递进行建设。因此，对于区块链系统性能的测评思路应面向交易过程展开。aelf 架构在区块链架构方面主打的特征是“主链+多级侧链”，链间有专门的跨链算法实现相对隔离的业务单元间资源的协同，链内节点均运行于集群，节点内部通过并行化方案提升吞吐量指标。

根据官方在社区披露的信息，测试网初期（即目前）提供主链并行计算模块的测试验证，确认主链性能后再灰度升级至多级侧链版本，从软件质量体系的角度而言是合理的。通过参与社区内的技术直播互动，也与项目技术团队充分探讨了 aelf 选用的几个技术方案，尤其是 Akka 并行框架。积极选用已被验证的成熟技术元素确实是做新系统、新基础设施时的难能可贵的姿态，进一步提升了对 aelf 框架的好感度。

Transaction，传统 IT 人习惯把它叫“事务”，区块链圈的人通常把它叫“交易”，可能是 BTC 白皮书翻译传承下来的因素。性能考评应充分考虑软件质量体系的要求，同理，对于一个区块链底层架构而言，模拟价值传输压力的交易激励能够作为区块链底层基础设施 TPS 指标的验证形式。

据此，先定义一个原子事务作为本次测试验证的基本测试用例——“合约转账”。1 次“合约转账”包括 2 次读 2 次写操作，具体步骤如下：

1）从 A 账户读取余额（1 次读）。

2）从 B 账户读取余额（1 次读）。

3）从 A 账户减去金额（1 次写）。

4）从 B 账户增加金额（1 次写）。

笔者早期接触过 BTC，深深叹服中本聪 UTXO 体系设置的精妙，但传统应用系统往往还是依赖账户模型体系。因此，选用一个经典的原子转账事务作为标准测试用例，并以该用例的执行效率作为吞吐量指标的依据。aelf 支持区块链智能合约，上述原子事务须编写为合约脚本部署至测试网。

进而，再定义一个基本的 aelf 测评流程，如图 7-1 所示。

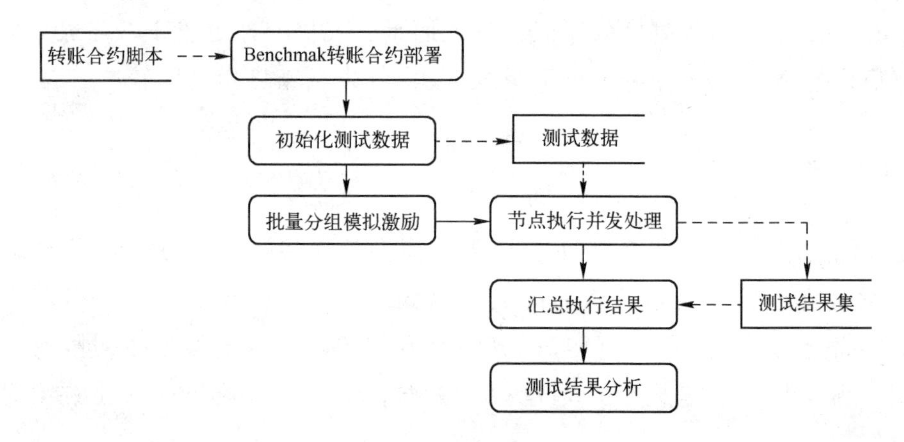

图 7-1 aelf 测评流程

该测评流程可作为一个典型的区块链性能测评策略。以一次“合约转账”为一个基本业务执行单元，编写运行于区块链平台上的“合约脚本”程序，该程序能够被区块链系统各节点部署并执行。实施测评前需依据特定的用例或随机生成测试用例初始化测试数据，不同场景、不同轮次的测评实施须基于相同的测试数据以确保测试结果可信。

测试数据作为交易申请相继对主网发起激励，对于 aelf 此类采用分布式并行化思想进行架构设计的项目，可采用多组数据并发激励的形式以测试较高并发交易场景下区块链系统的性能。测试过程中，可通过实时监视或特定时间片监视的方式判定测试用例的执行情况，时间片可设置为出块周期的 N 倍（N<=6，借鉴 BTC 主网 6 区块确认的惯例）。

7.3.2　测评场景定义

继续定义不同的测评场景：

1）场景 I：单机场景，1 业务处理节点 + 1 业务数据集。

2）场景 II：集群-单机场景，N 业务处理节点 + 1 业务数据集。

3）场景 III：分布式集群场景，N 业务处理节点 + N 业务数据集。

单机场景旨在验证区块链系统的独立性能。因区块链为分布式集群系统，针对单机场景测评验证对于最终全网性能指标结论的意义不是很大，但有助于更好地定义集群测试的边界。如，单机测评的性能指标为 P，进行集群测评时，能够以 P 为基础通过节点/进程增长与性能指标增长之间的关系判定是否有必要进行更大规模的测评验证。此外，在单机测评的过程中，通过补充带有网络延迟的测试环境有助于对网络环境影响因素进行基本的定量。

集群-单机场景旨在针对面向区块链底层平台所支撑的实际业务类型进行覆盖性测试。区块链技术本身是去中心化的，但区块链系统所支撑的上层业务可能有中心化特征。因此，需要进行多对一场景的模拟测评。该场景的设计针对数据 I/O 存在固定瓶颈的情况下，对区块链系统业务处理吞吐量进行定量测评。

分布式集群场景旨在针对处于 P2P 网络拓扑中，交易执行处理与交易数据协同均需实现区块链共识的业务场景进行覆盖性测试。该场景为典型的区块链系统场景，通过单机场景及集群-单机场景的测评，能够辅助开发者对该场景下的测试边界及测试差异性因子进行综合分析，确定测试实施的方式及被测部署环境的典型性，从而得到较为可靠的测评结论。

区块链系统的运行有多个层次，区块链程序可被部署至多台服务器，每台服务器可运行多个进程级实例，对 aelf 而言，每个实例内可以配置多个并行化业务单元。因此性能指标 TPS 受服务器、实例、业务单元的影响均需在测试中体现，最优的 TPS 测评结果应表现在一个适宜的服务器、实例、业务单元配置之下，在测试条件允许之内寻找这个最优的配置也是本次测评的目的之一。

综上所述，拟实现的测试验证目的包括但不限于单服务节点运行状态下的并发执行能力及集群环境下的性能延展性。

7.3.3 测评环境搭建与部署

对 aelf 集群测试进行开发接入的核心是厘清 Benchmark 环境，下面为基本的测评环境搭建与部署执行步骤。

复制及编译代码：

```
➢ git clone https://github.com/AElfProject/AElf.git aelf
➢ cd aelf
➢ dotnet publish –configuration Release -o /temp/aelf
```

确认配置文件目录：

```
➢ Mac/Linux: ~/.local/share/aelf/config
➢ Windows: C:\Users\xxxxx\AppData\Local\aelf\config
```

配置数据集信息：

将代码中的 aelf/config/database.json 复制至配置文件目录，并根据本机 Redis 安装情况修改配置：

```
{
// 数据库类型（内存：inmemory，Redis：redis，SSDB：ssdb)
"Type": "redis",
// 数据库地址
"Host": "localhost",
// 数据库端口
"Port": 6379
}
```

1. 单机场景部署

将代码中的 aelf/config/actor.json 复制至配置文件目录，并根据本机情况配置 IsCluster、WorkerCount、Benchmark、ConcurrencyLevel：

```
{
// 是否为集群模式
"IsCluster": false,
```

```
"HostName": "127.0.0.1",
"Port": 0,
// 并行执行 Worker 的数量，建议与本机 CPU 核数相同
"WorkerCount": 8,
// 运行 Benchmark 模式
"Benchmark":true,
// 最大并行分组级别，大于等于 WorkerCount
"ConcurrencyLevel": 16,
"Seeds": [
{
"HostName": "127.0.0.1",
"Port": 32551
}
],
"SingleHoconFile": "single.hocon",
"MasterHoconFile": "master.hocon","WorkerHoconFile": "worker.hocon",
"ManagerHoconFile": "manager.hocon"
}
```

运行 Benchmark：

```
dotnet AElf.Benchmark.dll -n 8000 --grouprange 80 80 --repeattime 5
// -n 总事务数量；--grouprange 分组范围；--repeattime 重复执行次数
```

2．集群场景部署

运行 ConcurrencyManager：

```
dotnet AElf.Concurrency.Manager.dll --actor.host 192.168.100.1 --actor.port 4053
// --actor.host Manager 的 IP 地址；--actor.port Manager 的监听端口
```

将代码中的 aelf/config/actor.json 复制至配置文件目录，并根据本集群情况配置 IsCluster、HostName、WorkerCount、Benchmark、ConcurrencyLevel、Seeds：

```
{
// 是否为集群模式
"IsCluster": true,
 // Worker 的 IP 地址
"HostName": "127.0.0.1",
// Worker 监听的端口
"Port": 32551,
```

```
// 并行执行 Worker 的数量，建议与本机 CPU 核数相同
"WorkerCount": 8,
// 运行 Benchmark 模式
"Benchmark":true,
// 最大并行分组级别，大于等于 WorkerCount * Worker 的进程数
"ConcurrencyLevel": 16,
// Manager 的 IP、端口信息
"Seeds": [
{
"HostName": "192.168.100.1",
"Port": 4053
}
],
"SingleHoconFile": "single.hocon",
"MasterHoconFile": "master.hocon",
"WorkerHoconFile": "worker.hocon",
"ManagerHoconFile": "manager.hocon"
}
```

运行 ConcurrencyWorker：

```
dotnet AElf.Concurrency.Worker.dll --actor.port 32551
// --actor.port Worker 的监听端口
```

如果 Worker 收到 Manager 的欢迎信息则说明该 Worker 加入了集群，后续节点扩容可依托此环境开展。

运行 Benchmark：

```
dotnet AElf.Benchmark.dll -n 8000 --grouprange 80 80 --repeattime 5
```

7.3.4 测评结果

本小节不再赘述具体的执行过程，直接针对三种场景给出测评验证的数据。特别强调：本次测评的数据结果为项目组自行测试得出的，测评环境和过程可能因人为操作产生误差，但对最终结果无本质影响。

场景 I：单机场景测评数据。

表 7-1 为单机场景测评数据结果汇总，图 7-2 所示为单机场景测评 TPS 分布曲线。通过表 7-1、图 7-2 可以发现，当数据库与业务单元分离部署时，网络延迟会导致 TPS 指标下降，同等网络延迟下 TPS 指标跟随变化趋势基本相同。

表 7-1　单机场景测评数据结果汇总

业务进程数	业务单元数	含网络延迟 TPS	无网络延迟 TPS
1	1	1819	822
1	2	3167	1489
1	3	4474	2125
1	4	5277	2654
1	8	6009	4230
1	12	6076	5031
1	13	6051	5027
1	14	5802	5180
1	16	5580	5030
1	20	5025	4388
1	24	4729	3825
1	28	4450	3485
1	32	4097	3063

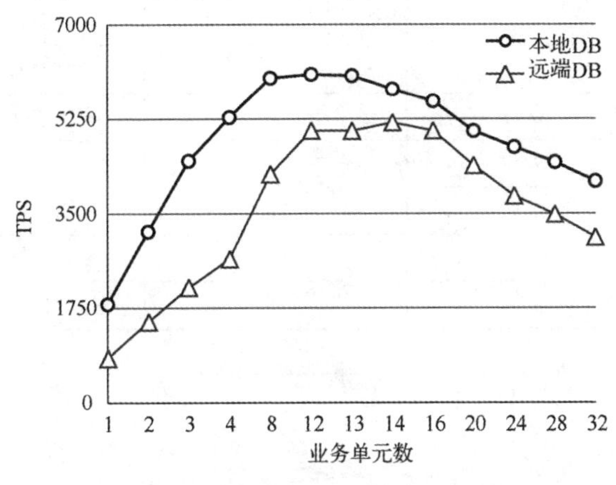

图 7-2　单机场景测评 TPS 分布曲线

场景 II：集群-单机场景测评数据。

表 7-2 为集群-单机场景测评数据结果汇总，图 7-3 所示为集群-单机场景测评 TPS 分布曲线，图 7-4 所示为集群-单机场景扩容 TPS 增长曲线。通过表 7-2、图 7-3、图 7-4 可以看出，当数据集服务为单例部署时，2 进程 16 业务单元的部署模式较为理想。针对 2 进程 16 业务单元的部署模式又做了服务器扩容的补充分析，分析表明在数据集服务为单例时，服务器增长到 5 时性能达到瓶颈，TPS 指标开始下滑。

表 7-2 集群-单机场景测评数据结果汇总

服务器数	业务进程数	业务单元数	单元总数	TPS
4	1	8	4*1*8=32	9566
		10	4*1*10=40	9956
		16	4*1*16=64	9795
		24	4*1*24=96	9843
		32	4*1*32=128	8601
	2	8	4*2*8=64	9867
		10	4*2*10=80	10181
		16	4*2*16=128	10274
		24	4*2*24=192	8692
		32	4*2*32=256	6848
	3	8	4*3*8=96	10033
		10	4*3*10=120	10377
		16	4*3*16=192	10125
		24	4*3*24=288	9419
		32	4*3*32=384	9406
1	2	16	1*2*16=32	5078
2	2	16	2*2*16=64	8592
3	2	16	3*2*16=96	10094
4	2	16	4*2*16=128	10274
5	2	16	5*2*16=160	10214

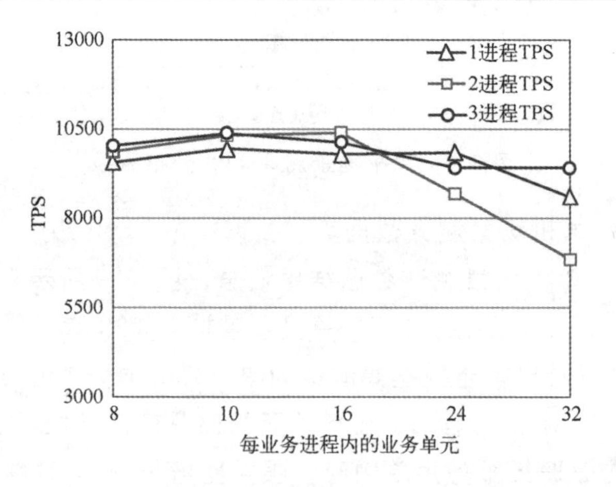

图 7-3 集群-单机场景测评 TPS 分布曲线

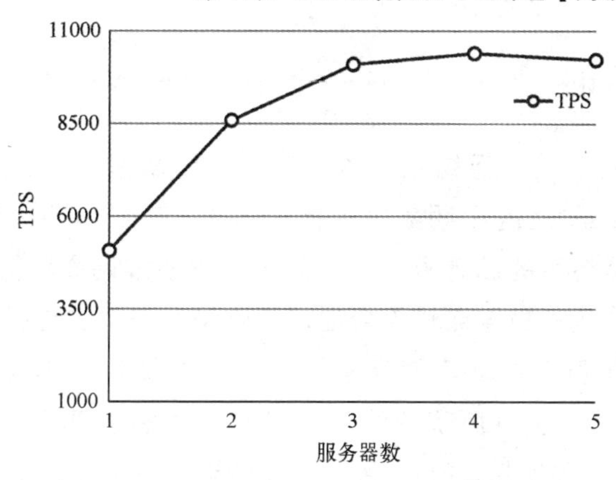

图 7-4　集群-单机场景扩容 TPS 增长曲线

场景 III：分布式集群场景测评数据。

表 7-3 为分布式集群场景测评数据汇总，图 7-5 所示为分布式集群场景 TPS 分布曲线。表 7-3、图 7-5 测试环境为 8 个 Redis 实例构建的集群，5 个 Twemproxy，每台服务器连接不同的 Twemproxy，TPS 指标能够随扩容而增长至理想值附近。

表 7-3　分布式集群场景测评数据结果汇总

服务器数	业务进程数	业务单元数	单元总数	TPS
4	2	16	4*2*16=128	11263
5	2	16	5*2*16=160	13278
	3	16	5*3*16=240	13980
	4	16	5*4*16=320	14169

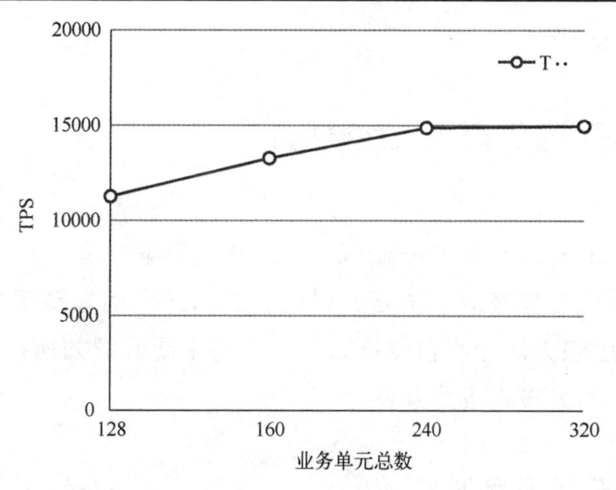

图 7-5　分布式集群场景 TPS 分布曲线

其他相关测试参数：使用 240000 个交易，重复 5 次。

7.3.5 测评结论

通过上述测试验证的执行结果基本能够看出随着系统的扩容，TPS 的增长是较为健康的，测试范围之内预期最优指标约为 1.3 万 ~ 1.5 万 TPS。

此外，在每一组特定的部署模式下，能够通过系统调优获得平均约 10%～15%的性能提升，TPS 曲线的极值点较为合理，符合快升缓降的泊松分布。

目前，小拓扑集群下的环境搭建验证基本能够满足中小型业务系统的吞吐量需求，初步可应用于传统应用系统的优化重构。当然，只用区块链技术做分布式数据库和通信组件难免有点大材小用，后续还需关注多级侧链体系的测试情况，进一步融和分布式业务模型。

当然，现有的区块链系统仍存以下性能瑕疵，针对性优化有助于进一步提升性能优化水平：

1）当 Transaction 数量级较大，且后续引入侧链的结构较复杂时，目前的分组策略耗时可能会有比较显著的提升，如十万级事务分 1k 级处理单元组时，可能的分组时间会达到 800～1000ms，分组策略在后续多级侧链体系下有待进一步优化。

2）系统目前配置的 Round-Robin-Group 路由策略在生产环境下并非最优，路由能力可通过配置调优的方式得到进一步提升。

3）并行化事务处理过程中建议增加健康状态监控机制。如 MailBox，以方便运维、开发团队了解执行过程及定位问题，否则复杂关联事务的死锁可能会导致无法预见的系统失效。

7.4 aelf 开源贡献与 DevOps

DevOps（Development & Operation），即开发运维，是一种将软件开发团队与运维团队集成的组织工作模式、方法、过程。近年来，随着微服务的应用趋势逐渐扩大，DevOps 的组织方法论也备受推崇。本节将主要介绍如何在 DevOps 的视角下组织基于 aelf 系统的分布式应用开发。

7.4.1 aelf 开源项目开发

在 aelf 系统开发和后续演进过程中，尽可能本着持续开源的状态。为此，

aelf 团队设定了一定数量的规则和引导以试图确保 aelf 项目能够被随时获取。基于开源精神，aelf 项目持续公开代码并发起线上讨论，团队尽其所能地确保项目保持公开透明。

aelf 是一个协作项目，aelf 在发展的过程中时刻欢迎外部意见，以推进对项目源码产生积极变更的请求与讨论。但是，也正因为 aelf 的所有协作者、贡献者是在一个开放的环境中共同工作的，因此需要定义一个确定的准则。

笔者鼓励所有希望参与代码贡献的协作者都阅读一下项目的白皮书和各种文档，以求深入了解 aelf 项目的初心与立意。通过复制/下载并阅读 aelf 项目代码和架构，了解现有功能是如何被集成的。完成上述工作后如果还有其他遗留的问题，可以在项目的 Github 页面上开一项 Issue（讨论），尽可能清晰地表达自己希望获得深入探讨的内容。

最终，所有希望贡献代码的协作者需要遵循团队的贡献者协作准则指引发布一条 pull request，据此代码将被正式评审并在 Github 平台充分讨论。如果获得 aelf 团队核心成员确认，则代码能够被合并至 aelf 正式项目中。

7.4.2 aelf 发布、测试及运行监控

1. aelf 发布

aelf 版本控制遵循 Semver 版本控制系统，详情请参考：https://semver.org。

在集成 Github 的开发环境中，有定时任务能够实时发布最新版本的开发发布包：

MyGet 开发发布包位于：https://www.myget.org/gallery/aelf-project-dev。

Release 分支 Nuget 开发发布包位于：https://www.nuget.org/profiles/AElf。

2. aelf 测试

测试是软件开发工作的一个重要切面，缺乏测试的项目是很难持续提升的。aelf 团队目前严格执行两项测试：单元测试与性能测试。单元测试须完全覆盖区块链系统最重要部分——功能与协议。性能测试的执行也很重要，能用来评价对代码的变更没有对节点处理输入的交易与区块的速度造成重大影响。

单元测试能够确保 aelf 系统质量，同时也允许安全地执行项目重构变更。团队期望单元测试能够尽量覆盖足够多、足够全面的功能。目前开发者主要使

用 xUnit 框架，测试过程遵循普遍接受的测试活动最佳实践。工作流规定对于任何新增的功能，单元测试在覆盖该功能时也要确保其他单元测试影响域也能够被覆盖。

对于 aelf 系统的性能测试始终是严格的，因为运行速度（TPS）一直是 aelf 系统的一个关键点。

3. aelf 运行监控

aelf 系统主要提供了三个层级的监控手段：

1）服务级监控：采用 Zabbix 监视器实例实时监控 aelf 的 CPU、存储资源指标。

2）链级监控：Github 上的 Influxdb 项目 Grafana 仪表板。

3）Akka 通信级监控：通信参与者监视。

7.5 在云上运行 aelf 节点

本节主要讨论在云上运行 aelf 项目的相关内容。以下引导步骤能够帮助读者在 Google Cloud Platform 上运行 aelf 节点。

首先需要通过访问 Google Cloud Market Place（https://console.cloud.google.com/marketplace）并且搜索“aelf enterprise”，找到并选择以下镜像，打开镜像详细信息页面，如图 7-6 所示。

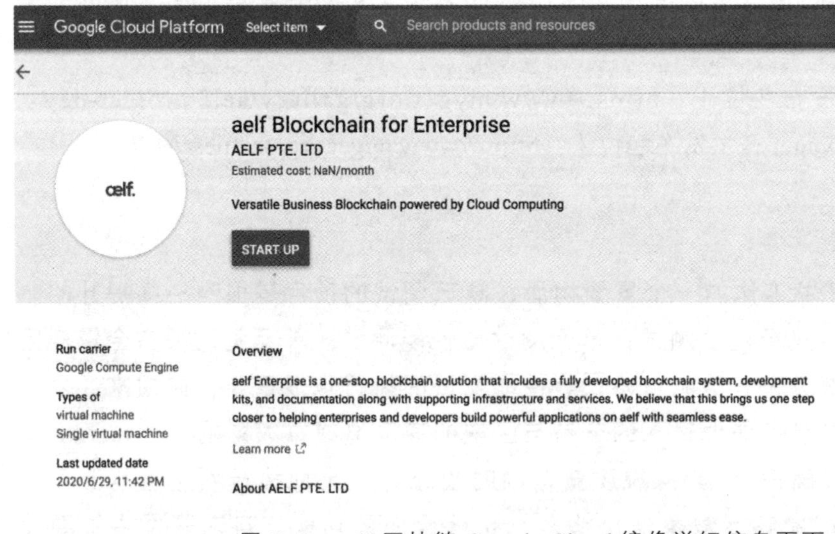

图 7-6 aelf 区块链 Google Cloud 镜像详细信息页面

单击页面上的“LAUNCH ON COMPUTE ENGINE”按钮，单击后等待加载
可进入镜像部署页面，如图 7-7 所示。

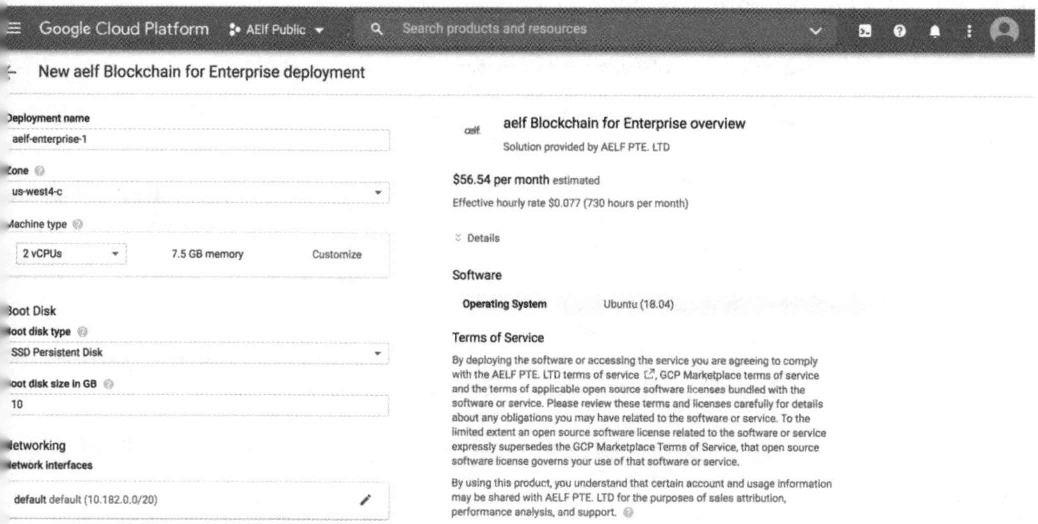

图 7-7　aelf 区块链 Google Cloud 镜像部署页面

读者可以保留页面上的默认配置（也可以调整配置，调整前请确保对被调整
内容了如指掌），完成配置信息确认后单击“DEPOLY”按钮开始执行 Google
oud 云端部署。等部署完成后，节点示例部署信息会以类似图 7-8 所示的页面
示：

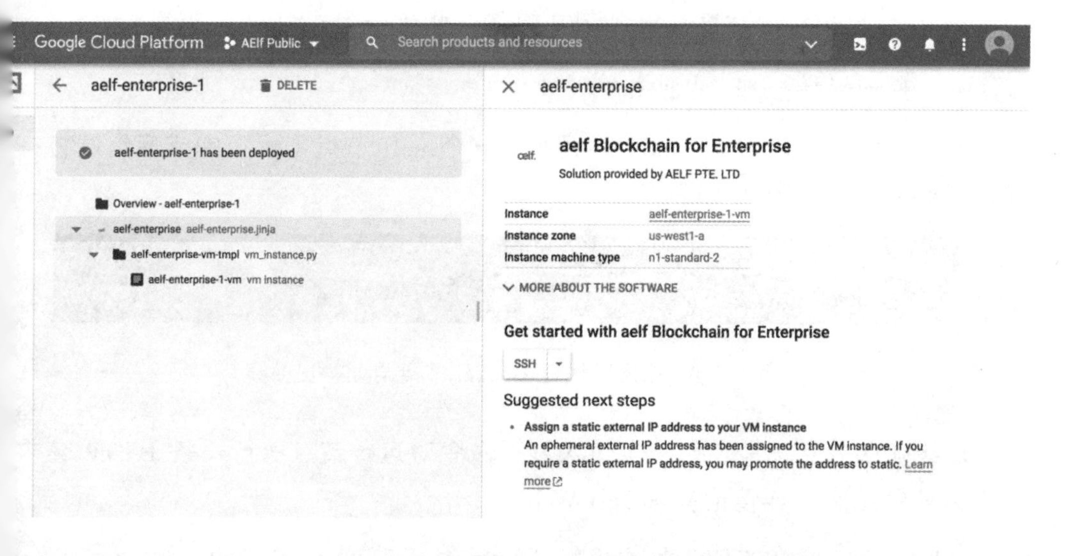

图 7-8　aelf 区块链 Google Cloud 镜像部署确认页面

接下来，可以通过 SSH 登录已启动的虚拟机实例。最简单的登录方式是通过部署信息页面直接登录实例。找到部署页面图 7-9 所示部位，在“SSH”下拉菜单中选择“Open in browser window”：

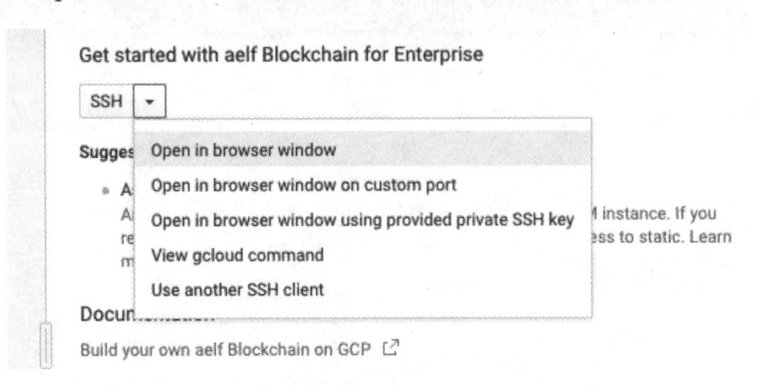

图 7-9 aelf 区块链 Google Cloud 镜像登录选项

加载完成后，可以获得已部署实例的一个 Shell，在 Shell 中可以通过命令运行 aelf 区块链。

首先需要通过执行以下命令来进行权限授权操作：

```
sudo bash
```

进而，可以通过以下任意一条命令启动 aelf 区块链。

1）在前台运行 aelf 区块链：

```
bash root@test:/# cd /opt/aelf-node && docker-compose up
```

2）在后台运行 aelf 区块链（下文中将以此运行方式为例）：

```
bash root@test:/# cd /opt/aelf-node && docker-compose up -d
```

上述命令会启动一个 Redis 数据库和一个 aelf 节点（运行完成后终端将打印输出“done”），如图 7-10 所示。

```
ubuntu@test:/opt/aelf-node$ sudo docker-compose up -d
sudo: unable to resolve host test
Creating aelf-node_redis_1_1c73bb0fe27b ... done
Creating aelf-node_aelf-node_1_b673d69e0560 ... done
```

图 7-10 aelf 区块链 Docker 节点启动输出效果

最终确认节点正常工作，可输入以下命令对运行节点执行一条 HTTP 请求获得区块链状态（详情请参考 aelf Web API）：

```
curl -X GET "http://127.0.0.1:8001/api/blockChain/chainStatus" -H "accept: text/plain; v=1.0"
```

输出信息如图 7-11 所示。

```
ubuntu@test:/opt/aelf-node$ curl -X GET "http://127.0.0.1:8001/api/blockChain/chainStatus" -H "accept: text/plain; v=1.0"
{"ChainId":"AELF","Branches":{"3f41068dea72676a4de567b0098ae1bf5708d63e0d32e2745210b366a6dc0265":6727},"NotLinkedBlocks":{},"Lo
ngestChainHeight":6727,"LongestChainHash":"3f41068dea72676a4de567b0098ae1bf5708d63e0d32e2745210b366a6dc0265","GenesisBlockHash"
:"32472fa4f6a04f31f6d1c6303e7d69c496da016900559d4873a0e4c731c9f9bf","GenesisContractAddress":"2gaQh4uxg6tzyH1ADLoDxvHA14FMpzEiM
qsQ6sDG5iHT8cmjp8","LastIrreversibleBlockHash":"f89761efcf8f9f8f8c369ead32fd97ff9115bc2db5cbfaa600e7bcbc2cefa2ba","LastIrrevers
ibleBlockHeight":6703,"BestChainHash":"3f41068dea72676a4de567b0098ae1bf5708d63e0d32e2745210b366a6dc0265","BestChainHeight":6727
```

图 7-11　aelf 区块链 Docker 节点 API 调试输出信息

如果一切运行正常，可以通过重复上条命令持续查看链的增长情况。

7.6　使用 aelf 提供的浏览器扩展插件

aelf 官方以 Github 项目的形式提供了浏览器扩展插件，项目地址为https://github.
om/AElfProject/aelf-web-extension。

7.6.1　扩展插件安装、数据格式及检查

对于普通用户而言，如果使用 Chrome 浏览器、QQ 浏览器，可以通过链接
tps://chrome.google.com/webstore/detail/aelf-explorer-extension-d/mlmlhipeonlflbcclinp-
ncjdnpnmkpf 在本地安装 aelf 浏览器扩展插件，安装时需要注意如下提示信息：

```
Using File:/// protocol may can not use the extenstion
// https://developer.chrome.com/extensions/match_patterns
Note: Access to file URLs isn't automatic. The user must visit the extensions management page and
t in to file access for each extension that requests it.
```

对于区块链分布式应用开发者而言，aelf 浏览器扩展插件能帮助开发者执行
下业务交互：

1）确保用户获得扩展插件。

2）连接区块链。

3）初始化智能合约。

4）调用智能合约方法。

浏览器扩展插件本地数据格式定义如下：

```
NightElf = {
    histories: [],
    keychain: {
        keypairs: [
```

```
            {
                name: 'your keypairs name',
                address: 'your keypairs address',
                mnemonic: 'your keypairs mnemonic',
                privateKey: 'your keupairsprivateKey',
                publicKey: {
                    x: 'you keupairspublicKey',
                    y: 'you keupairspublicKey'
                }
            }
        ],
        permissions: [
            {
                chainId: 'AELF',
                contractAddress: 'contract address',
                contractName: 'contract name',
                description: 'contract description',
                github: 'contract github',
                whitelist: {
                    Approve: {
                        parameter1: 'a',
                        parameter2: 'b',
                        parameter3: 'c'
                    }
                }
            }
        ]
    }
}
```

浏览器扩展检查的例程如下：

```
let nightElfInstance = null;
class NightElfCheck {
    constructor() {
        const readyMessage = 'NightElf is ready';
        let resovleTemp = null;
        this.check = new Promise((resolve, reject) => {
            if (window.NightElf) {
                resolve(readyMessage);
            }
```

```
            setTimeout(() => {
                reject({
                    error: 200001,
                    message: 'timeout / can not find NightElf / please install the extension'
                });
            }, 1000);
            resovleTemp = resolve;
        });
        document.addEventListener('NightElf', result => {
            console.log('test.js check the status of extension named nightElf: ', result);
            resovleTemp(readyMessage);
        });
    }
    static getInstance() {
        if (!nightElfInstance) {
            nightElfInstance = new NightElfCheck();
            return nightElfInstance;
        }
        return nightElfInstance;
    }
}
const nightElfCheck = NightElfCheck.getInstance();
nightElfCheck.check.then(message => {
    // connectChain -> Login ->initContract -> call contract methods
});
```

7.6.2 扩展插件的典型业务例程

以下业务例程的实现依赖了 aelf 官方提供的 JS-SDK 接口，即依赖“aelf-sdk.js”文件，例程中的“...”代表可忽略/可替换的数据。

1. GET_CHAIN_STATUS

以下代码实现了获取区块链状态的业务逻辑：

```
const aelf = new window.NightElf.AElf({
    httpProvider: [
        'http://192.168.197.56:8101/chain',
        null,
        null,
```

```
            null,
            [{
                name: 'Accept',
                value: 'text/plain;v=1.0'
            }]
        ],
        appName: 'Test'
});

aelf.chain.getChainStatus((error, result) => {
    console.log('>>>>>>>>>>>>>connectChain>>>>>>>>>>>>>');
    console.log(error, result);
});

// result = {
//      ChainId: "AELF"
//      GenesisContractAddress: "61W3AF3Voud7cLY2mejzRuZ4WEN8mr DMioA9kZv3H8taKxF"
// }
```

2. CALL_AELF_CHAIN

以下代码实现了调用 aelf 区块链的业务逻辑：

```
const txid = 'c45edfcca86f4f528cd8e30634fa4ac53801aae05365cfefc3bfe9 b652fe5768';
aelf.chain.getTxResult(txid, (err, result) => {
    console.log('>>>>>>>>>>>>>getTxResult>>>>>>>>>>>>>');
    console.log(err, result);
});

// result = {
//      Status: "NotExisted"
//      TransactionId: "ff5bcd126f9b7f22bbfd0816324390776f10ccb3 fe0690efc84c5fcf6bdd3fc6"
// }
```

3. LOGIN

以下代码实现了用户/节点登录业务逻辑：

```
aelf.login({
    appName: 'hzzTest',
    chainId: 'AELF',
```

```
        payload: {
            method: 'LOGIN',
            contracts: [{
                chainId: 'AELF',
                contractAddress: '4rkKQpsRFt1nU6weAHuJ6CfQDqo6dxruU3K3wNUFr6ZwZYc',
                contractName: 'token',
                description: 'token contract',
                github: ''
            }, {
                chainId: 'AELF TEST',
                contractAddress: '2Xg2HKh8vusnFMQsHCXW1q3vys5JxG5ZnjiGwNDLrrpb9Mb',
                contractName: 'TEST contractName',
                description: 'contract description',
                github: ''
            }]
        }
}, (error, result) => {
    console.log('login>>>>>>>>>>>>>>>>>>', result);
});

// keychain = {
//      keypairs: [{
//          name: 'your keypairs name',
//          address: 'your keypairs address',
//          mnemonic: 'your keypairs mnemonic',
//          privateKey: 'your keypairsprivateKey',
//          publicKey: {
//              x: 'f79c25eb......',
//              y: '7fa959ed......'
//          }
//      }],
//      permissions: [{
//          appName: 'hzzTest',
//          address: 'your keyparis address',
//          contracts: [{
//              chainId: 'AELF',
//              contractAddress:'4rkKQpsRFt1nU6weAHuJ6CfQDqo6 dxruU3K3wNUFr6ZwZYc',
//              contractName: 'token',
//              description: 'token contract',
//              github: ''
```

```
//              }],
//              domain: 'Dapp domain'
//         }]
// }
```

4. INIT_AELF_CONTRACT

以下代码实现了初始化 aelf 合约的业务逻辑：

```
// In aelf-sdk.js wallet is the realy wallet.
// But in extension sdk, we just need the address of the wallet.
const tokenContract;
const wallet = {
    address: '2JqnxvDiMNzbSgme2oxpqUFpUYfMjTpNBGCLP2CsWjpbHdu'
};
// It is different from the wallet created by AElf.wallet.getWalletByPrivateKey();
// There is only one value named address;
aelf.chain.contractAtAsync(
    '4rkKQpsRFt1nU6weAHuJ6CfQDqo6dxruU3K3wNUFr6ZwZYc',
    wallet,
    (error, result) => {
        console.log('>>>>>>>>>>>>>contractAtAsync>>>>>>>>>>>>>');
        console.log(error, result);
        tokenContract = result;
    }
);

// result = {
//      Approve: ƒ (),
//      Burn: ƒ (),
//      ChargeTransactionFees: ƒ (),
//      ClaimTransactionFees: ƒ (),
//      ....
// }
```

5. CALL_AELF_CONTRACT/CALL_AELF_CONTRACT_READONLY

以下代码实现了调用 aelf 合约（或调用只读合约）的业务逻辑：

```
// tokenContract from the contractAsync
tokenContract.GetBalance.call(
```

```
        {
            symbol: 'AELF',
            owner: '65dDNxzcd35jESiidFXN5JV8Z7pCwaFnepuYQToNefSgqk9'
        },
        (err, result) => {
            console.log('>>>>>>>>>>>>>>>>>>>', result);
        }
    );

    tokenContract.Approve(
        {
            symbol: 'AELF',
            spender: '4rkKQpsRFt1nU6weAHuJ6CfQDqo6dxruU3K3wNUFr6ZwZYc',
            amount: '100'
        },
        (err, result) => {
            console.log('>>>>>>>>>>>>>>>>>>>', result);
        }
    );

    // If you use tokenContract.GetBalance.call  this method is only applicable to queries that do not require extended authorization validation.(CALL_AELF_ CONTRACT_READONLY)
    // If you use tokenContract.Approve this requires extended authorization validation (CALL_AELF_CONTRACT)

    // tokenContract.GetBalance.call(payload, (error, result) => {})
    // result = {
    //     symbol: "AELF",
    //     owner: "65dDNxzcd35jESiidFXN5JV8Z7pCwaFnepuYQToNefSgqk9",
    //     balance: 0
    // }
```

6. CHECK_PERMISSION

以下代码实现了权限检查的业务逻辑：

```
aelf.checkPermission({
    appName: 'hzzTest',
    type: 'address', // if you did not set type, it aways get by domain.
    address: '4WBgSL2fSem9ABD4LLZBpwP8eEymVSS1AyTBCqXjt5cfxXK'
}, (error, result) => {
```

```
    console.log('checkPermission>>>>>>>>>>>>>>>>>', result);
});

// result = {
//      ...,
//      permissions:[
//          {
//              address: '...',
//              appName: 'hzzTest',
//              contracts: [{
//                  chainId: 'AELF',
//                  contractAddress: '4rkKQpsRFt1nU6weAHuJ6CfQDqo6 dxruU3K3wNUFr6ZwZYc',
//                  contractName: 'token',
//                  description: 'token contract',
//                  github: ''
//              },
//              {
//                  chainId: 'AELF TEST',
//                  contractAddress: 'TEST contractAddress',
//                  contractName: 'TEST contractName',
//                  description: 'contract description',
//                  github: ''
//              }],
//              domian: 'Dapp domain'
//          }
//      ]
// }
```

7. SET_CONTRACT_PERMISSION

以下代码实现了设置合约权限的业务逻辑：

```
aelf.setContractPermission({
    appName: 'hzzTest',
    hainId: 'AELF',
    payload: {
        address:'2JqnxvDiMNzbSgme2oxpqUFpUYfMjTpNBGCLP2Cs WjpbHdu',
        contracts: [{
            chainId: 'AELF',
            contractAddress: 'TEST contractAddress',
            contractName: 'AAAA',
```

```
                description: 'contract description',
                github: ''
            }]
        }
}, (error, result) => {
    console.log('>>>>>>>>>>>>>', result);
});

// keychain = {
//     keypairs: {...},
//     permissions: [{
//         appName: 'hzzTest',
//         address: 'your keyparis address',
//         contracts: [{
//             chainId: 'AELF',
//             contractAddress: '4rkKQpsRFt1nU6weAHuJ6CfQDqo6dxru U3K3wNUFr6ZwZYc',
//             contractName: 'token',
//             description: 'token contract',
//             github: '',
//             whitelist: {}
//         },
//         {
//             chainId: 'AELF',
//             contractAddress: 'TEST contractAddress',
//             contractName: 'AAAA',
//             description: 'contract description',
//             github: ''
//         }],
//         domain: 'Dapp domain'
//     }]
// }
```

8. REMOVE_CONTRACT_PERMISSION

以下代码实现了移除合约权限的业务逻辑：

```
aelf.removeContractPermission({
    appName: 'hzzTest',
    chainId: 'AELF',
    payload: {
        contractAddress: '2Xg2HKh8vusnFMQsHCXW1q3vys5JxG5ZnjiGwNDLrrpb9Mb'
```

```
    }
}, (error, result) => {
  console.log('removeContractPermission>>>>>>>>>>>>>>>>>>>', result);
});

// keychain = {
//      keypairs: {...},
//      permissions: [{
//           appName: 'hzzTest',
//           address: 'your keyparis address',
//           contracts: [{
//                chainId: 'AELF',
//                contractAddress: '4rkKQpsRFt1nU6weAHuJ6CfQDqo6dxruU3K3wNUFr6ZwZYc',
//                contractName: 'token',
//                description: 'token contract',
//                github: ''
//           }],
//           domain: 'Dapp domain'
//      }]
// }
```

9. REMOVE_METHOD_WHITELIST

以下代码实现了移除合约函数白名单的业务逻辑：

```
aelf.removeMethodsWhitelist({
     appName: 'hzzTest',
     chainId: 'AELF',
     payload: {
          contractAddress: '2Xg2HKh8vusnFMQsHCXW1q3vys5JxG5ZnjiGwNDLrrpb9Mb',
          whitelist: ['Approve']
     }
}, (error, result) => {
  console.log('removeWhitelist>>>>>>>>>>>>>>>>>', result);
});
// keychain = {
//      keypairs: {...},
//      permissions: [{
//           appName: 'hzzTest',
//           address: 'your keyparis address',
```

```
//          contracts: [{
//              chainId: 'AELF',
//              contractAddress: '4rkKQpsRFt1nU6weAHuJ6CfQDqo6dxruU3K3wNUFr6ZwZYc',
//              contractName: 'token',
//              description: 'token contract',
//              github: '',
//              whitelist: {}
//          }],
//          domain: 'Dapp domain'
//      }]
// }
```

关于更多 Web 浏览器运行环境下的 aelf JS-SDK 的代码例程，可访问https://github.com/hzz780/aelf-web-extension/tree/1.0/devDemos获取。

7.6.3　扩展插件开发者的其他操作

下载浏览器扩展插件源码：

```
git clone https://github.com/hzz780/aelf-web-extension.git
```

安装 NodeJSnpm 依赖：

```
npm install
```

运行 webpack 打包器：

```
webpack -w
```

将插件添加至浏览器：

```
open development mode, add the webpack output app/public.
```

浏览器扩展插件项目使用 ECDH 项目（可访问 https://github.com/indutny/elliptic）提供的公钥对数据进行加密、私钥对数据进行解密。

7.7　加入 aelf 测试网指引

在第 3 章中，介绍了两种运行 aelf 节点的方式：通过 Docker 运行（推荐方式）和通过 Github 提供的源码或可执行文件运行。

在进入下文内容之前，请确定本地与已经安装了必要的工具和框架，并且这些工具和框架能够在命令行/终端随时可用。如果对环境安装有任何问题，请参考第3章提供的方法安装本地运行环境依赖。

加入aelf测试网简要分为以下步骤：

1）执行脚本下载数据快照，并将数据快照加载入数据库。

2）下载官方提供的配置文件模板，并且在Docker中运行脚本。

3）根据部署运行需求，修改appsettings.json配置文件（本书第3章已详细讲解）。

4）运行并检查aelf节点。

运行aelf测试网节点的硬件配置建议如下：

建议选用Amazon AWS配置c5.large实例，配置包含双核vCPUs、4GB RAM和200GB硬盘空间运行aelf测试网节点。当然，如不使用Amazon AWS也尽量选用相同配置的设备运行节点（包括主链节点与侧链节点）。

这里需要注意的是，运行aelf节点的设备时间须通过NTP或其他方式统一授时，授时失败的话会影响节点之间进行区块链共识同步。

读者如果觉得上述步骤介绍得过于简单，那么请继续阅读详细的步骤引导。本节的内容在前文中可能有所涉及，但从运行测试网节点的角度出发请读者务必耐心阅读。

1. 设置数据库

目前，aelf支持两种KeyValue数据库存储aelf节点的数据：Redis数据库与SSDB数据库。但是对于测试网而言，仅提供了SSDB数据库的快照。接下来将设置两个SSDB数据库服务，一个作为链数据库存储，一个作为状态数据库存储（如果期望有更好的性能，建议在不同的设备上分别运行这两个数据库服务）。

2. 导入快照数据

完成数据库设置后，下载最新的数据快照文件。以下命令提供了一个下载URL链接的模板，在模板中需要指定快照生成的日期——笔者强烈建议选用最新的快照文件。

通过以下命令从数据快照中恢复数据库：

```
>> mkdir snapshot
>> cd snapshot
```

```
## fetch the snapshot download script
>> curl-O-s https://aelf-node.s3-ap-southeast-1.amazonaws.com/snapshot/testnet/download-mainchain-db.sh

## execute the script, you can optionally specify a date by appending "yyyymmdd" as parameter
>> sh download-mainchain-db.sh

## chain database: decompress and load the chain database snapshot
>> tar xvzfaelf-testnet-mainchain-chaindb-*.tar.gz
>> stop your chain database instance (ssdb server)
>> cp -r aelf-testnet-mainchain-chaindb-*/* /path/to/install/chaindb/ssdb/var/
>> start your chain database instance
>> enter ssdb console (ssdb-cli) to verify the imported data

## state database : decompress and load the state database
>> tar xvzfaelf-testnet-mainchain-statedb-*.tar.gz
>> stop your state database instance (ssdb server)
>> cp -r aelf-testnet-mainchain-statedb-*/* /path/to/install/ssdb/var/
>> start your state database instance
>> enter ssdb console(ssdb-cli) to verify the imported data
```

3. 获取节点账户

此处将介绍如何为节点创建一个账户（前文章节中曾涉及部分内容）。首先需要通过 npm package 安装"aelf-command"命令行工具。在已安装 NodeJS 的前提下，打开一个命令行/终端，输入以下命令以安装"aelf-command"：

```
>>npm i -g aelf-command
```

完成"aelf-command"命令依赖包安装后，可以通过以下命令创建一个账户/密钥对：

```
>>aelf-command create
```

输入命令后，控制台将提示输入一个密码，输入密码并回车后，命令行/终端将返回类似下面信息的内容：

```
AElf [Info]: Your wallet info is :
AElf [Info]: Mnemonic       : term jar tourist monitor melody tourist catch sad ankle disagree
eat adult
AElf [Info]: Private Key    :
192c729751bd6ac0a5f18926d74255112464b471aec499064d5d1e5b8ff3ce
```

```
AElf [Info]: Public Key          :
04904e51a944ab13b031cb4fead8caa6c027b09661dc5550ee258ef5c5e78d949b1082636dc8e27f20bc427b
25b99a1cadac483fae35dd6410f347096d65c80402
AElf [Info]: Address             :
29KM437eJRRuTfvhsB8QAsyVvi8mmyN9Wqqame6TsJhrqXbeWd
? Save account info into a file? Yes
? Enter a password: *********
? Confirm password: *********
✔ Account info has been saved to "/usr/local/share/aelf/keys/ 29KM437eJRRuTfvhsB8Qas
Vvi8mmyN9Wqqame6TsJhrqXbeWd.json"
```

后续的步骤中将需要新创建账户的公钥（Public Key）和地址（Address）数值。同时，请注意最后一行输出的路径，该路径中存放了新创建的密钥信息文件。该目录将是 aelf 节点的数据目录（datadir），节点也会从该目录读取密钥信息文件。

4. 准备节点配置

输入以下命令下载一个配置文件模板与 Docker 运行脚本：

```
## download the settings template and docker script
>> cd /tmp/ &&wget https://github.com/AElfProject/AElf/releases/download/ v1.0.0-preview
aelf-testnet-mainchain.zip
>> unzip aelf-testnet-mainchain.zip
>> mv aelf-testnet-mainchain /opt/aelf-node
```

下载完成后，则需要使用账户信息更新 appsettings.json 配置文件内容，该步骤需要前文中创建账户后控制台输出的内容。打开 appsettings.json 文件并编辑如下区域，将账户/密钥对的数据关联到即将运行的节点上：

```
"Account": {
    "NodeAccount": "2Ue31YTuB5Szy7cnr3SCEGU2gtGi5uMQBYarYUR5o Gin1sys6H",
    "NodeAccountPassword": "********"
},
```

配置数据库连接字符串，其中包含端口号和数据库连接名：

```
"ConnectionStrings": {
    "BlockchainDb": "ssdb://your chain database server ip address:port",
    "StateDb": "ssdb://your state database server ip address:port"
  },
```

接下来，增加测试网主链节点作为 P2P 网络节点，即测试网启动节点：

```
"Network": {
    "BootNodes": [
        "testnet-mainchain-1.aelf.io:6800",
        "testnet-mainchain-2.aelf.io:6800"
    ],
    "ListeningPort": 6800,
    "NetAllowed": "",
    "NetWhitelist": []
},
```

这里需要注意：如果本地的基础设施在防火墙之后，可能需要为节点打开 P2P 监听端口访问权限。此外，可能还需要配置侧链连接的 IP 与监听端口：

```
"CrossChain": {
    "Grpc": {
        "LocalServerPort": 5000,
        "LocalServerHost": "your server ip address",
        "ListeningHost": "0.0.0.0"
    }
},
```

5. 在 Docker 上运行一个完整节点

使用以下命令在 Docker 上下载并运行一个完整节点：

```
## pull AElf’ s image and navigate to the template folder to execute the start script
>> docker pull aelf/node:testnet-v1.0.0-preview1
>> cd /opt/aelf-node
>> sh aelf-node.sh start aelf/node:testnet-v1.0.0-preview1
```

停止该节点，可以执行：

```
>> sh aelf-node.sh stop
```

6. 使用发布的可执行文件运行一个完整节点

aelf 项目的多数源码使用“.NET Core”框架进行构建，因此可能需要下载并安装“.NET Core SDK”（https://dotnet.microsoft.com/download/dotnet-core/3.1）以运行 aelf 节点的可执行文件。

目前，aelf 项目依赖 3.1 版本的“.NET Core SDK”，可访问上述链接的页面根据本地的操作系统平台的版本下载对应的安装文件并安装。

通过以下命令获得最新的 aelf 可执行文件分发版本：

```
>> cd /tmp/ &&wget https://github.com/AElfProject/AElf/releases/download/ v1.0.0-preview1/aelf-v1.0.0-preview1.zip
>> unzip aelf-v1.0.0-preview1.zip
>> mv aelf-v1.0.0-preview1 /opt/aelf-node/
```

使用以下命令进入 aelf 节点配置文件目录并运行节点：

```
>> cd /opt/aelf-node
>>dotnet aelf-v1.0.0-preview1/AElf.Launcher.dll
```

7. 使用源码运行一个完整节点

使用 Docker 或官方提供的可执行文件是运行 aelf 节点最为方便的方式，但是，也可以通过编译源码的方式运行节点。首先，须确认代码版本是一致的（目前最新发布版本为“AELF v1.0.0-preview1”）；其次，须确认编译环境是 Ubuntu Linux 设备（官方强烈建议选用 Ubuntu 18.04.2 LTS 版本），并且已安装“.NET Core SDK 3.1”。

以上约束是因为使用不同的系统平台或不同的编译器会使得 Dll 文件的哈希与当前运行的链节点版本不一致。

编译与运行过程不再赘述，读者可以从开发者社区获得更多的技术支持。

8. 节点检查

读者可以通过命令检查节点是否处于运行状态。比如，通过执行以下命令在节点上查询当前区块高度的操作：

```
aelf-command get-blk-height -e http://127.0.0.1:8000
```

9. 运行一条侧链

接下来将描述一下侧链节点的初始化设置过程，可以通过重复以下的步骤运行侧链的所有节点（以下步骤仅运行一个侧链节点）。

运行侧链节点的步骤大致如下：

1）在 Docker 中获取 appsettings.json 配置文件及 Docker 运行脚本。

2）通过下文提供的 URL 链接下载并恢复数据快照中的信息，具体步骤如前文“设置数据库”部分的介绍。

3）运行侧链节点。

上述步骤可能过于概括，但运行侧链节点与运行主链节点有很强的一致性，仅仅是配置的不同而已。按照下面步骤可以获得运行 aelf 测试网侧链节点的指引：

```
>> cd /tmp/ &&wget https://github.com/AElfProject/AElf/releases/download/ v1.0.0-preview1
/aelf-testnet-sidechain1.zip
>> unzip aelf-testnet-sidechain1.zip
>> mv aelf-testnet-sidechain1 /opt/aelf-node
```

为确保侧链节点与主链节点正常连接，可能需要用远程主链节点的信息修改配置文件中的以下部分代码：

```
"CrossChain": {
    "Grpc": {
        "RemoteParentChainServerPort": 5000,
        "LocalServerHost": "you local ip address",
        "LocalServerPort": 5001,
        "RemoteParentChainServerHost": "your mainchain ip address",
        "ListeningHost": "0.0.0.0"
    },
    "ParentChainId": "AELF"
},
```

以下命令能够帮助读者获得当前运行的侧链所需要的数据快照，作为可选项能够定义数据快照的日期，但强烈建议读者选用最新的侧链数据快照：

```
>> curl -O -s https://aelf-node.s3-ap-southeast-1.amazonaws.com/snapshot/testnet/download-sidechain1-
db.sh
```

以下命令能够获得运行侧链需要使用到的模板目录的列表，包括 appsettings.json 配置文件与 Docker 运行脚本：

```
wget https://github.com/AElfProject/AElf/releases/download/v1.0.0-preview1/aelf-testnet-sidechain1.zip
```

每条侧链都会有自己的 P2P 网络，在以下配置中能够获取一些可用的、启动节点的信息：

```
sidechain1 bootnode → ["testnet-sidechain1-1.aelf.io:6800", "testnet-sidechain1-2.aelf.io:6800"]
```

获取到的启动节点信息可用如下配置信息进行调整：

```
"Network": {
    "BootNodes": [
        "Add the right boot node according sidechain"
    ],
    "ListeningPort": 6800,
    "NetAllowed": "",
    "NetWhitelist": []
},
```

第 8 章
aelf 技术生态与治理【突破：场景理念】

生态系统是区块链的重要组成部分，也是区块链系统与传统 IT 系统的主要区别之一。生态系统通常包括经济系统、资源系统、治理体系等。生态系统在区块链中起到了管理各业务流程的作用，同时促进整个区块系统的良性发展。其中的一部分起到了类似传统 IT 系统中业务管理或后台管理的作用，但在实现方式上有根本区别，同时包含了更多其他的内容。

传统的 IT 系统中，通过强制的规则控制业务系统运行；而在区块链中，则是通过经济系统、资源系统等弹性地引导业务方向。一个设计良好的生态系统，会鼓励所有参与方提供正向的贡献，通过经济、资源方面的激励或惩罚，引导整个系统健康地可持续发展。

传统的 IT 系统中，通过后台可修改所有用户的 ACL 和业务流程规则等，一般有一个最高权限的根管理员（root）或超级管理员（sa）。而在区块链的治理体系中，对各事项的管理是分布式的。常见的一种做法是提案-投票的形式，由多个相关方进行投票决定。此外，治理系统还可以推动系统的升级与进化。

本章将主要介绍 aelf 技术生态与治理，包括生态系统、共识机制、治理体系等，也包括其中的业务逻辑与实现原理。

8.1 aelf 经济系统：价值与流转

aelf 经济系统在加强项目生态系统核心业务流程中的链内协作方面发挥着重要作用。通过激励各方参与行业建设，整个 aelf 生态系统的价值将得到提升；采用合理的分配规则，为所有 aelf 参与者和贡献者提供经济激励，以促进 aelf 生态系统健康地可持续发展。

8.1.1 经济系统中的角色

aelf 生态系统具有以下参与者：生产节点、候选节点、开发者、投资者（用户）、平台。

任何节点都可以申请成为生产节点，其中的前 17 位将会当选。一旦节点当选，它将根据共识机制打包区块，并同时获得区块奖励。排名在这 17 位之后的是候选节点，不参与打包。基于 aelf 平台开发应用程序的个人或组织称为开发者。拥有 aelf 平台资产的人将成为该平台的投资者（用户）。

8.1.2 代币模型

aelf 的代币模型由多种代币构成：主代币 ELF，资源代币包括 RAM（内存）、CPU、NET（网络）等，当然还包括了开发者及其他角色创建的代币。

ELF 是 aelf 平台上的主要代币，用于交易费、侧链索引费、生产节点的质押和区块奖励。

开发人员使用资源代币来支付应用程序运行时的资源消耗。开发人员需要有足够的资源代币来确保应用程序正常运行。在 aelf 平台上，开发人员可以创建代币，建立自己的经济模型和激励措施。

生态系统参与者的奖励来自分红池。分红池由以下部分组成：

（1）区块打包奖励

区块打包奖励将每四年减半。每个 4s 的周期内 aelf 将产生 8 个区块，在初始阶段每个块将产生 0.125 ELF 的收益。

（2）系统交易费

交易费的 90%将进入分红池。

（3）资源代币交易费

资源代币的交易将会收取额外的交易费用，50%的资源代币交易费将进入分池。

8.1.3　激励模型

生产节点负责收集、验证和打包交易，并将区块广播到其他的节点上。区块经验证后，将被添加到区块链，维持整个 aelf 生态的稳定。

生产节点将从分红池中收到基本收入，作为参与共识的激励。生产节点还可通过索引侧链获得额外的收入，并获得来自侧链开发者的费用支出。

候选节点有责任验证区块并保证区块链的稳定。此外，根据投票算法它们还会获得投票激励。

在最初，会有 17 个节点成为生产节点。每年将增加两个新的生产节点。最大点的数目将根据生态发展的实际需要，由社区投票决定。

8.2　aelf 共识机制：分布式协同

在任何一个区块链系统中，参与方根据一系列的规则产生区块。达成共识的程是每个区块链的重要组成部分，因为它决定了哪些交易以何种顺序包含在区中。

aelf 与其他区块链系统相比，在共识机制上，最大的区别是：aelf 的共识可由智能合约实现，即任何实现了 ACS4 标准的合约，可作为一条链的共识机。而其他的区块链系统的共识机制大多定义在软件代码中，无法通过合约的方进行升级。

在 aelf 内核中，共识服务接口定义如下：

```
public interface IConsensusService
{
    /// <summary>
    /// To trigger the consensus scheduler at the starting of current node.
    /// </summary>
    /// <returns></returns>
    Task TriggerConsensusAsync(ChainContextchainContext);
```

```
    /// <summary>
    /// To validate the consensus information extracted from block header extra data.
    /// </summary>
    /// <param name="chainContext"></param>
    /// <param name="consensusExtraData">Extract from block header. </param>
    /// <returns></returns>
    Task<bool> ValidateConsensusBeforeExecutionAsync(ChainContextchain Context,
        byte[] consensusExtraData);

    /// <summary>
    /// To validate the consensus information extracted from block header extra data.
    /// </summary>
    /// <param name="chainContext"></param>
    /// <param name="consensusExtraData">Extract from block header.</param>
    /// <returns></returns>
    Task<bool> ValidateConsensusAfterExecutionAsync(ChainContextchain Context,
        byte[] consensusExtraData);

    /// <summary>
    /// After the execution of consensus transactions, the new consensus
    /// information will emerge from consensus contract.
    /// The consensus information will used to fill block header extra
    /// data of new block.
    /// </summary>
    /// <returns></returns>
    Task<byte[]> GetConsensusExtraDataAsync(ChainContextchainContext);

    /// <summary>
    /// Generate consensus transactions from consensus contract.
    /// </summary>
    /// <returns></returns>
    Task<List<Transaction>> GenerateConsensusTransactionsAsync(Chain ContextchainContext
}
```

aelf 目前使用 AEDPOS 共识机制。共识协议分为两部分：选举和调度。其中，选举确定了由谁产生区块，而调度则决定何时产生区块。

涉及区块产生的时间线中有三个最重要的概念，分别是任期、轮与时间槽。任期是最长的一个时间周期，它对应生产节点身份发生变化的一个周期。轮对应生产节点顺序发生变化的周期。时间槽是最小的时间单位，它对应生产节点根据时间表安排产生区块的时间段。

8.2.1　任期

任何区块链系统的核心都是产生区块的节点。在 aelf 中，区块的生产节点是由 2N+1 个矿工节点组成的有限集。公链的 N 将从 8 开始，每年增加 1。因此与上一年相比，每年可增加 2 个生产节点。aelf 系统中所有节点将遵守这些共识。

区块生产者由区块链的用户投票选出。选举过程是连续的，用户可在任何时候使用代币进行投票，投给自己倾向的候选人。用户也可以给多个候选人投票。

选举是 aelf 重要的组成部分，因为用户可以在投票时锁定 ELF 代币，而作为回报，他们可以得到一种特定的代币，这种代币可以让用户成为生态系统的“公民”并参与生态治理。

每个任期会重新产生新的生产节点名单。所有的候选人将按照投票票数排序，前 2N+1 位成为生产节点。如果在任期内，一个生产节点因不遵守规则（无论何种原因）被剔除，它的位置将按照投票排序递补。

8.2.2　轮

轮是共识系统中第二大的时间周期。主要目的是防止任何人预测出块的顺序，从而避免预测攻击，以提供额外的安全性。

随机性依赖于以下三个要素：

1）内部值：生产节点生成一个随机数，这个随机数将在这个轮内保密。它将在这一轮所有生产节点出块后被公开，并废弃。

2）外部值：内部值的哈希。aelf 网络中的所有节点可在任何时间检查这个外部值。

3）随机哈希的计算基于上一轮的签名和这一轮的内部值。

最终出块顺序是随机哈希对生产节点编号的取模。这个顺序是动态变化的。

8.2.3　时间槽

时间槽是最小的时间周期。它对应分配给生产节点一次出块的时间。生产节点将一直核验其他生产节点的出块，直到轮到它的时间槽到来。

当时间槽开始时，生产节点将打包一些可用的交易（该轮到它增加链条高度了），完成后将广播一个块。如果一个生产节点错过了它的时间槽，那么这次将不产生任何区块。它的下一任生产节点将在下一个高度产生区块。如果一个生产节点错过了很多区块，则将被从生产节点中剔除。

8.2.4 规则

共识机制规则的一个重要方面：它必须对某些自然会发生的事件具有抵抗力。例如，网络延迟、节点故障以及试图欺骗系统的恶意行为。

如果发生一个或多个这类问题，则非恶意节点仍必须能够达成共识——意味着它们最终将就遵循哪条链达成共识。至少 1/3 的节点必须诚实且可以正常运行，才能使系统正常工作。在这种情况下，所有的生产节点将最终达成共识。

在 aelf 共识机制中，如果发生分叉，节点应当选择最长的那条分支。网络延迟甚至网络分裂是有可能发生的事情，当故障恢复后，节点也会切换到最长链。有最多的生产节点在上面工作的将成为最长链（更精确地说，区块生产节点遵守同一个规则在同一个区块上最多的链）。在某个时间点，不同的分叉可能具有相同的高度，这种情况是可能的，因为时间表是随机的。但这种情况不会持续很长时间，因为生产节点数量的不同，将最终导致一个分叉胜出，即生长得更高更快。

8.3 跨链经济系统：跨业务域资源索引

跨链同样是 aelf 生态系统中重要的一环。aelf 的多链结构基于一个核心思想，那就是一条链只对应处理一种业务逻辑。侧链可以拥有自己的代币系统，也可以分享代币参与跨链经济系统。

8.3.1 业务逻辑

银行间转账是打破封闭系统独立性的一个例子。有很充分的动机去打破封闭性，以下是一些需求：

1）跨链交易与前文提到的银行间转账非常相似。资产从一个链转移到另一个链。如果甲在 A 链上有资产，而 2 在 B 链上，甲 2 进行交易，跨链转账是非常有必要的。

2）跨链交易的另一个非常重要的需求是去中心化交易所。目前大部分交易所都由某个公司中心化的去运营。

3）资源隔离与扩展性问题。

4）资产映射。许多项目使用以太坊上的 ERC20 代币，在稍后的阶段，需要将资产转移到自己的链上。如果没有可靠的跨链技术，则该过程需要通过中心化的方式进行。

5）尚未探索的场景。随着跨链技术的发展与推广，越来越多的跨链场景将被挖掘出来。因此，跨链的设计需要足够灵活，以应对未来多变的场景

8.3.2　技术实现

想要部署一条新的侧链，需要先在“议会”中发布一条提案，该提案会被投票表决。表决通过后，该提案会被发布，并创建跨链合约与代币合约。主侧链之间创建链接后，跨链索引就会启动。每个跨链合约都需要实现 ACS7 标准，该标准定义了跨链转账功能的跨链操作。

这是一个顶层的跨链代币转账概览：

1）首先需要在主链上创建并发布代币的合约。同时需要向侧链代币合约发送一笔交易，用于注册这个代币。

2）调用主链的代币合约的 CrossChainTransfer 方法从主链转账到侧链。

3）在侧链上调用代币合约的 CrossChainReceiveToken 方法接收代币，完成转账。

8.4　侧链经济模型：价值数据流转

可以在 aelf 系统中创建侧链以增强扩展性。新的侧链的创建者需要在主链上使用跨链合约以创建侧链。侧链创建请求的字段决定了侧链的类型。不同类型对应不同的经济模型。

8.4.1　创建请求

本小节将介绍用于创建侧链提案的 API。SideChainCreationRequest 中的字段将决定所创建侧链的类型。

```
rpc RequestSideChainCreation(SideChainCreationRequest) returns (google. protobuf.Empty) { }

message SideChainCreationRequest {
    int64 indexing_price = 1; // initial index fee
    int64 locked_token_amount = 2;
    bool is_privilege_preserved = 3; // exclusive or shared
    string side_chain_token_symbol = 4;
    string side_chain_token_name = 5;
    sint64 side_chain_token_total_supply = 6;
    sint32 side_chain_token_decimals = 7;
    bool is_side_chain_token_burnable = 8;
    repeated SideChainTokenInitialIssue side_chain_token_initial_issue_ list = 9;
    map<string, sint32> initial_resource_amount = 10; // when charging by time (exclusive side
chain) this must be set
    bool is_side_chain_token_profitable = 11;
}

message SideChainTokenInitialIssue{
    aelf.Address address = 1;
    int64 amount = 2;
}

message ProposalCreated{
    option (aelf.is_event) = true;
    aelf.Hash proposal_id = 1;
}
```

8.4.2 独占和共享

可创建两种类型的侧链：独占和共享。创建请求中的 is_privilege_preserve
字段决定了新的侧链是独占还是共享。

独占侧链是一种专用侧链（与共享相反），允许开发人员选择交易费用楼
型，并设置交易费率。开发者独占这条侧链。

独占侧链的开发者需要向生产节点支付 CPU、RAM、DISK、NET 资源代
币，以维持侧链的正常运行。这种模式叫作计时付费。开发者与生产节点的分成
在侧链创建后设定。独占侧链的费用与使用时间相关。单位时间费用的多少由开
发者与生产节点协商确定。在独占侧链内部，开发者可以设定任意的计费模式。

共享侧链是一条任何开发者都可以部署合约的侧链。这将通过资源的实际使

用情况进行收费。共享侧链上的合约，应当实现 ACS1 标准（由合约调用者付费）或者 ACS8 标准（由合约开发者付费）中的一个。

8.4.3　索引手续费

如果开发者希望自己的侧链能够进行跨链验证和跨链交易，则这个侧链需要被主链收录。开发者需要为这种情况支付区块索引手续费（简称索引费）。这个手续费通过 ELF 代币支付。金额由开发者与生产节点共同商定。初始索引费（indexing_price）在请求创建侧链时作为参数传入。索引费可以通过提案进行调整，当开发者和生产节点都同意后，即会生效。请注意：无论是独占侧链，还是共享侧链，都需要支付索引费。

8.5　已定义的资源系统

aelf 中的代币分为以下三类：原生代币，资源代币和其他用户创建的代币。主网的原生代币是 ELF。目前有以下资源代币：CPU、RAM（内存）、DISK（磁盘）、NET（网络）、READ（读）、WRITE（写）、STORAGE（存储）、TRAFFIC（流量）。

ELF 是 aelf 平台上的主要代币，用于交易手续费、侧链索引费、生产节点的质押和生产节点的区块奖励等。

开发人员使用资源代币来支付应用程序运行时的资源消耗。开发人员需要有足够的资源代币来确保应用程序正常运行。他们使用 ELF 购买资源代币，并使用 bancor 算法将资源代币出售给 ELF。

8.6　技术治理体系

aelf 的权力组织集中在三个概念上：协会、全民公投和议会。它们都是 aelf 中相关的智能合约。本节将说明三个权力合约的区别。

8.6.1　ACS3 与提案

这些合约均实现了 aelf 的 ACS3 标准中所定义的提案接口：

```
service AuthorizationContract {
    rpc CreateProposal (CreateProposalInput) returns (aelf.Hash) { }
    rpc Approve (ApproveInput) returns (google.protobuf.BoolValue) { }
    rpc Reject (aelf.Hash) returns (google.protobuf.Empty) { }
    rpc Abstain (aelf.Hash) returns (google.protobuf.Empty) { }
    rpc Release (aelf.Hash) returns (google.protobuf.Empty) { }
}

message CreateProposalInput {
    string contract_method_name = 2;
    aelf.Address to_address = 3;
    bytes params = 4;
    google.protobuf.Timestamp expired_time = 5;
    aelf.Address organization_address = 6;
}
```

在这三个合约中，提案创建和提案批准的机制相似，但有细微的差别，这将在本节后面进行解释。本质上，提案是在组织内创建的，并且会根据组织设置的阈值判断是否被批准或拒绝。创建提案时，它的ID将放入交易结果中。

批准一个提案时，用户（账户地址）通过调用Approve方法将赞成票发送给合约。合约通常会累计这些赞成票，直到达到所设置的阈值。当提案获得所需的赞成票时，提案将被发布。提案的发布通常会触发另一个合约的内联交易。当然，也可以向合约发送反对票或弃权票表达反对意见。

8.6.2 协会、全民公投和议会

正如前文所讲述的，aelf的权力组织是ACS3标准的实现，并以提案和组织为核心。本小节将说明这三种权力合约之间的区别。

在讨论区别之前，有必要讨论它们之间的共同点。

组织的共同属性：

1）一个哈希和地址用于标识组织。

2）一个发布阈值，即该组织的提案发布之前需要得到的赞成票数量。

提案的共同属性：

1）一个哈希（ID）用于标识提案。

2）提议者，即提案交易的发送者。

3）组织的地址。

4）过期时间。

5）目标的合约地址、方法名以及参数，这些信息将在提案最终发布后使用。

提案间最主要的区别是谁可以投票给提案以及以何种方式投票。

下面展示的是协会合约：

```
service AssociationContract {
    rpc CreateOrganization (CreateOrganizationInput) returns (aelf.Address) { }
    rpc GetOrganization (aelf.Address) returns (Organization) { }
}

message Organization{
    OrganizationMemberList organization_member_list = 1;
    acs3.ProposalReleaseThreshold proposal_release_threshold = 2;
    acs3.ProposerWhiteList proposer_white_list = 3;
    aelf.Address organization_address = 4;
    aelf.Hash organization_hash = 5;
}

message OrganizationMemberList {
    repeated aelf.Address organization_members = 1;
}

message ProposalInfo {
    // ...
    repeated aelf.Address approvals = 8;
    repeated aelf.Address rejections = 9;
    repeated aelf.Address abstentions = 10;
}
```

在协会合约中（由 AssociationAuthContract 实现），组织具有成员。只有本组织的成员才能审查其提案，而每个审查者只能审查一次提案。一旦提案达到组织设置的阈值，则只有提案提议者可以发布它。

下面展示的是全民公投合约：

```
service ReferendumContract {
    rpc Initialize (google.protobuf.Empty) return (google.protobuf.Empty) { }
    rpc CreateOrganization (CreateOrganizationInput) returns (aelf.Address) { }
    rpc ReclaimVoteToken (aelf.Hash) returns (google.protobuf.Empty) { }
    rpc GetOrganization (aelf.Address) returns (Organization) { }
}
```

```
message Organization {
    acs3.ProposalReleaseThreshold proposal_release_threshold = 1;
    string token_symbol = 2;
    aelf.Address organization_address = 3;
    aelf.Hash organization_hash = 4;
    acs3.ProposerWhiteList proposer_white_list = 5;
}
```

全民公投合约的本质是通过锁定代币（代币类型由组织定义）。当赞成一个提案时，需要调用合约锁定一定数量的代币。锁定的额度取决于公投合约现有的授权额。提案被发布或过期后，代币会被返还。

下面展示的是议会合约：

```
service ParliamentContract {
    rpc Initialize(InitializeInput) returns (google.protobuf.Empty) { }
    rpc CreateOrganization (CreateOrganizationInput) returns (aelf.Address) { }
    rpc GetOrganization (aelf.Address) returns (Organization) { }
    rpc GetGenesisOwnerAddress (google.protobuf.Empty) returns (aelf.Address) { }
}

message Organization {
    bool proposer_authority_required = 1;
    aelf.Address organization_address = 2;
    aelf.Hash organization_hash = 3;
    acs3.ProposalReleaseThreshold proposal_release_threshold = 4;
    repeated aelf.Address approvals = 8;
    repeated aelf.Address rejections = 9;
    repeated aelf.Address abstentions = 10;
}

message ProposalInfo {
    // ...
    repeated aelf.Address approved_representatives = 8;
}
```

议会合约在行为上是与协会合约相同的。